21世纪高等学校规划教材
Textbook Series of 21st Century

U0275173

建筑工程质量事故分析与处理

主 编　潘明远

副主编　朱 坤　李慧兰

编 写　曲祖光　沙 勇

主 审　丁晓欣

中国电力出版社

CHINA ELECTRIC POWER PRESS

内 容 提 要

本书为 21 世纪高等学校规划教材。全书共八章，主要内容包括绪论、建筑工程检测方法、砌体结构工程、钢筋混凝土结构工程、钢结构工程、地基与基础工程、防水工程的质量缺陷与处理、装饰工程中的质量缺陷与处理等。本书介绍了大量的典型工程事故实例，阐述了引起事故的原因和处理方法，内容丰富，实用性强。

本书可作为土木工程、工程管理等相关土建类专业教材，也可作为项目质量检查员培训教材和施工企业项目质量检查员、技术负责人、监理工程师等专业技术人员参考用书。

图书在版编目（CIP）数据

建筑工程质量事故分析与处理/潘明远主编. —北京：中国电力出版社，2007.8（2020.11 重印）
21 世纪高等学校规划教材
ISBN 978 - 7 - 5083 - 5811 - 6

Ⅰ. 建…　　Ⅱ. 潘…　　Ⅲ.①建筑工程－工程质量事故－事故分析－高等学校－教材②建筑工程－工程质量事故－处理－高等学校－教材　　Ⅳ.TU712

中国版本图书馆 CIP 数据核字（2007）第 088743 号

中国电力出版社出版、发行
（北京市东城区北京站西街 19 号　100005　http://www.cepp.sgcc.com.cn）
三河市航远印刷有限公司印刷
各地新华书店经售

＊

2007 年 8 月第一版　2020 年 11 月北京第十二次印刷
787 毫米×1092 毫米　16 开本　13.5 印张　327 千字
定价 **39.00** 元

前　言

随着我国国民经济的高速发展，建筑业也得到了蓬勃发展。就建筑工程质量而言，总的情况是好的，但工程事故也时有发生，比如衡阳大火引发大楼倒塌的工程事故，造成的后果就十分惨痛。工程质量越来越引起人们的重视。

确保和提高建筑工程质量是建筑界永恒的主题。确保建筑工程质量，是对人民负责，对历史负责的一件大事。

确保和提高建筑工程质量，必须从两方面着手：一是加强建筑工程的质量管理和健全建筑工程的法治建设；二是提高建筑界专业技术人员和管理人员的工程质量意识与专业技术水平。

《中华人民共和国建筑法》确立了建筑工程质量管理的条款，规定了"国家对从事建筑活动的单位推行质量体系认证制度"、"国家推行建筑工程监理制度"和"建筑工程实行质量保修制度"，同时还明确了违反建筑工程质量标准、降低工程质量、造成工程质量事故的单位和个人应负的法律责任。《建设工程质量管理条例》规定了建设单位，建设工程勘察、设计、咨询单位，施工单位，工程监理单位，建筑材料、构配件、设备生产和供应单位的质量责任和义务，为确保和提高建筑工程质量创造了良好的管理和法治环境。管理和法治环境只是前提，在提高人们专业技术水平的基础上建立建筑工程质量意识才是根本，只有这两方面都实现了，才能使建筑工程质量从根本上得到保证。

学校中设置的与土木工程有关的课程，绝大部分是从正面学习，自成体系的，而建筑事故的发生，不但造成经济损失，有时还引起人员伤亡。本书介绍了大量的典型工程事故实例，阐述了引起事故的原因和处理方法。学生可以从事故中吸取教训，有利于对正面学习到的规律和知识理解得更深刻、运用得更正确，在较大程度上提高专业技术水平。使学生掌握建筑工程事故发生的原因和处理的方法，为将来工作中增强质量意识，加强质量管理，正确设计和施工，防止同类事故的发生打下坚实的基础。

本书由长春工程学院潘明远主编，朱坤、李慧兰副主编，丁晓欣主审。其中第一、二、三、四章由潘明远编写；第五、七、八章由朱坤编写；第六章由李慧兰编写；沙勇、曲祖光参与了部分章节的编写。在编写过程中参考了大量书籍，在此对参考文献的作者深表感谢。

由于编者水平有限，实践经验不足，书中难免有不妥之处，敬请读者批评指正。

编者

2007 年 4 月

目　　录

第一章　绪　　论

改革开放以来，我国的建筑业得到了蓬勃的发展，各种现代化的建筑快速出现，写字楼、住宅楼建设和市政建设都得到了迅猛发展。确保和提高建筑工程质量就显得尤为重要。要想确保和提高建筑工程质量，必须做到以下两点，第一，加强建筑工程的质量管理和健全建筑工程的法治建设；第二，提高建筑界专业技术人员和管理人员的工程质量意识和专业技术水平。现在，我国建筑的法律、法规已基本健全，建设工程质量管理条例也已施行。为确保和提高建筑工程质量创造了良好的管理和法治环境。但是，由于有些专业技术人员和管理人员缺乏质量意识或者技术水平不高，因此各种工程质量事故时有发生。土木工程建设者既肩负着重大而光荣的任务，也面临着严峻的挑战。所谓任务，即全国城乡开展的大规模工程建设，可为我国经济的迅速发展作出重大贡献；所谓挑战，即各种工程的质量事故，会给国家财产造成重大损失并危及人民生命安全。

因设计和施工的失误或管理不善会引发事故。建筑工程事故的发生，不仅给国家造成经济损失，有时还会导致人员伤亡。比如衡阳大火引发大楼倒塌的工程事故，造成的后果就是惨痛的。

本书介绍了大量建筑工程事故实例，使我们从工程事故中吸取教训，以改进设计、施工和管理工作，达到避免或减少建筑工程事故发生的目的。同时有助于运用所学的知识，分析出事故产生的原因，以及掌握事故处理的基本知识和方法，为旧有建筑物的检测和维修、加固贡献力量。

第一节　建筑工程的质量特性

建筑工程的产品是建筑物，包括各类房屋和不同功能的工程构筑物，如电视塔、水塔、烟囱等。

一、建筑工程产品的特性

建筑工程产品的特性，是建筑物的适用性、安全可靠性和耐久性的总和，具体体现在以下几个方面：

（1）建筑结构能承受正常施工和正常使用时可能出现的各种作用，指建筑物中的各种结构构件要有足够的承载力和可靠度。

（2）建筑物在正常使用时具有良好的工作性能，指建筑物要满足使用者对使用条件、舒适感和美观方面的需要。

（3）建筑材料和构件在正常维护条件下具有足够的耐久性，指建筑物的寿命和对环境因素长期作用的抵御能力。

（4）建筑物在偶然作用（如撞击作用、爆炸作用、地震作用等）发生时及发生后，仍能保持必需的整体稳定性，不致完全失效，甚至倒塌，指建筑物对使用者生命财产的安全保障。

二、建筑物的建造特征

建筑物的建造过程与其他产品的生产过程有所不同，建筑物在建造过程中具有以下特征：

（1）单项性与群体性。它是按照建设使用单位的设计任务书单项进行设计，单独进行施工的；由于使用的多功能要求，它的设计和施工又都是不同专业、不同工种，相互协作，交叉作业的结果。

（2）一次性与长期性。它的实施往往要求一次成功，它的质量往往应在建设的一次过程中全部满足规范和合同要求；它的不合格会长期在使用过程中造成对使用者的损害和不便。

（3）高投入性与预约性。它的建成一般都要投入巨额资金、大量物资和人工，其建造时间之长是一般制造业所无法比拟的；同时它又必须通过招标、投标、决标和履约过程，选择施工单位，在现场施工建成。

（4）管理特殊性与风险性。它的施工地点和位置是固定的，操作人员轮流"上岗"，和其他制造业产品的零部件分散在各地不同，因而它的管理具有特殊规律；它又在自然环境中建造，建设周期很长，大自然对它的障碍和损害以及可能遭遇的社会风险很多，工程质量必然受到更多的影响。

因此，建筑工程的质量，与人民的居住、生活和工作，与各行业的建设、生产和发展，与国民经济的投入、产出和规划休戚相关。它的极端重要性不言而喻，它的缺陷、破坏、事故乃至倒塌带来的严重性和灾难性，十分突出。

为了确保上述特性和特征所反映的质量，国家制订了设计统一标准、规范、规程和质量检验评定标准，设计单位为某一建设项目制定了设计图纸，建设单位和施工单位签订了合同；这些都是"明确的"质量需要。此外，还有"隐含的"质量需要，那就是使用者对建筑物功能方面的合理需求，习惯传统的设计施工做法等。

随着生产力的发展，科学技术的进步，人们生活水平的提高和对事物认识的深化，人们对建筑质量的需要将会愈来愈高，永远不会停留在一个水平上。所以，对建筑质量的需要又必然是动态和不断提高的。

第二节　建筑工程质量事故产生的原因及分类

一、造成质量事故的原因

建筑工程质量事故发生的原因是多种多样的，有时简单，有时又非常复杂。有时是一种因素造成的，有时又是多种因素引起的。主要原因有以下几个方面：

（1）管理不善。无证设计，无证施工，有章不依，违章不纠，或纠正不力；长官意志，违反基本建设程序和规律，盲目赶工，造成隐患；层层承包，层层苛扣；监督不力，不认真检查，马马虎虎盖"合格"章；申报建筑规划、设计、施工手续不全，设计、施工人员临时拼凑，借用执照。事故发生后，给原因分析和处理都带来困难。

（2）勘测失误。未勘测即设计，盲目套用邻区勘测资料，实际上有很大问题；钻孔不按规定布置，得到的数据不能真实反应实际情况；地下情况非常复杂，正常布孔有些问题也不能查出。

（3）设计失误。设计失误常见的情况有：任务急，时间紧，结构未计算即出图；套用已有图纸而又未结合具体情况校核；计算模型取的不合适，设计方案欠妥，未考虑施工过程会遇到的意外情况；重计算，轻构造，构造不合理；计算中漏算荷载，截面取的过小，未考虑重要荷载组合的不利情况；盲目相信电算，电算错了也出图；不懂得制表原理，套用了不适用的图表，造成计算书错误。

（4）地基处理不当。如饱和土用强夯法，打桩未打到好的持力层，深基坑支护失当，地基土受干扰又未重新夯实。软弱地基加固方法不对，基底未验收即进行基础施工等。

（5）施工质量差、不达标。主要问题是以为"安全度高得很"，因而施工马虎，甚至有意偷工减料；技术人员素质差，不熟悉设计意图，为方便施工而擅自修改设计；施工管理不严，不遵守操作规程，达不到质量控制要求；原材料进场控制不严，采用过期水泥及不合格材料；对工程虽有质量要求，但技术措施未跟上；计量仪器未校准，使材料配合比有误；技术工人未经培训，大量采用壮工顶替；各工种不协调，尤其是管工，为图方便，乱开洞口；施工中出现了偏差也不予纠正等。

（6）使用、改建不当。使用中任意增大荷载，如阳台当库房，住宅变办公楼，办公室变生产车间，一般民房改为娱乐场所。随意拆除承重隔墙，盲目在承重墙上开洞，任意加层等。需要注意的是重大事故的发生，往往是多种因素综合在一起而引发的。

二、质量事故分类

当建筑结构不能满足适用性、安全可靠性和耐久性等要求时，称之为质量事故。小的质量事故，影响建筑物的使用性能和耐久性，造成浪费；严重的质量事故会使构件破坏，甚至引起房屋倒塌，造成人员伤亡和重大的财产损失。因此，建筑工程质量的好坏关系重大，必须十分重视。为了保证建筑工程质量，我国有关部门颁布了一系列的规范、规程等法规性文件，对建筑工程勘测、设计、施工、验收和维修等各个建设阶段都有明确的质量保证要求。只要严格遵守这些规定，一般不会发生质量事故。建国以来，特别是改革开放后，我国建筑业得到了很大的发展，建筑工程的质量基本上是好的。但是，建筑工程质量事故还时有发生，严重的建筑物倒塌事故每年也有几十起，这不能不引起重视。

质量事故的分类方法很多。一般有以下一些分类方法：

（1）按事故的严重程度分类。有重大事故或倒塌事故（如引起人员伤亡）、严重危及安全的事故（如墙体严重开裂、构件断裂等）、影响使用的事故（如房屋漏雨、变形过大、隔热隔声不好等）以及仅影响建筑外观的事故等。

（2）按事故发生的阶段分类。有施工过程中发生的事故、使用过程中发生的事故和改建时或改建后引起的事故。

（3）按事故发生的部位来分类。有地基基础事故、主体结构事故、装修工程事故等。

（4）按结构类型分类。有砌体结构事故、混凝土结构事故、钢结构事故、木结构和组合结构事故等。

（5）建设部曾按事故发生后果的严重程度将重大工程事故分为四级，其主要依据是事故引起的伤亡人数和经济损失。

一级事故：死亡30人以上，直接经济损失300万元人民币以上。

二级事故：死亡人数10~29人，直接经济损失100万~300万元人民币。

三级事故：死亡人数3~9人，重伤20人以上，直接经济损失30万~100万元人民币。

四级事故：死亡人数 2 人以下，重伤 3～19 人，直接经济损失 10 万～30 万元人民币。

第三节   质量事故处理的一般程序

建筑事故发生后，特别是重大质量事故发生后，必须要进行原因调查分析及处理。找出产生事故的原因，吸取经验教训，防止类似事故的发生。由于事故的处理，涉及到有关单位或个人的责任，并伴随经济赔偿。因此，事故的调查要排除各种干扰，以建筑法律、法规为准绳，以事实为依据，按照公平、公正的原则进行。

事故调查一般包括以下内容：基本情况调查；初步分析事故最可能发生的原因，并决定进一步调查及必要的测试项目；进一步深入调查及检测；根据调查及测试结果进行计算分析、邀请专家会商，同时听取与事故有关单位的陈述或申辩，最后写出事故调查报告，送主管部门及报告有关单位。具体内容如下：

一、基本情况调查

基本情况调查包括对建筑的勘察、设计和施工以及有关资料的收集，向施工现场的管理人员、质检人员、设计代表、工人等进行咨询和访问。一般包括：

（1）工程概况。建筑所在场地特征，如地形、地貌；环境条件，如酸、碱、盐腐蚀性条件等；建筑结构主要特征，如结构类型、层数、基础形式等；事故发生时工程进度情况或使用情况。

（2）事故情况。发生事故的时间、经过、见证人及人员伤亡和经济损失情况。可以采用照相、录像等手段获得现场实况资料。

（3）地质水文资料。主要看有关勘测报告。重点查看勘察情况与实际情况是否相符，有无异常情况。

（4）设计资料。任务委托书、设计单位的资质、主要负责人及设计人员的水平，设计依据的有关规范、规程、设计文件及施工图。重点看计算简图是否妥当，各种荷载取值及不利组合是否合理，计算是否正确，构造处理是否合理。

（5）施工记录。施工单位及其等级水平，具体技术负责人水平及资历。施工时间、气温、风雨、日照等记录，施工方法，施工质检记录，施工日记（如打桩记录、地基处理记录、混凝土施工记录、预应力张拉记录、设计变更洽商记录、特殊处理记录等），施工进度，技术措施，质量保证体系。

（6）使用情况。房屋用途，使用荷载，使用变更、维修记录，腐蚀性条件，有无发生过灾害等。

调查时要根据事故情况和工程特点确定重点调查项目。如对砌体结构应重点查看砌筑质量。对混凝土结构则应重点检查混凝土的质量，钢筋配置的数量及位置，对构件缺陷应作为重点调查项目。对钢结构应侧重检查连接处，如焊接质量，螺栓质量及杆件加工的平直度等。有时，调查可分两步进行，在初步调查以后，先作分析判断，确定事故最可能发生的一种或几种原因。然后，有针对性地作进一步深入细致的调查和检测。

二、结构及材料检测

在初步调查研究的基础上，往往需要进一步作必要的检验和测试工作，甚至做模拟实验。一般包括：

（1）对没有直接钻孔的地层剖面而又有怀疑的地基应进行补充勘测。基础如果用了桩基，则要进行测试，检测是否有断桩、孔洞等不良缺陷。

（2）测定建筑物中所用材料的实际性能，对构件所用的原材料（如水泥、钢材、焊条、砌块等）可抽样复查；对无产品合格证明或假证明的材料，更应从严检测；考虑到施工中采用混凝土强度等级及预留的试块未必能真实反映结构中混凝土的实际强度，可用回弹法、声波法、取芯法等非破损或微破损方法测定构件中混凝土的实际强度。对于钢筋，可从构件中截取少量样品进行必要的化学成分分析和强度试验。对砌体结构要测定砖或砌块及砂浆的实际强度。

（3）建筑物表面缺陷的观测。对结构表面裂缝，要测量裂缝宽度、长度及深度，并绘制裂缝分布图。

（4）对结构内部缺陷的检查。可用锤击法、超声探伤仪、声发射仪器等检查构件内部的孔洞、裂纹等缺陷。可用钢筋探测仪测定钢筋的位置、直径和数量。对砌体结构应检查砂浆饱满程度、砌体的搭接错缝情况，遇到砖柱的包心砌法及砌体、混凝土组合构件，尤应重点检查其芯部及混凝土部分的缺陷。

（5）必要时可做模型试验或现场加载试验，通过试验检查结构或构件的实际承载力。

三、复核分析

在一般调查及实际测试的基础上，选择有代表性的或初步判断有问题的构件进行复核计算。这时应注意按工程实际情况选取合理的计算简图，按构件材料的实际强度等级，断面的实际尺寸和结构实际所受荷载或外加变形作用，按有关规范、规程进行复核计算。这是评判事故的重要根据。

四、专家会商

在调查、测试和分析的基础上，为避免偏差，可召开专家会议，对事故发生原因进行认真分析、讨论，然后作出结论。会商过程中专家应听取与事故有关单位人员的申诉与答辩，综合各方面意见后下最后结论。

五、调查报告

事故的调查必须真实地反映事故的全部情况，要以事实为根据，以规范、规程为准绳，以科学分析为基础，以实事求是和公正公平的态度写好调查报告。报告一定要准确可靠，重点突出，真正反映实际情况，让各方面专家信服。调查报告的内容一般应包括：

（1）工程概况。重点介绍与事故有关的工程情况。

（2）事故情况。事故发生的时间、地点、事故现场情况及所采取的应急措施；与事故有关单位、人员情况等。

（3）事故调查记录。

（4）现场检测报告（如有模拟实验，还应有实验报告）。

（5）复核分析，事故原因推断，明确事故责任。

（6）对工程事故的处理建议。

（7）必要的附录（如事故现场照片、录像、实测记录、专家会协商的记录、复核计算书、测试记录等）。

复 习 思 考 题

1. 试述造成建筑工程质量事故的原因。
2. 建筑工程质量事故是如何分类的？
3. 建筑工程发生质量事故后应如何处理？
4. 建筑工程质量事故处理的程序是怎样的？

第二章　建筑工程检测方法

当建筑物发生质量事故后，为了正确分析工程质量事故发生的原因，明确事故的责任，提供客观而公正的技术依据，也为建筑结构的维修、加固提供必要的数据支持，往往需要对发生事故的结构或构件进行检测。所需检测的内容一般包括：

（1）常规的外观检测。如平直度、偏离轴线的公差、尺寸准确度、表面缺陷、砌体的咬槎情况等。外观检测中很重要的一项是对裂缝情况的检测。

（2）强度检测。如材料强度、构件承载力、钢筋配置等。

（3）内部缺陷的检测。如混凝土内部孔洞、裂缝，钢结构的裂纹、连接缺陷等。

（4）材料成分的化学分析。如混凝土骨料分析，水泥成分及用水成分分析，钢材化学成分分析等。

（5）建筑物的变形观测。如建筑物的沉降观测、倾斜观测等。

与常规的建筑结构构件的检测工作相比，对发生质量事故的结构进行检测有下列一些特点：

（1）检测工作大多在现场进行，条件差，环境干扰因素多。

（2）对发生严重质量事故的结构工程，通常管理不到位，技术档案不完整，有时甚至没有技术资料，因而检测工作应要做到周密、仔细；有时还会遇到虚假资料的干扰，这时应慎重对待。

（3）对有些强度检测一般要采用非破损或少破损的方法进行，因事故现场尤其是对非倒塌事故一般不允许破坏原构件，或者从原构件上取样时只能允许有微破损，稍加加固后即不影响结构强度。

（4）检测数据要准确、可靠。特别是对于重大事故的责任纠纷，因涉及到法律责任和经济赔偿，为各方所重视，故所有检测数据必须真实可信。

被检测的结构构件类别主要有砌体结构构件、钢筋混凝土结构构件和钢结构构件。由于结构构件类别不同，检测的方法有所不同，检测的侧重点也有所不同。下面按结构类别介绍常用的一些检测方法，而且侧重介绍现场仪器检测的方法，按一般规程进行的外观检测可参考其他教材，这里不作介绍。

第一节　砌体结构构件的检测

砌体结构构件由块材和砂浆砌筑而成，施工质量的变异较大，强度相对较低，检测中应对砌体的强度、施工质量、裂缝等进行重点检查和测试。对砌体结构构件的检测主要包括：材料（砖材、石材或其他砌块及砂浆）强度，砌筑质量（如砌筑方法，砌体中砂浆饱满度、截面尺寸及垂直度等），砌体裂缝及砌体的强度。其中，关于砌筑质量的检查可按有关施工规程的要求进行，一般并无技术上的困难。因为砌体承载力的评定是质量评定的关键，而砌体承载力取决于砌块及砂浆的强度，当然与砌筑质量也有关。由于砌体中的砂浆很薄，无法再加工成标准的立方体进行压力试验，这就给检测工作带来困难。下面介绍砂浆材料强度及砌体承载力的检测方法。

一、砌体裂缝检测

因为砌体中的裂缝是常见的质量问题，裂缝的形态、数量及发展程度对承载力、使用性能与耐久性有很大影响，对砌体的裂缝必须全面检测，包括查测裂缝的长度、宽度、裂缝走向及其数量、形态等。

裂缝的长度可用钢尺或一般米尺进行测量。宽度可用塞尺、卡尺或专用裂缝宽度测量仪进行测量。对于裂缝的走向、数量及形态应详细地标在墙体的立面图或砖柱展开图上，进而分析产生裂缝的原因并评价其对质量的影响程度。

二、砌体中砌块和砂浆强度的检测

砌体是由砌块和砂浆组成的复合体。有了砂浆及砌块的强度，就可按有关规范推断出砌体的强度。所以对砌块及砂浆强度的检测是非常关键的。

1. 砌块强度的检测

对于砌块，通常可从砌体上取样，清理干净后，按常规方法进行试验。

取 5 块砖做抗压强度试验。将砖样锯成两个半砖（每个半砖长度不小于 100mm），放入室温净水中浸 10～30min，取出以断口方向相反叠放，中间用净水泥砂浆粘牢，上下面用水泥砂浆抹平，养护 3 天后进行压力试验。加荷前测量试件两半砖叠合部分的面积 $A(\mathrm{mm}^2)$，加荷至破坏，若破坏荷载为 $P(\mathrm{N})$，则抗压强度为

$$f_\mathrm{c} = P/A \tag{2-1}$$

另取 5 块作抗折试验，可在抗折活动架上进行。滚轴支座置于条砖长边向内 20mm，加荷压滚轴应平行于支座，且位于支座之中间 $L/2$ 处，加载前测得砖宽 b、厚 h、支承距离 L。加荷破坏荷载为 P，则抗折强度为

$$f_\mathrm{r} = \frac{3P \cdot L}{2bh^2} \tag{2-2}$$

式中　b、h、L 以 mm 为单位，P 以 N 为单位。

根据试验结果，可按表 2-1 确定砖的强度等级。

表 2-1　　　　　　　　　　　　　粘土砖的强度指标

砖的等级	抗压强度（MPa）		抗折强度（MPa）	
	平均值不小于	最小值不小于	平均值不小于	最小值不小于
MU20	20	14	4.0	2.6
MU15	15	10	3.1	2.0
MU10	10	6.0	2.3	1.3
MU7.5	7.5	4.5	1.8	1.1
MU5	5.0	3.5	1.6	0.8

在寻找事故原因的复核验算中，可按实测值作为计算指标进行复核计算，不一定去套等级号。例如，若测得强度指标可达 MU12，则可按此强度验算，不一定降到 MU10。但对于设计，则必须按有关规定执行。

2. 砂浆强度的检测

砌体中的砂浆不可能做成标准立方体试件，无法按常规试验方法测得其强度。常用的现

场检测方法有冲击法、推出法、点荷法和回弹仪法等。下面介绍冲击法和推出法。

（1）冲击法。冲击法是在砌体上凿取一定数量的砂浆，加工成颗粒状，由冲击锤将其粉碎。冲击将消耗一定的能量。砂浆粉碎后颗粒变小变细，其表面积增加。试验研究表明，在一定冲击作用下，砂浆颗粒增加的表面积 ΔA 与破碎功的增加量 ΔW 呈线性关系，而砂浆的抗压强度与单位功的表面积增量 $\Delta A/\Delta W$ 有定量关系，从而可以据此测得砂浆的强度。试验中主要的设备有冲击仪，孔径为 12mm 及 10mm 的圆孔筛，一套砂标准筛及感量为 0.01g 的天平。

1）试件制作。在拟检验的砌体中取硬化的砂浆约 600g，一部分用于测容重，一部分用于冲击试验。将其锤击加工成粒径为 10～12mm 的颗粒，形状近于圆形，两个垂直方向的直径之比不宜大于 1.2。可用孔径为 12mm 和 10mm 的筛子筛分，取通过 12mm 孔径而留在 10mm 孔径筛子上的颗粒作为冲击试验的用料。取 180～200g 试料，放入烘箱内，在 50～60℃温度下烘烤 4～6h，干燥的试样可不必烘烤，取出在常温下搁置 8～12h。试料烘烤干燥后分为 3 份，待平行做 3 组试验使用，每份 50g，称量精确至 0.01g。

2）试验方法和步骤。根据砂浆的特征，估计其强度的大约范围，按表 2-2 选好打击锤的重量及落锤高度，然后将试样放入冲击仪的冲击筒中，并将其顶面摊平。整个试验分 3 个阶段，每阶段均有冲击、筛分、称重 3 个步骤。第一阶段：冲击两次，进行筛分与称重；第二阶段，将试样重新放入筒内，摊平，冲击 4 次，再进行筛分与称重；第三阶段，将试样重新放入筒内摊平，最后冲击 4 次，然后筛分、称重。第一份试样总计冲击 10 次，筛分、称重 3 次。3 组试样平行做 3 次。测定砂浆容重，可用未冲击的砂浆试样取 8cm³ 左右的块状试件，用蜡封法测定。

表 2-2　　　　　　　　　　　冲击参数选择表

预计强度 （N/mm）	硬化砂浆试料特征	冲击总功 （kg·cm）	锤重 （kg）	落锤高度 （cm）	冲击次数
<5.0	试料结构酥松，可用手捏碎，容重小于 1.9g/cm³	100	1.0	10	10
5.0～10.0	试料棱角易掰掉，肉眼观察孔隙较多，容重在 1.95g/cm³ 左右	180	1.5	12	10
10.0～20.0	试料棱角不易掰掉，结构较密实，容重在 2.0g/cm³ 左右	450	1.5	30	10
20.0～30.0	颜色呈青绿色，需使用工具才能破碎，容重在 2.1g/cm³ 左右	900	2.5	36	10
>30.0	颜色呈青绿色，需使用锐利工具才能破碎，容重在 2.1g/cm³ 以上	1250	2.5	50	10

注　当试料经两次冲击后，5mm 筛上的筛余量约 42g 左右为宜，过多或过少均应适当增大或减少锤重或落锤高度。

测定冲击后试料的表面积。试样粉碎后筛分 2min，分别称量各筛子上的筛余量 Q_i，然后可按下式计算试料的总表面积

$$A = \frac{1}{\gamma_0} 10.5 \sum_{i=1}^{7} \frac{Q_i}{d_i} + A_8 \qquad (2-3)$$

式中　A——试样总表面积，cm^2；

　　γ_0——试样容重，g/cm^3；

　　Q_i——试料在各号筛子上的筛余量，g；

　　d_i——各号筛子上试料的平均直径，cm，可按表 2 - 3 采用。

表 2 - 3　　　　　　　　　　　　各号筛子上试料的平均直径

i	1	2	3	4	5	6	7
i 号筛子上试料粒度范围（cm）	1.2～1.0	1.0～0.5	0.5～0.25	0.25～0.12	0.12～0.06	0.06～0.03	0.03～0.015
平均直径 d_i（cm）	1.097	0.722	0.361	0.177	0.0866	0.0433	0.022

　　注　小于 0.015 的试料表面积按 $A_8 = 1510\dfrac{Q_8}{\gamma_0}$ 计算。

计算破碎消耗功，即

$$W = mhn \tag{2 - 4}$$

式中　W——冲击功，kg·cm；

　　　　m——落锤重，kg；

　　　　h——落锤高度，cm；

　　　　n——冲击次数。

　　计算（$\Delta A/\Delta W$）值。一组试验分 3 阶段，每一阶段均可计算出（A_1, W_1），（A_2, W_2），（A_3, W_3），用最小二乘法，可计算出单位功的单面积增量，即（$\Delta A/\Delta W$）之值。

　　取 3 组试验的平均值（$\Delta A/\Delta W$），然后按下式计算砂浆的抗压强度值 f_m（N/mm^2）

$$f_m = 64.55\left(\frac{\Delta A}{\Delta W}\right)^{-0.78} \tag{2 - 5}$$

　　上式适用于砂子的细度模数为 $2.1 < M_K < 2.9$，砂子最大粒径小于 4mm，砂浆用砂量 $1300\sim1600kg/m^3$ 的水泥砂浆或混合砂浆。否则应重新标定，按对比试验由下式求出有关参数

$$f_m = a\left(\frac{\Delta A}{\Delta W}\right)^b \tag{2 - 6}$$

但式中参数 a、b 应经试验确定。

　　（2）推出法。推出法是利用小型推出装置对砖砌体中处于统一边界条件下的丁砖施加水平推力，用以间接推算出砂浆抗压强度的一种方法。所谓统一边界条件，是指欲被推出的砖的顶面及两侧的砂浆层均已予清除的情况。

　　推出法的测试步骤包括 3 个方面：测区选择，清砂浆缝，推出。

　　测区选择原则是尽量做到有代表性和可操作性。测区宜在墙体上均匀布置，应避开施工中预留的各种孔洞，被检测到的砖的端面应平整，砖下的水平砂浆层的厚度应在 9～11mm 之间。测区大小以能进行 6 块推出砖的检测工作为宜。对于抽样评定的墙体，随机抽样数量应不少于该总量的 30%，且不小于 3 片墙体。

　　如图 2 - 1 所示，清缝开洞是为了使推出装置安装就位，并保证被测砂浆层处于统一的边界条件。具体做法：先用冲击钻及特制金刚石锯将被推砖顶部的砂浆层锯掉，然后用扁铲插入上一层砂浆中轻轻撬动，使被推砖上部的两块顺砖脱落取下，形成一个断面为

240mm×60mm 的孔洞,最后再用锯将被推砖两侧缝砂浆清除掉,为推出检测作好准备。

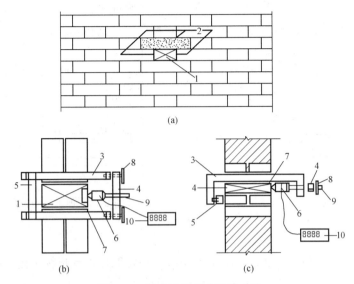

图 2-1 推出法的推出装置安装

(a) 被推丁砖的周边条件;(b) 推出装置安装后平面;(c) 推出装置安装后剖面
1—被推出丁砖;2—被清除砖、砂浆及砂浆竖缝;3—支架;4—前梁;5—后梁;
6—传感器;7—垫片;8—调平螺钉;9—传力丝扣;10—推出力显示器

最后的步骤是推出。待清好缝后,把推出装置安装在已处理好的孔洞中,接好传感器与仪表并清理归零,用专用扳手旋转加载螺杆对推出砖加载,观察传感器仪表,记录下砖被推出时最大的推出值,随即取下被推出砖,测量并记录砂浆饱满度值。

得极限推出力 P 后,即可算得砂浆的抗压强度 f_p 为

$$f_p = 0.298 K_B P^{1.193} \tag{2-7}$$

式中 K_B——砂浆饱满度 B 对 f_p 的修正系数,$K_B = (1.25B)^{-1}$。

三、砌体强度的检测

如果有了砌块与砂浆的强度,就可按砌体结构设计规范求出砌体强度,这是一种间接测定砌体强度的方法。有时希望直接测定砌体的强度,下面介绍几种直接测定法。

1. 实物取样试验法

如图 2-2 所示,在墙体适当部位选取试件,一般截面尺寸为 240mm×370mm、370mm×490mm,高度为较小边长的 2.5~3 倍,将试件外围四周的砂浆剔去,注意在墙长方向,即试件长边方向,可按原竖缝自然分离,不要敲断条砖,留有马牙槎,只要核心部分长 370mm 或 490mm 即可。四周暂时用角钢包住,小心取下,注意不要让试件松动。然后在加压面用 1:3 砂浆坐浆抹平,养护 7 天后加压。加压前要先估计其破坏荷载。加压时的第一级荷载为预估破坏荷载的 20%,以后每级加破坏荷载的 10%,直至破坏。设破坏荷载为 N,试件面积为 A,即可由下式算得砌体的实际抗压强度

$$f_m = \frac{N}{A} \tag{2-8}$$

2. 顶出法

如图 2-3 所示,这是一种原位测定法。选择门、窗洞口作为测区,将试验区取

$L(370\sim490\text{mm})$ 长一段，两边凿通、齐平，加压面坐浆找平。加压用千斤顶，受力支承面要加钢垫板，逐步施加推力，此推力对砌体试件的受力面来说是剪力。若砌体破坏时的剪力为 V，被推出部分的受剪面积为 A，即可由下式算得砌体的抗剪强度

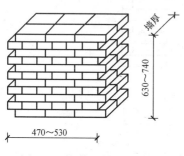

图 2-2　砌体取样抗压试验

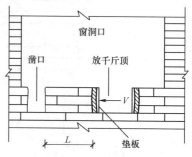

图 2-3　顶出法测抗剪强度

$$f_{\text{v,m}} = \frac{V}{A} \tag{2-9}$$

应当指出，上述所测定的强度，均指平均值，如要取作设计指标，则应按下式推算

$$f = f_{\text{m}}(1 - 1.645\delta_{\text{f}})/\gamma_{\text{f}} \tag{2-10}$$

对砌体结构抗压强度可取变异系数 $\delta_{\text{f}} = 0.17$，材料分项系数 $\gamma_{\text{f}} = 1.5$；对砌体抗剪强度则可取 $\delta_{\text{f}} = 0.20$，$\gamma_{\text{f}} = 1.5$。也可近似取作

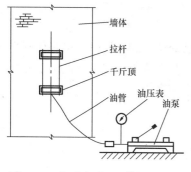

图 2-4　扁顶法测量砌体抗压强度

$$f = 0.447 f_{\text{v,m}} \tag{2-11}$$

3. 扁顶法

如图 2-4 所示，扁顶法是用一种特制的扁千斤顶在墙体上直接测量砌体抗压强度的方法。它的测试过程在墙体垂直方向相隔 5 皮砖凿开两个相当于扁千斤顶的水平槽，宽 240mm，高为 $70\sim130$mm，然后在两槽内各嵌入一个千斤顶，并用自平衡拉杆固定，用手动油泵对槽间砌体分级加载至受压砌体的抗压强度 f_{m} 为

$$f_{\text{m}} = N/(KA) \tag{2-12}$$

$$K = 1.29 + 0.67\delta_0$$

式中　f_{m}——砌体抗压强度的推定值，MPa；

　　　　A——受压砌体截面积，mm^2；

　　　　N——试验的破坏荷载，N；

　　　　K——强度换算系数；

　　　　δ_0——被测试砌体上部结构引起的压应力值。

值得注意的是，当 $\delta_0 \geqslant 0.6$MPa 时，取 $\delta_0 = 0.6$MPa；δ_0 代入上式时，不用单位。

第二节　钢筋混凝土构件的检测

钢筋混凝土构件具有很多优点，但是相对而言，其施工质量波动较大，往往在材料性能及几何尺寸等方面遗留先天的缺陷，包括材料强度不足、尺寸偏差、蜂窝麻面、孔洞、开裂、保护层厚度不足、露筋等。钢筋混凝土结构构件的检测，主要包括测定混凝土的强度，

钢筋的位置与数量，混凝土裂缝及内部缺陷等。这些检测要在已有的结构或构件上进行，大多为现场操作，因此有一定的难度。目前已总结了一系列方法，可以对混凝土质量的评定作出较准确的检测。

一、混凝土表面裂缝及蜂窝面积的检测

1. 混凝土裂缝的检测

混凝土裂缝具有直观性，容易被人们发现，而不同的裂缝是由不同原因引起的。因而，裂缝的观察与测量有助于对结构的质量的评判。

裂缝检测的项目主要包括：

（1）裂缝的部位、数量和分布状态。

（2）裂缝的宽度、长度和深度。

（3）裂缝的形状，如上宽下窄、下宽上窄、中间宽两端窄、八字形、网状形、集中宽缝形等。

（4）裂缝的走向，如斜向、纵向、沿钢筋向、是否还在发展等。

（5）裂缝是否贯通，是否有析出物，是否引起混凝土剥落等。

检测方法。如图 2-5 所示，裂缝长度可用钢尺或直尺量，宽度可用检验卡，或 20 倍的刻度放大镜测定。检验卡实际上为一种标尺，上面印有不同宽度的线条，与裂缝对比即可确定裂缝宽度。刻度放大镜中有宽度标注，可直接读取。裂缝深度可用细钢丝或塞尺探测，也可用注射器注入有色液体，待干燥后凿开混凝土观测。

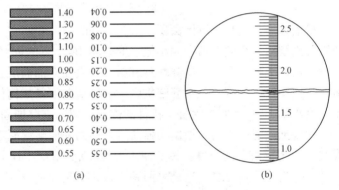

（a）　　　　　　　　　　（b）

图 2-5　裂缝检测

（a）裂缝宽度测定卡；（b）刻度放大镜

2. 蜂窝面积的检测

蜂窝处砂浆少、石子多，严重影响混凝土强度。蜂窝面积可用钢尺、直尺或百格网进行测量，以蜂窝面积占总面积的百分比计。

二、混凝土强度的检测

混凝土材料强度的现场检测方法包括非破损检测和半破损检测两类。非破损法包括回弹法、超声波法、超声回弹综合法、表面刻痕法、振动法、射线法等；半破损法包括钻芯法、拔脱法、拔出法、扳折法等。

1. 回弹法

回弹法是根据混凝土表面硬度与抗压强度之间所存在的相对关系，通过测试混凝土表面硬度来推测混凝土抗压强度的一种方法。它应根据《回弹法评定混凝土抗压强度技术规程》（JGJ 23—1985）和有关技术手册来进行实施。

如图 2-6 所示，回弹法的测试仪器为回弹仪，使用时，先轻压一下弹击杆，使按钮松开，让弹击杆徐徐伸出，并使挂钩挂上弹击锤；再将回弹仪对混凝土表面缓慢均匀施压，待弹击锤脱钩，冲击弹击杆后，弹击锤即带动指针向后移动直至达到一定位置，指针块的刻度线即在刻度尺上指示某一回弹值。回弹仪应按有关规定定期进行检测。获得检定合格证后在检定有效期内使用。利用回弹仪进行现场检测前后，必须在标准钢砧上率定。

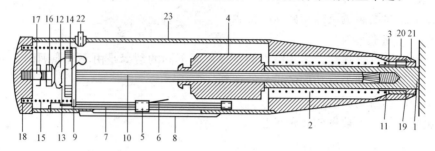

图 2-6　回弹仪构造

1—弹击杆；2—弹击拉簧；3—拉簧座；4—弹击重锤；5—指针块；6—指针片；7—指针轴；8—刻度尺；

9—导向法兰；10—中心导杆；11—缓冲压簧；12—挂钩；13—挂钩压簧；14—挂钩销子；15—压簧；

16—调零螺钉；17—紧固螺母；18—尾盖；19—盖帽；20—卡环；

21—密封毡圈；22—按钮；23—外壳

检测方法：回弹仪测区面积一般为 20cm×20cm 左右，选 16 个点。测得 16 个点的回弹值，分别剔除 3 个偏大值和偏小值，取中间 10 个点的回弹值之平均值作为测定值。测区表面应清洁、平整、干燥，避开蜂窝麻面。当表面有饰面层、浮浆、杂物油垢时，可以除去或避开。回弹仪还应该避免钢筋密集区。一般情况下，如构件体积小、刚度差或测试部位混凝土厚度小于 10cm，回弹混凝土构件的侧面，应加支撑加固后测试，否则影响精度。

混凝土强度的推测：根据测强曲线，即回弹值与混凝土强度的关系曲线，由平均回弹值 N 即可查得混凝土的强度。按照使用条件和范围的不同，有 3 类测强曲线。

（1）统一测强曲线。这是《回弹法评定混凝土抗压强度技术规程》（JGJ 23—1985）给出的测强曲线。它是由北京、陕西等 12 个城市和地区进行混凝土率定的统计回归曲线。其曲线方程为

$$f_{cu} = 0.0249 \overline{N}^{-2.0108} \times 10^{-0.358Z} \qquad (2-13)$$

式中　f_{cu}——测区混凝土立方体强度，N/mm；

$\overline{N}$——混凝土的平均回弹值；

Z——混凝土的平均碳化深度，mm。

如不是耐久性的事故，在新建混凝土结构的检测中可取 $L=0$。《回弹法评定混凝土抗压强度技术规程》（JGJ 23—1985）已将式（2-13）求出的对应值列成表格，查用很方便。如将该表格用图表示，则可参见图 2-7。

（2）地区测强曲线。这是由某一省、市或地区根据本地区的具体条件率定的曲线。

（3）专用测强曲线。这是专以某种工程

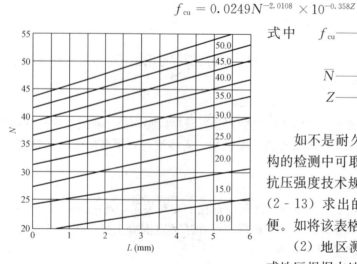

图 2-7　统一测强曲线（f_{cu} 以 MPa 计）

为对象所率定的曲线。

应用回弹法时，应优先选用地区的或专用的测强曲线。

由式（2-13）可知，碳化深度 L 对强度测定有较大影响，这是由于碳化后混凝土表面硬度增加。此外，如混凝土的测试面不是侧面，而是上表面或底面，则也应修正，见表 2-4。检测时回弹仪的角度对混凝土强度测定也有影响，若混凝土测试面不垂直于地面，即回弹仪不处于水平方向，如图 2-8 所示，也应根据回弹仪与水平线的夹角不同，进行修正，修正值列于表 2-5。

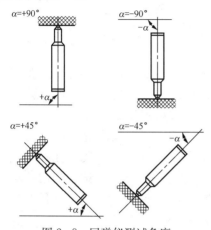

图 2-8 回弹仪测试角度

表 2-4 不同浇筑面对回弹值的修正 ΔN_s

$\overline{N}_s$	ΔN_s	
	表 面	底 面
20	+2.5	-3.0
25	+2.0	-2.5
30	+1.5	-2.0
35	+1.0	-1.5
70	+0.5	-1.0
75	0	-0.5
80	0	0

表 2-5 不同 α 对回弹值的修正 ΔN_α

$\overline{N}_s$	测试角度 α							
	+90°	+60°	+45°	+30°	-30°	-45°	-60°	-90°
20	-6.0	-5.0	-4.0	-3.0	+2.5	+3.0	+3.5	+7.0
30	-5.0	-4.0	-3.5	-2.5	+2.0	+2.5	+3.0	+3.5
40	-4.0	-3.5	-3.0	-2.0	+1.5	+2.0	+2.5	+3.0
50	-3.5	-3.0	-2.5	-1.5	+1.0	+1.5	+2.0	+2.5

2. 超声波法

超声波法是根据超声脉冲在混凝土中的传播规律与混凝土强度有一定关系的原理，通过测定超声脉冲的参数，如传播速度或脉冲衰减值，来推断混凝土的强度。目前国产的超声脉冲仪大多是测量传播速度的。超声脉冲仪产生的电脉冲通过发射探头（即电—声换能器）使声脉冲进入混凝土，然后电接收探头（即声—电换能器）接收仪器测得讯号的时间直接化为声速表示出来，从仪器上读出了声速，即可由有关测强曲线求得混凝土的强度。

测试步骤：选两个对面，一边放发射探头，一边放接收探头。测点布置视结构的大小和精度而定，一般可取 10 个方格，一般方格边长 15～20cm 左右，在一方框内测 3 个声速，取其平均值。测点应避开有缺陷及应力集中的部位，并应避开金属预埋件及与声通路平行而又很近的钢筋。两对面一般选择两侧面。探头处表面要平整、干净，有不平整处可用砂纸磨平，在置探头处可适当涂一薄层黄油等耦合剂，探头要压紧表面，以减少声能反射损失。

混凝土强度的推断与回弹法相似，应当率定测强曲线。目前还没有统一规程规定的测强曲线，各单位、各部门自己应当率定，图 2-9 所示是某系统试验率定的测强曲线。

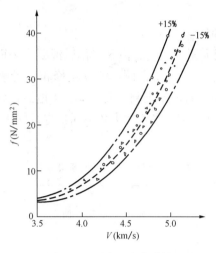

图 2-9　强度—声能曲线

3. 综合法

综合法是利用回弹仪和超声波测量所得到的结果进行相互修正，其结果更为精确的一种方法。一般要求先进行回弹测量后进行超声测量。超声回弹综合法的仪器和测量方法分别与超声波法及回弹法相同，只是对其结果按规定的公式进行换算。

建设部已颁布了《超声回弹综合法检测混凝土强度技术规程》（CECS 02—2005），并附有通用强度换算表供参考使用。

4. 钻芯法

钻芯法是用钻芯取样机在混凝土构件上钻取圆柱形芯样，经过适当加工后在试验机上进行压力试验，直接测定其抗压强度的检测方法。这种方法非常直观，更为可靠，在事故质量评判中也更能令人信服，因而受到重视。现在国内多个厂家都可以生产钻芯机，钻孔最大孔径可达 160～200mm，能够满足工程需要。但是，由于钻芯法对结构有一定损伤且试验费用较高，故难以将钻芯法作为结构实际强度的全面检测方法。这种方法常可结合非破损方法同时应用，它可修正非破损方法的精度，因而取芯的数目可以相应减少。

取芯直径常在 100mm 左右，只要布置适当，修补及时，一般不会影响原构件的承载力。取芯后留下的圆孔应及时修补，一般可用合成树脂为胶结材料的细石混凝土，或用微膨胀水泥混凝土填补。填补前应细心清除孔中的污物及碎屑，用水湿润。修补后要细心养护。

钻芯法有局部破损，对于预应力构件、小截面构件和低强度（<C10）构件，均不宜采用钻芯法。

试样制取时，取芯的部位应注意以下几点：

（1）取芯部位应选择结构受力小，对结构承载力影响小的部位。在结构的控制截面、应力集中区，构件接头和边缘处等一般不宜取芯。

（2）取芯部位应避开构件中的钢筋和预埋件，特别是受力主筋。

（3）作为强度试验用的芯样，不应取在混凝土有缺陷的部位（如裂缝、蜂窝、疏松区）。

（4）取样应注意要有代表性。

在柱上钻取芯样后要经过切割，端部磨平等工艺，加工成试件。试件直径一般要大于骨料最大粒径的 2～3 倍。高度为直径的 1～2 倍。一般建筑结构梁、柱、剪力墙的混凝土骨料最大粒径在 40mm 以下，故一般可加工成 $D \times H = 10cm \times 10cm$ 的圆柱体试件。我国混凝土标准试块为 15cm×15cm×15cm 的立方体，尺寸不同时，会有差异，应予修正。但对比试验表明，当直径为 100mm 或 150mm，而 $D : H = 1 : 1$ 的芯样试件的抗压强度与标准立方体强度相当，因而可以不用修正。直接用芯样的抗压强度作为混凝土立方体强度。

建设部已颁布了《钻芯法检测混凝土强度技术规程》（CECS 03—1988）。应按此规程操作。

5. 拔出法

拔出法是在混凝土构件中埋锚杆（可以预置，也可后装），将锚杆拔出时，连带拉脱部分混凝土。试验证明，这种拔出的力与混凝土的抗拉强度有密切相关关系，而混凝土抗拉力与抗压力是有一定关系的，从而可据此推得混凝土的抗压强度。这种方法在美国、前苏联和日本等国已经制定了试验标准。我国也已开始应用，目前铁道部、冶金部也已通过了试验的技术标准。对于质量事故的检查，主要用后制锚杆法。

　　试验取样对单个构件取样不少于一组，对整体结构不少于构件总数的 30%。一组试验是指在 2m×2m 左右范围内取 3 个试验点，由 3 个测点的算术平均值为推算强度的代表值。当三个值之间的差值中有一差值超过 15% 时，可取中间值为代表值；如两个差值均超过15% 时，应加取一组（3 个点）试验，取 6 个点的平均值为代表值。选择测点应平整，要清除抹灰、饰面层，应避开蜂窝、孔洞、裂缝及钢筋。测查点的厚度应大于两倍锚具置入深度，对于厚度小于 150mm 的构件，只可在一侧布置测点。

　　试验步骤：

　　（1）如图 2 - 10 所示，在混凝土构件上钻孔，孔径可取30mm、深 25mm 左右。

　　（2）将钻孔头部扩孔成⊥形，下部环形槽深 2~3mm。

　　（3）将锚具放入孔内，安装拔出机。

　　（4）拔出锚杆，读出拔出机上的最大拔力值。

　　强度推断：设拔出力为

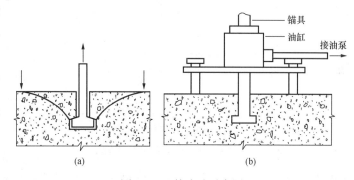

图 2 - 10　拔出法示意图

F_p，则混凝土抗压强度与 F_p 有直线相关关系，即

$$f_c = AF_p + B \tag{2 - 14}$$

式中　A、B 为待定常数，要先标定。例如某一地区标定的测强公式为

$$f_c = 1.6F_p - 5.8 \tag{2 - 15}$$

　　拔出法与钻芯法均为微破损检测法。拔出法的精度比回弹法、超声法等非破损检验法要高，而比钻芯法稍低。而拔出法检测快，一般测一点只需十多分钟，而钻芯法要几天甚至十几天，并且拔出法破损小，破损面直径小于 100mm，深度不超过 30mm，大概在保护层厚度附近，不影响结构强度，因而其使用受限制少，可更广泛地应用。

　　铁道部颁布了行业标准《混凝土强度后装拔出试验方法》（TB/T 2298—1991），可供参照。

三、混凝土内部缺陷的检测

　　混凝土构件内部缺陷的检测可采用超声脉冲法或射线法检测。超声脉冲法包括超声波法和声发射法等。下面介绍超声波法检测混凝土内部缺陷。

　　1. 缺陷部位存在及位置的检测

　　混凝土结构内部缺陷的探测主要是根据声时、声速、声波衰减量、声频变化等参数的测量结果进行评判的。对于内部缺陷部位的判断，由于无外露痕迹，如果一一普遍搜索，非常费工，效率不高，一般应首先判断对质量有怀疑的部位。做法是以较大的间距（例如 300mm）划出网格，称为第一级网格，测定网格交叉点处的声时值。然后在声时值变化较大的区域，以较小的间距（如 100mm）划出第二级网格，再测定网格点处的声时值。将数值较大的声时点（或异常点）连接起来，则该区域即可初步定为缺陷区，如图 2-11 所示。

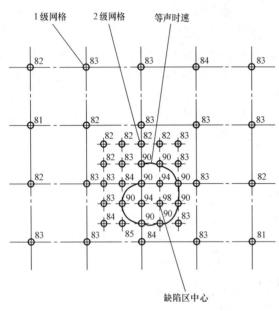

图 2-11　超声波法测内部缺陷时的网格布置

声速值在均匀的混凝土中是比较一致的，遇到有孔洞等缺陷时，因经孔隙而变小。但考虑到混凝土原材料的不均匀性，宜用统计方法判定异常点。设测了 n 个声速点，其平均值为 v_m，标准差为 σ_v。当被测结构构件的厚度不变时，即可用声时值作为判别缺陷的依据，下列声速点可判为有缺陷，即

$$v_i < v_m - 2\sigma_v \qquad (2-16)$$

$$\sigma_v = \sqrt{\frac{\sum (v_i - v_m)^2}{n-1}} \qquad (2-17)$$

式中　v_i——第 i 个测点的声速值；

v_m——平均声速值，$v_m = \dfrac{1}{n}\sum_1^n v_i$；

σ_v——声速的标准差。

声速值的变化可以判断缺陷的存在，但其变化幅度一般不是很大，对于构件尺寸不大时更难以判断；一般还要结合接收波形的变化，进行综合判断。关于波形的评判可参考有关资料。

2. 内部缺陷大小的测定

用上述方法确定了内部缺陷的位置以后，其大小可用下列方法测定。

（1）对测法。如图 2-12 所示，首先在缺陷附近无缺陷处 a 测定声时值 t_0（即声脉冲通过被测定构件的时间），然后移动探头，到声时最长区，也即缺陷的"中心"位置 b，测得其声时值 t_1。

设缺陷位于构件中部，其横向尺寸为 d，构件厚度为 L，声速为 v，探头直径为 D，则有

$$\begin{cases} L = vt_0 \\ 2\sqrt{\left(\dfrac{d-D}{2}\right)^2 + \left(\dfrac{L}{2}\right)^2} = vt_1 \end{cases} \qquad (2-18)$$

解此联立方程，可得

$$d = D + L\sqrt{\left(\frac{t_1}{t_0}\right)^2 - 1} \qquad (2-19)$$

按此式即可判定孔洞的横向尺寸 d。

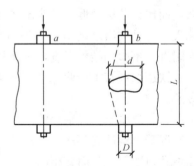

图 2-12　内部缺陷尺寸的对测法

（2）斜测法。如图 2-13 所示，如果探头尺寸 D 大于内部缺陷的尺寸，则上述对测法无效。这时可改用斜测法，其缺陷尺寸可按下式估算

$$d = \frac{L_c}{\sin\alpha}\sqrt{\left(\frac{t_c}{t_0}\right)^2 - 1} \qquad (2-20)$$

式中　d——缺陷尺寸，m；

　　　L_c——两探头间最短距离，m；

　　　t_c——超声脉冲绕过缺陷的声时值，m/s；

　　　t_0——按相同方式在无缺陷区测得的声时值，m/s；

　　　α——两探头连线与缺陷平面的夹角。

3. 裂缝深度的测定

对于开口而又垂直于构件表面的裂缝，可按图 2-14 所示测量。首先将探头放在同一构件无裂缝位置，测得其声时值 t_0；然后将探头置于裂缝两边，测出其声时值 t_1。测 t_0 及 t_1 时应保持探头间距离 L 相同。裂缝深度 h 可按下式计算

图 2-13　内部缺陷尺寸的斜测法

$$h = \frac{l}{2}\sqrt{\left(\frac{t_1}{t_0}\right)^2 - 1} \tag{2-21}$$

需注意的是，$l/2$ 与 h 相近时，测量效果较好。测量时应避开钢筋，一般探头离钢筋轴线的距离为 $1.5h$ 为宜。

对于开口斜裂缝，则可按图 2-15 所示测量。首先在裂缝附近测得混凝土的平均声速 v；然后将一探头置于 A，另一探头跨过裂缝，先置于 D，量得 $AD = L_1$，测得 ABD 的声时值为 t_2；再置于 E，量得 $AE = L_2$，测得 ABE 的声时值为 t_1；E 离裂缝的距离为 L_3。则有方程

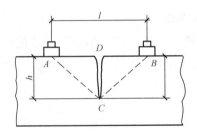

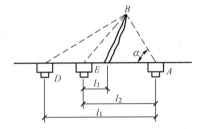

图 2-14　垂直裂缝深度的测量　　　图 2-15　斜裂缝深度的测量

$$(AB) + (BE) = t_1 v$$
$$(AB) + (BE) = t_2 v \tag{2-22}$$
$$(BE)^2 = (AB)^2 + l_2^2 - 2(AB)l_2\cos\alpha$$
$$(BD)^2 = (AB)^2 + l_1^2 - 2(AB)l_1\cos\alpha \tag{2-23}$$

式中　v、t_1、t_2、l_1、l_2 等为测得值，代入后即可解出 AB、BE 和 BD 值，从而可确定裂缝的深度。

四、钢筋的检测

钢筋的检测，一般可在构件上进行。凿去保护层，即可看到钢筋的数量并测量其直径，然后与图纸对照复合。必要时，可截取钢筋做强度试验，甚至化学成分分析。

此外，可用钢筋检测仪测量钢筋的位置、数量及保护层厚度。我国生产的钢筋检测仪是利用电磁感应原理制成的。图 2-16 是国产 GBH-1 型钢筋检测仪。

检测方法是首先接通电源，探头放在空位（不可接近导磁体），调整零点，然后将探头沿垂直于钢筋方向平移（探头平行于要测钢筋方向），同时观察指示表上的指针，指针最大

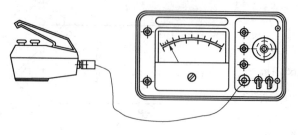

图 2-16　GBH—1 型钢筋检测仪

读数处即为钢筋所在位置。

1. 钢筋实际应力的测定

混凝土结构中钢筋实际应力的测定，是对结构进行承载力判断和对受力筋进行受力分析的一种较为直接的方法。

（1）测试部位的选择。一般选取构件受力最大的部位作为钢筋应力测试的部位，因为此部位的钢筋实际应力反映了该构件的承载力情况。

（2）测定步骤。

1）如图 2-17 所示，凿除保护层、粘贴应变片。在所选部位将被测钢筋的保护层凿掉，使钢筋表层清洁并粘贴好测定钢筋应变的应变片。

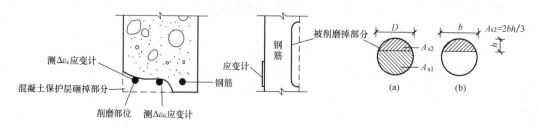

图 2-17　磨削法测钢筋应力

2）削磨钢筋面积，量测钢筋应变。在与应变片相对的一侧用削磨的方法使被测钢筋的面积减小，然后用游标卡尺量测其减小量，同时应变记录仪记录钢筋因面积变小而获得的应变增量 $\Delta \varepsilon_s$。

3）钢筋实际应力 σ_s 的计算为

$$\sigma_s = \frac{\Delta \varepsilon_s E_s A_{s1}}{A_{s2}} + E_s \frac{\sum\limits_1^n \Delta \varepsilon_{si} \cdot A_{si}}{\sum\limits_1^n A_{si}} \qquad (2-24)$$

式中　　$\Delta \varepsilon_s$——被削磨钢筋的应变增量；

$\Delta \varepsilon_{si}$——构件上被测钢筋邻近处第 j 根钢筋的应变增量；

E_s——钢筋弹性模量；

A_{s1}——被测钢筋削磨后的截面积；

A_{s2}——被测钢筋削磨掉的截面积；

A_{si}——构件上被测钢筋邻近处第 i 根钢筋的截面积。

4）重复测试，得到理想结果。重复 2）、3）步骤。当两次削磨后得到的应力值很接近时，便可停止削磨测试而将此时值作为钢筋最终要求的实际应力值。

（3）注意事项。

1）经削磨减小后的钢筋直径不宜小于 $2d/3$，d 为钢筋的原直径。

2）削磨钢筋应分 2～4 次进行，每次都要记录钢筋截面积减小量和钢筋削磨部位的应变增量。

3）钢筋的削磨面要平滑。测量削磨后的钢筋面积应使用游标卡尺。削磨时，因摩擦将使被削钢筋温度升高而影响应变读数。一定要等到钢筋削磨面的温度与大气温度相同时，方可记录应变仪读数。

4）测试后的构件补强。在测试结束后，应把 $\phi 20$，$L = 200mm$ 的短钢筋焊接到被削磨钢筋的受损处，并用比构件高一强度等级的细石混凝土补齐保护层。

第三节　钢结构构件的检测

钢材为工业化产品，材性优越，质量可靠，而钢构件一般也采用工厂制作、现场安装的施工方式，因此钢构件的性能总体上有较好的保障。但是，在复杂应力的作用下或在复杂的使用环境中，钢构件还是存在一些特殊的问题，除了强度破坏，可能出现失稳破坏、疲劳破坏和脆性破坏，同时构件中的连接问题也较为突出。因此，检测的重点在于加工、运输、安装过程中产生的偏差与失误。主要内容有：

（1）外观平整度的检测。

（2）构件长细比、平整度及损伤的检测。

（3）连接的检测。

如果钢材无出厂合格证明，或者来路不明者，则应再增加以下检测项目：

（4）钢材及焊条的材料力学性能，必要时再检测其他化学成分。

其中第（4）项在材料试验规程中有规定，一般施工安装单位均可按常规试验进行。这里不作介绍。

1. 构件整体平整度的检测

梁和桁架构件的整体变形有垂直变形和侧向变形，因此要检测两个方向的平直度。柱子的变形主要有柱身倾斜与挠曲。

检查时，可先目测，发现有异常情况或疑点时，对梁或桁架可在构件支点间拉紧一根细铁丝，然后测量各点的垂度与偏度；对柱子的倾斜度则可用经纬仪检测；对柱子的挠曲度可用吊锤线法测量。如超出规程允许范围，应加以纠正。

2. 构件长细比、局部平整度和损伤检测

构件的长细比在粗心的设计中或施工时，以及构件的型钢代换中常被忽视而不满足要求，应在检查时重点加以复核。

构件的局部平整度可用靠尺或拉线的方法检查。其局部挠曲应控制在允许范围内。

构件的裂缝可用目测法检查，但主要要用锤击法检查，即用包有橡皮的木锤轻轻敲击构件各部分，如声音不脆，传音不匀，有突然中断等异常情况，则必有裂缝。另外，也可用10倍放大镜逐一检查。如疑有裂缝，尚不肯定时，可用滴油的方法检查。无裂缝时，油渍成圆弧形扩散；有裂纹时，油会渗入裂隙呈直线状伸展。

当然也可用超声探伤仪检查。原理和方法与检查混凝土时相仿。

3. 连接的检测

钢结构事故往往出在连接上，故应将连接作为重点对象进行检查。

连接板的检查内容包括：

（1）检测连接板尺寸（尤其是厚度）是否符合要求。

（2）用直尺作为靠尺检查其平整度。

（3）测量因螺栓孔等造成的实际尺寸的减少。

（4）检测有无裂缝、局部缺楞等损伤。

焊接连接目前应用最广，出现事故也较多。应检查其缺陷。焊缝的缺陷种类较多，如图2-18所示，有裂纹、气孔、夹渣、未熔透、虚焊、咬肉、弧坑等。检查焊接缺陷时首先进行外观检查，借助于10倍放大镜观察，并可用小锤轻轻敲击，细听异常声响。必要时可用超声探伤仪或射线探测仪检查。

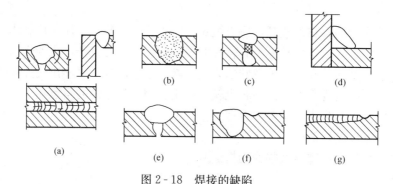

图 2-18　焊接的缺陷

（a）裂纹；（b）气孔；（c）夹渣；（d）虚焊；（e）未熔透；（f）咬肉；（g）弧坑

对于螺栓连接，可用目测、锤敲相结合的方法检查，并用示功扳手（带有声、光指示的扳手）对螺栓的紧固性进行复查，尤其对高强螺栓的连接更应仔细检查。此外，对螺栓的直径、个数、排列方式也要进行检查。

第四节　建筑物的变形观测

一、建筑物的倾斜观测

可用经纬仪通过对建筑物的四个阳角进行倾斜观测，然后综合分析得出整个建筑物的倾斜程度。

如图2-19所示为对建筑物某阳角倾斜观测的示意图。由该阳角顶点 M 向下投影得点 N，量出 NN' 水平距离 a 及经纬仪与 M、N 点之夹角 α，$MN = H$，经纬仪高度为 H'，经纬仪到建筑物间的水平距离为 L，则

$$H = L\tan\alpha \qquad (2-25)$$

建筑物的斜度

$$i = a/H \qquad (2-26)$$

建筑物该阳角的倾斜量

$$a = i(H + H') \qquad (2-27)$$

用同样的方法，亦可得其他各阳角的倾斜度、倾斜量，从而可进一步描述整栋建筑物的倾斜情况。

二、建筑物的沉降观测

建筑物的沉降观测包括沉降的长期观测和不均匀沉降观测两部分。

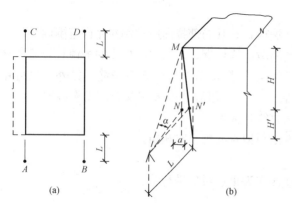

图 2-19　用经纬仪观测建筑物倾斜示意图

（a）建筑物平面；（b）在建筑物一角观测

1. 建筑物沉降的长期观测

建筑物沉降的长期观测是指在一定时间范围内对建筑物进行连续的沉降观测。

观测仪器主要是水准仪。一般要求在建筑物附近选择布置三个水准点。水准点的选择应注意：稳定性，即水准点高程无变化；独立性，即不受建筑物沉降的影响；同时还应注意应使观测方便。此外，建筑物沉降观测点的位置和数目应能全面反映建筑物的沉降情况。观测点的数目一般不少于 6 个，通常沿建筑物四周每隔 15～30m 布置一个，且一般设在墙上，用角钢制成，如图 2 - 20 所示。

水准测量采用Ⅱ级水准，采用闭合法。在观测时应随时记录气象资料，以便于分析。施工期间的观测次数不应少于 4 次。已使用建筑物则应根据每次沉降量的大小确定观测次数。一般以沉降量在 5～10mm 以内为限度。当沉降发展较快时，应增加观测次数。随着沉降的减少而逐渐延长沉降观测的时间间隔，直至沉降量趋于稳定。

观测时，水准尺离水准仪的距离为 20～30mm，水准仪距前、后视水准尺的距离要相等。读完各观测点后，要回测后视点，两次同一后视点的读数差要求小于 ±1mm。根据沉降观测记录计算出各观测点的沉降量和累计沉降量，同时绘出时间—荷载—沉降曲线图，如图2 - 21所示。

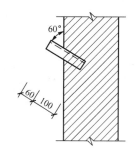 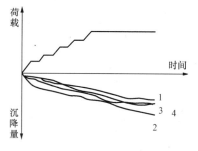

图 2 - 20　沉降观测点示意图　　　　图 2 - 21　时间—荷载—沉降曲线图

2. 建筑物不均匀沉降观测

建筑物的不均匀沉降除了可通过上述方法计算得到外，还可以按下列方法得到建筑各点处的不均匀沉降：

（1）由于在对实际建筑物进行现场检测时，不均匀沉降已经发生，故可了解到建筑物不均匀沉降的初步情况。

（2）在已经发生沉降量最大的地方及建筑的阳角处，挖开覆土露出基础顶面作为选择的观测点。

（3）即可布置仪器进行数据测读。一般是采用水准仪和水准尺，并且将水准仪布置在与两观测点等距离的地方，同时将水准尺放在观测点处的基础顶面，即可从同一水平的读数得知两观测点之间的沉降差。如此反复，便可得知其他任意两观测点间的沉降差。

（4）将以上步骤得到的结果汇总整理，就可以得出建筑物当前不均匀沉降情况。

复 习 思 考 题

1. 建筑工程质量事故中混凝土强度的检测方法有哪些？实际检测手段是怎样的？

2. 试述钻芯法检测混凝土强度的优缺点及适用范围。

3. 混凝土结构中的钢筋实际应力怎样检测？

4. 比较扁顶法和推出法检测砌体强度的优缺点。

5. 怎样测定混凝土结构中钢筋的位置和保护层厚度？

6. 测定混凝土结构中钢筋锈蚀程度的方法有哪几种？

7. 混凝土结构的裂缝和砌体结构的裂缝应如何检测？

8. 建筑物沉降将如何观测？

第三章 砌 体 结 构 工 程

第一节 概 述

砌体结构工程应用广泛。许多公寓、住宅、学校、办公楼等单层或多层建筑大多采用砖、石或砌块墙体和钢筋混凝土楼盖组成的混合结构体系。砌体结构的特点是，材料可以就地取材，来源广泛；施工工艺简单；相对造价较低。因此，目前乃至今后几十年砌体结构工程仍然是建筑工程的主要部分之一。但是，近年来发生在砌体结构工程中的事故较多，而引起事故的原因很多。主要原因如下：

一、设计方面

（1）计算错误。少算或漏算荷载，承载力不足。

（2）盲目参考或套用图纸，未经仔细校核就使用。

（3）重视承载力的计算，忽视墙体高厚比和局部承压的验算。

（4）重计算、轻构造，构造措施不满足要求。

（5）方案欠佳，未考虑空旷房屋承载力的降低因素。

二、材料方面

（1）砖或砌块的外观质量差、强度不足和耐久性不满足要求等。

（2）砂浆的强度不足、和易性差等。

三、施工方面

（1）施工管理不善，质量把关不严。

（2）违反操作规程，砌筑质量差。

（3）施工时，在墙体上任意开洞。

（4）墙体比较高，横墙间距大，未及时封顶，处于长悬臂状态，没有形成整体结构。

四、环境方面

环境因素影响，对砌体结构来说，主要是砖砌体长期浸水后产生的泛霜现象，含水砖砌体经多次冻融产生的酥松脱皮现象，以及地震作用带来的震害现象等。

总之，无论哪方面出现问题，都会给建筑物造成质量缺陷，严重的会引起倒塌事故。

第二节 砌体结构工程质量控制

要使砌体结构工程质量达到规范的要求，满足安全使用的功能，必须对砌体结构工程质量进行控制。要想控制其质量，首先应该了解和熟悉砌体结构工程的特点。

砌体结构的砌筑材料，是由砖、混凝土砌块等地方性块材和砂浆粘结叠合而成的复合材料，具有强度低、品种多的特点。

砌体结构的构件，适宜于做成墙、柱、拱等受压构件，但它们在地震时还要承受水平地震力作用，因此砌体构件主要处于受压、受剪状态。由于砌体强度低，所以构件的截面面积大。由于是受压构件，故其高厚比是非常重要的问题。

墙体是主要砌体构件，除具有承重作用外，多兼有建筑隔断、隔音、隔热、装饰等使用和美学功能。砌体结构的受力状态与构件间的空间工作性能有关，为了保证这种空间工作有效性，往往在砌体结构中设置圈梁和构造柱。这样就要充分利用并正确认识砌体构件和钢筋混凝土的梁、圈梁、构造柱、托梁等组合后的有利条件和存在问题。

砌体结构的砌筑，是由瓦工在施工现场进行的，其质量主要取决于瓦工技术水平、熟练程度。施工现场的气候、环境因素对质量的影响也较大。

概括起来，砌体结构具备如下特点：

（1）材料的复合性和低强度。

（2）结构的空间性和多功能。

（3）构件的受压性和大截面。

（4）砌筑的手工性和现场制作。

因此，对砌体结构工程的质量控制，应从砌体结构的特点入手，涉及对块材、砂浆及其砌筑工艺，以及砌体构件间连接做法的控制。

一、块材的性能及质量控制

1. 块材的性能

砌体所用块材的种类有多种，如，烧结普通砖、烧结多孔（或空心）砖、非烧结蒸养砖、工业废料砌块、混凝土空心砌块、料石等。

粘土砖以粘土为主要原料，经配料、制坯、干燥、焙烧而成。它对砖砌体性能的主要影响因素有以下几方面：

（1）强度。指抗压强度和抗折强度。其中抗压强度相对较高，抗折强度相对很低，它们之间有一定关系。有的砖以抗压强度为主要指标，有的砖以抗压和抗折两项强度为主要指标。

（2）吸水率和饱和系数。反映砖体的密实度，以及对砂浆中水分的吸收能力。

（3）质地。指原材料中含可溶性盐类（如硫酸钠等）和石灰石等杂质的程度。如可溶性盐类过多，会引起砖表面泛霜、酥松甚至剥落；如夹杂石灰石过多，会导致砖块开裂、砖体爆裂。

（4）抗风化性能。指在干湿、温度、冻融变化等物理因素下，材料保持原有性能的能力。它对砌体结构构件的耐久性有重要影响。

（5）外观质量。指尺寸偏差、弯曲度、缺棱掉角等。

粉煤灰砌块以粉煤灰、石灰、石膏和骨料（炉渣、矿渣）等为原料，经配料、加水搅拌、振动成型、蒸汽养护而成。它对砌体性能的主要影响因素有立方体抗压强度、人工碳化后强度、抗冻性、密度、干缩值、外观质量等。

混凝土小型空心砌块以普通混凝土为原料，经成型、养护而成。它对砌体性能的主要影响因素有砌块抗压强度、干缩率、自然碳化系数、抗冻性、外观质量等。

料石指由人工或机械开采的较规则并略加凿琢而成的六面体石块（一般为致密的花岗岩、砂岩、石灰岩等），其厚度不小于 200mm，其他尺寸及加工细度按设计要求。它对砌体性能的主要影响因素有立方体（边长 70mm）抗压强度、表观密度、吸水性、耐水性（软化系数）、抗冻性、风化程度等。毛石则为形状不规则的石材，中部厚度不应小于 200mm。

2. 块材的质量控制

（1）粘土砖的各项技术性能应符合《烧结普通砖》（GB 5101—2003）的规定。

1）强度。在成品堆垛中按机械抽样法，随机抽取有代表性的 10 块砖，做抗压试验。其平均强度 $\bar{f}$ 和标准值 f_k 要满足要求。$\bar{f}$ 取 10 块砖抗压强度的算术平均值；f_k 按下式算得，其强度保证率为 98.2%，即

$$f_k = \bar{f} - 2.1s \qquad s = \sqrt{\frac{1}{(10-1)}\sum_{i=1}^{10}(f_i - \bar{f})^2}$$

式中　f_i——单块砖抗压强度测定值，MPa；

　　　s——10 块砖的抗压强度标准差，MPa。

2）外观检查。随机抽取 200 块砖，做外观检查，其结果应满足要求。

3）泛霜试验。随机抽取 10 块砖，做泛霜试验，其结果应满足要求。

4）抗冻试验。随机抽取 10 块砖，其中 5 块做吸水率和饱和系数试验，另 5 块做冻融试验，其结果应满足要求。

5）石灰爆裂试验。随机抽取 5 块砖，做石灰爆裂试验，其结果应满足要求。

（2）混凝土小型空心砌块的各项技术性能应符合《普通混凝土小型空心砌块》（GB 8239—1997）的规定。

1）强度。随机抽样 5 个砌块，用破坏荷载除以砌块受压面的毛面积可以得到抗压强度；此抗压强度应满足要求。

2）规格尺寸。要满足要求。

3）干缩率。承重墙和外墙砌块的干缩率要小于 0.5mm/m，非承重墙和内墙砌块的干缩率要小于 0.6mm/m。

4）抗冻性。经 15 次冻融循环后的强度损失 ≤15%，且外观无明显酥松、剥落和裂缝。

5）自然碳化系数。1.15×人工碳化系数 ≥0.85。

二、砂浆的性能及质量控制

1. 砂浆的性能

砂浆，是由胶凝材料（水泥、石灰、粘土）、细骨料和水按适当比例配制而成的材料。它对砌体性能的主要影响因素有：

（1）强度。指砂浆立方体抗压强度。它直接影响砌体的抗压强度，也间接影响砌体中块材与砂浆间的粘结力和粘结强度。

（2）变形。指砂浆受压后的竖、横向变形性能。它与砂浆的抗压强度直接相关，也是砌体弹性模量的主要影响因素。

（3）和易性。指砂浆均匀铺砌在粗糙砖石或砌块基面上的容易程度，是保证砌体工程质量的重要因素。包括流动性和保水性两方面。

2. 砂浆的质量控制

（1）材料选用的控制。

1）水泥宜使用普通或矿渣硅酸盐水泥，出厂日期不超过 3 个月；配料精确度 ±2%。

2）砂以中砂为宜，砂中含泥量不应超过 5%（砂浆强度等级 ≥M5）、10%（砂浆强度等级 <M5）；配料精确度 ±5%。

3）掺合料可用石灰膏、磨细生石灰粉、电石膏、粉煤灰等，石灰膏熟化时间不少于 7 天；配料精确度±5％。

4）水按混凝土工程中水的要求。

5）材料配比应经试验室确定，不得套用。

（2）拌制控制。砂浆应采用机械拌制，搅拌自投料结束算起不得少于 1.5min；若人工拌制，要拌和充分和均匀；若拌和过程中出现泌水现象，应在砌筑前再次搅拌，要求随拌随用，不得使用隔夜或已凝结砂浆，已拌制砂浆须在 3～4h 内用完。

（3）强度要求。砂浆分为 M15、M10、M7.5、M5、M2.5、M1、M0.4 7 个等级，用标准养护的试块的抗压强度确定。

（4）和易性要求。沉入度应满足要求。混合砂浆的分层度不应大于 20mm、水泥砂浆的分层度不应大于 30mm。分层度过大的砂浆易离析，分层度过小的砂浆易干缩。

三、砌筑的质量控制

1. 砖墙墙体尺寸控制

（1）砌筑前应弹好墙的轴线、边线、门窗洞口位置线、校正标高，以便进行施工控制。

（2）墙体轴线位置、顶面标高、垂直度、表面平整度、灰缝平直度的允许偏差应符合要求。

2. 砖墙砌筑方法控制

（1）实心砖墙体宜采用一顺一丁、梅花丁或三顺一丁砌法。砖块排列遵守上下错缝、内外搭砌原则，错缝或搭砌长度不小于 60mm；长度小于 25mm 的错缝为通缝，连续 4 皮通缝为不合格。砖柱、砖墙均不得采用先砌四周后填心的包心砌法。

（2）采用一铲灰、一块砖、一揉挤的"三一砌筑法"；水平灰缝的砂浆饱满度不低于 80％；竖缝宜采用挤浆或加浆法，使其砂浆饱满。若采用"铺浆法"砌筑，砂浆长度不宜超过 500mm。水平灰缝厚度和竖向灰缝宽度应控制在 10mm 左右，不宜小于 8mm，不宜大于 12mm。

3. 砖墙墙体砌筑时的构造控制

（1）墙体转角处严禁留直槎，墙体转角和交接处应同时砌筑，不能同时砌筑时应砌成斜槎，斜槎长度不应小于高度的 2/3，如图 3-1（a）所示；如交接（非转角）处留斜槎有困难亦可留直槎，但必须砌成阳槎，并加设拉筋，如图 3-1（b）所示；也可做成老虎槎，如图 3-1（c）所示。

（2）承重墙与隔断墙的连接，可在承重墙中引出阳槎，并在灰缝中预埋拉结钢筋，每层拉结钢筋不少于 2φ6；承重墙与钢筋混凝土构造柱的连接应沿墙高每 500mm 设置 2φ6 拉结筋，每道伸入墙内不少于 1m，墙体砌成大马牙槎，槎高 4 或 5 皮砖，先退后进，上下顺直，底部及槎侧残留砂浆清理干净，先砌墙后浇混凝土。

（3）相邻施工段高差不得超过一层楼或 4m，每天砌筑高度不宜超过 1.8m，雨天施工不宜超过 1.2m。

（4）施工段的分段位置宜设于变形缝处及门窗洞口处。

（5）为保证施工阶段砌体的稳定性，对尚未安装楼（屋）面板的墙柱，允许自由高度应符合规定。

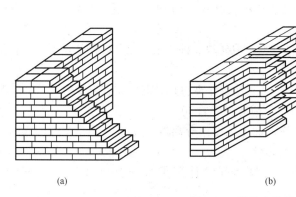

图 3-1 墙体交接处留槎示意

(a) 斜槎；(b) 阳槎；(c) 老虎槎

4. 混凝土小型砌块墙质量控制

（1）砌块宜采用铺浆法砌筑，铺灰长度 2~3m，砂浆沉入度 50~70mm。水平和竖向灰缝厚度 8~12mm。应尽量采用主规格砌块砌筑，对孔错缝搭砌时，搭接长度不小于 90mm。纵横墙交接处也应交错搭接。砌体临时间断处应留踏步槎，槎高不得超过一层楼高，槎长不应小于槎高的 2/3。每天砌体的砌筑高度不宜大于 1.8m。

（2）有钢筋混凝土或混凝土柱芯时，柱芯钢筋应与基础或基础梁预埋筋搭接。上下楼层柱芯钢筋需搭接时的搭接长度不应小于 35d。柱芯混凝土随砌随灌随捣实。

（3）墙面应垂直平整，砌筑方法正确，砌块表面方正完善，无损坏开裂现象。砌块墙体尺寸允许偏差应符合规定。

第三节 砌体结构强度不足造成的质量事故

在砌体结构质量事故中，因强度不足引起的质量事故是最严重的，也是最危险的。这是由于墙、柱支承着整个屋盖和楼盖结构，一旦因墙、柱承载力不足而破坏时，往往引起局部或整个房屋的倒塌。下面列举一些案例进行分析。

【实例 3-1】

事故概况：

1997 年 7 月 12 日浙江省常山县某职工住宅楼突然整体倒塌，造成 36 人死亡，3 人受伤，是一起一级重大事故。

该工程为五层半的砖混结构，建筑面积 2476m²，工程造价 219 元/m²（不含水电）。结构情况是砖砌承重墙、基础墙，混凝土条形基础。预应力圆孔板楼面、屋面，底层为 2.15m 高的自行车库，上部五层为职工宿舍，檐口标高 16.95m。

事故分析：

如图 3-2 所示，该楼是在瞬间倒塌的，倒塌后变成一片废墟。经将基础全面开挖后发现，不少基

图 3-2 倒塌现场全景

础墙的砖和砂浆已呈粉末状，说明结构整体倒塌是从基础砖墙粉碎性压垮开始的。基础砖墙为轴心受压，因此该事故为典型的因砖砌体轴心受压承载力不足造成的。经过详细调查分析，具体情况如下：

（1）现场全面开挖条基 200m（占全长的 70%）取砖块试件 4 组，原位砖砌体试件 3 个；再从砖的生产厂家抽取 30 块砖样。得到以下数据：

1）现场砖实测抗压强度平均值为 5.85MPa，只达设计要求 MU10 砖应有强度的 60%；实测砖的抗折强度平均值为 1.12MPa，只达 MU10 砖应有强度的 50%。

2）厂家砖样检测结果为尺寸偏差不合格，抗压强度十分离散，高的达 21.8MPa，低的仅 5.1MPa，标准差 5.2MPa，因而无法评定强度等级。

3）原位砌体抗压强度平均值 0.59MPa，只达到设计要求抗压强度（MU10、M7.5）的 15.7%。

（2）基础墙砌体中的砂，应该用中砂或粗砂，实际使用的是特细砂，经抽样检测含泥量高达 31%（允许值为 5%）。施工中竟用石灰钙代替石灰膏拌和混合砂浆，导致砂浆无粘结力，现场判定所用砂浆强度等级在 M0.4 以下。

（3）基础墙在砌筑时用了很多半砖，形成大量通缝，而且外墙转角处均留直槎。室外散水一直未做，未能对基础墙起保护作用。混凝土条形基础的设计高度为 350mm，实际只有 250mm。

（4）1997 年 7 月 8～10 日常山县遭洪灾，城区 2/3 被淹。本楼所在地区汇水面积较大，楼房底层车库进水，基础墙长时间积水浸泡。因为地基土层中有隔水层，地面水难以下渗。而本楼基础墙外侧无散水，内侧设计要求回填土，但施工单位却擅自取消回填土改为架空地面，并且无抹灰粉刷层。致使基础砌体直接受浸泡，导致强度大幅度降低。

（5）经对原设计文件检查、复核，承重砖砌体均能满足规范规定的承载力要求，但由于架空层部分的承重砖砌体开有洞口，使一些短墙肢成为薄弱部位。经验算实际承载力只达到轴向力设计值的 40%～54%。

事故结论及教训：

经过以上分析，判定该住宅楼整体倒塌的原因如下：

（1）基础墙质量十分低劣，砖砌体的抗压强度极低，基础墙在轴心受压状态下失效。

（2）基础墙长期受积水浸泡，强度大幅度下降。同时因一侧无回填土支撑，对基础墙的稳定性和抗冲击能力也有影响。

（3）造价压得过低。当地当年该地区同类建筑物的合理造价为 330～360 元/m²。本工程只有 219 元/m²，含水电为 255.2 元/m²。造成施工单位采用劣质材料。

同时，施工单位、建设单位的管理混乱，不从实际出发，不按建设程序办事；现场技术人员和技工素质太差也是引发事故的重要因素。

【实例 3-2】

事故概况：

如图 3-3 所示，山东某车间 12m 跨，为扩大车间，由东端向北接出一段新厂房，建成后车间成 L 形，厂房原车间及扩建部分均为单跨单层，有轻型吊车（起重量为 10kN）。扩建部分跨度为 12m，采用钢筋混凝土双铰拱屋架（标准构件），屋架间距 4.5m，承重墙为 370mm，带 240mm×300mm 砖垛。屋面采用 4.5m×1.5m 槽形板，屋面为普通做法，即有平均厚 100mm 水泥焦渣保温层，20mm 水泥砂浆找平层，二毡三油防水层，上撒小豆石，吊车梁支于带砖垛的墙体上，吊车梁顶标高为 4.25m，屋架下弦标高 5.8m，屋架支于托墙上，托墙梁为 240mm×

450mm，支于墙垛上。托墙梁与吊车垫梁之间留有 70mm 间隙，用水泥沥青砂浆填缝，扩建部分由县设计室设计，县施工队施工。施工质量一般，要求材料为 MU7.5 砖、M5 砂浆均合格。该车间在施工过程中，设计负责人已发现结构设计中的问题，并出了加固图纸，但未向建设单位提出停工加固，也未向施工单位交代保证加固工作的安全措施和施工方法。施工单位发现难以按加固图纸进行施工，就搁置了下来。约 20 天后，正值雨天，并刮有 6～7 级东北风，当时正在做屋面炉渣保温层，室内正进行回填土，车间新建部分突然倒塌，造成 4 名施工人员死亡的重大事故。

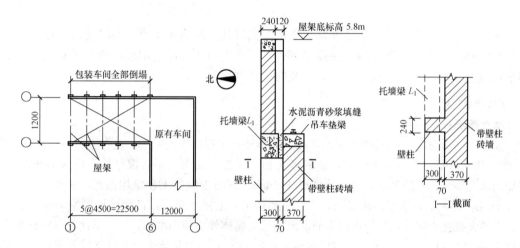

图 3-3 包装车间平面、局部剖面图

事故分析：

砖吊车墙厂房设计，一般做法是将托墙梁与吊车垫梁连在一起，以增加托墙梁下砖砌体的局部受压面积和局部受压强度。但本工程的设计人却将二者分开。中间填以水泥沥青砂浆，又未对托墙梁下砌体局部承压强度进行复核，设计方面出现了错误。经对现有设计进行复核的主要数据如下：

托墙梁下砌体局部受压面积为

$$A_c = 30 \times 24 = 720 \text{cm}^2$$

影响局部抗压强度的计算面积为

$$A_0 = \left(30 + \frac{24}{2}\right) \times 24 = 1008 \text{cm}^2$$

局部抗压强度提高系数为

$$\gamma = \sqrt{1008/720} = 1.18$$

砌体局部抗压强度为

$$\gamma R = 1.18 \times 27 = 32 \text{kg/cm}^2 \text{（采用 MU7.5、M5）}$$

托墙梁底面承受的纵向力 N：分别为 18.23t（使用阶段设计荷载）和 15.65t（施工阶段实际荷载）。

按托墙梁底面均匀受压估算，即

$$K = \frac{A_c \gamma R}{N} = \frac{720 \times 32}{N} = \frac{1.26}{1.47} \ll 2.3 \text{，即托墙梁下砌体局部受压强度严重不足。}$$

事故结论及教训：

托墙梁下局部承载力严重不足是引起倒塌的主要原因。车间北端敞口，在风载作用下，使本已不安全的纵向墙体（包括壁柱）内又产生附加弯曲应力，这就促使墙体倒塌。再有，设计负责人已发现结构设计中的问题，并出了加固图纸，施工单位发现难以按加固图纸进行施工，就搁置了下来，没有加固处理。发现问题没有及时解决也是造成事故的关键所在。

第四节　砌体结构高厚比过大造成的质量事故

砖墙、砖柱高厚比的验算是非常重要的，高厚比必须满足要求。高厚比过大往往表现为墙体侧向外鼓，有时会在沿墙、柱体中部、特别在窗口下部附近出现通长水平裂缝，这是破坏前的预兆。高厚比过大的墙、柱，应及时予以加固处理。

【实例 3 - 3】

事故概况：

如图 3 - 4 所示，广东连山县某小学校的教学楼，工程已接近完工，正在进行室内抹灰粉刷，于 1987 年 5 月下旬突然发生倒塌，造成多人伤亡。教学楼为二层砖混结构，建筑面积 294m^2。基础为水泥砂浆砌筑的毛石基础，墙体厚 180mm。屋面为混凝土预制屋面板。上铺焦碴 3% 找坡，平均厚 100mm，水泥砂浆找平，二毡三油防水，上撒小豆石，楼面为预制空心板，水泥地面。二楼大教室中间进深梁为现浇钢筋混凝土梁，墙体外墙面用水刷石，内墙面为普通抹灰。工程于 1987 年 1 月开工，三个月后主体结构完成，于 5 月 10 日拆除大梁底部支撑及模板，开始内部装修。第二天发现墙体有较大变形，工人用锤子将凸出墙体打了回去，继续施工。第三天发现大教室的窗间墙在室内窗台下约 100mm 处有一条很宽的水平裂缝，宽度约 20mm，有些工人感到不妙，大喊危险并往外跑。其余工人尚未反应过来，整个房屋就全部倒塌，两层楼板叠压在一起，未及时撤离的工人全部死亡。

事故分析：

该工程没有正式设计图纸，由业主方直接委托某施工单位建造。施工单位根据现场情况，参照了一般砖混结构的布置，简单地画了几张平面、立面、剖面草图就进行施工。施工队伍由乡村瓦木匠组成，没有技术管理体制，由队长说了算。队长根本不懂砖及砂浆的强度等级，砖是由附近农村土窑生产的，砂浆则按农村盖房经验比例配制。事故发生后测定，砖的等级为 MU0.5，砂浆强度只有 M0.4。在拆模第二天发现险情后，还不采取应急措施，终于导致重大事故发生。

设计验算结果如下：

取大教室大梁下的砖柱计算，这是整个结构的薄弱环节。

(1) 高厚比验算。

底层墙高	$H = 3 + 0.5 = 3.5$m（基础顶面到地面为 0.5m）
横墙间距	$S = 7.4$m < 32m 属刚性方案。
又因	$S = 7.4$m $\geqslant 2H = 7$m
计算高度取	$H_0 = H = 3.5$m
允许高厚比	(M0.4) $[\beta] = 16$
承重墙	$\mu_1 = 1$
门窗洞口修正	$\mu_2 = 1 - 0.4 \dfrac{b_s}{S} = 1 - 0.4 \dfrac{4}{7.4} = 0.78$

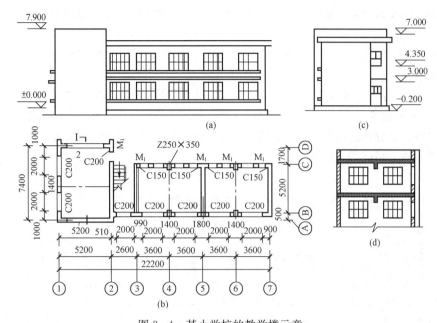

图 3-4 某小学校的教学楼示意

(a) 南立面;(b) 平面;(c) 东立面;(d) 1-1 剖面

实际高厚比 $\dfrac{H_0}{d}=\dfrac{3.5}{0.24}=14.6>\mu_1\mu_2\,[\beta]=1\times0.78\times16=12.84$

可见高厚比超过规范值,墙体极不稳定。

(2) 窗间墙强度验算。查看平面、剖面图,结构最薄弱的部位在大教室的窗间墙处。取大梁下的窗间墙的窗口下边断面验算。对窗间墙底部截面,可按中心受压构件计算。

经荷载计算,荷载设计值为 $N=184.1\text{kN}$

经现场测定,砖的平均强度 $f_1=4.2\text{N/mm}^2$,砂浆强度为 $f_2=0.38\text{N/mm}^2$(变异系数平均可取 $\delta=0.2$),因强度指标在规范表中查不到,现按公式计算其砌体的强度指标。

平均强度
$$\begin{aligned}
f_\mathrm{m} &= 0.46f_1^{0.9}(1+0.07f_2)(1.1-0.01f_2)\\
&= 0.46\times4.2^{0.9}(1+0.07\times0.38)(1.1-0.01\times0.38)\\
&= 1.88\text{N/mm}^2
\end{aligned}$$

标准强度 $\quad f_\mathrm{k}=f_\mathrm{m}(1-1.645\delta)=1.88(1-1.645\times0.2)=1.26\text{N/mm}^2$

设计强度 $\qquad\qquad f=f_\mathrm{k}/\gamma_\mathrm{f}=1.1/1.6=0.79\text{N/mm}^2$

由 $\beta=14.6$ 按 M0.4 砂浆查表得 $\varphi=0.514$

墙体承载力 $\quad N_\mathrm{u}=\varphi Af=0.514\times0.79\times1400\times240/10^3=136.5\text{kN}$

可见显著小于设计值,比值

$$\gamma_0=\frac{N_\mathrm{u}}{N}=\frac{136.5}{184.1}=0.74<0.87$$

因此,属于 d 级,即严重不满足要求,随时都会发生事故。

事故结论及教训:

经过调查分析,教学楼实际上是在没有设计、没有正规图纸的情况下施工的,经复核,此结构安全度严重不足。加之施工质量很差,使用的材料既无合格证,现场也不做试验就使用。砂浆不留试块,凭经验任意配制,水泥用量过少,从倒塌的现场看,砂浆粘结力及强度均很差。施工中发现问题后不采取措施，用锤子将变形的墙体敲直，如此野蛮施工，最终酿成大祸，造成重大事故。

【实例 3 - 4】

事故概况：

如图 3 - 5 所示，北京某厂仓库。木屋架，密铺望板，纵墙和山墙为 240mm 厚砖墙，及 130mm×240mm 砖垛。墙体用 MU10、M2.5 砂浆砌筑。室内空旷无横墙，室内地坪至屋架下弦高度为 4.50m。该仓库建成后出现两端山墙中部外鼓，外鼓尺寸超过了墙面垂直度偏差限值。不进行加固处理很有可能引发倒塌事故。

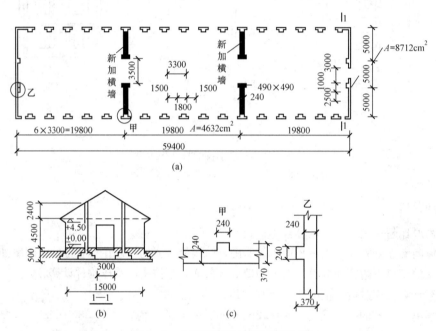

图 3 - 5　仓库平面及加固情况示意

(a) 平面图；(b) 山墙剖面；(c) 壁柱大样

事故分析：

经核算山墙及纵墙承载力均无问题，但高厚比均大于限值。

(1) 山墙。可按刚性方案作静力计算。

折算墙厚　　　　　　　　　　$d' = 27.0$cm

计算高度　　　　　　　　　　$H_0 = 740$cm

墙体高厚比　　　$\beta = H_0/d' = 740/27 = 27.4 > [\beta] = 22$

(2) 纵墙。由于山墙间距 59.4m＞48m，故应按弹性方案作静力计算。

折算墙厚　　　　　　　　　　$d' = 28.4$cm

计算高度

$H_0 = 1.5H = 1.5 \times (450 + 50) = 750$cm，$\mu_1 = 1.0$，$\mu_2 = 1 - 0.4 \times \dfrac{1500}{3300} = 0.82$，$[\beta] = 22$，

$\mu_1\mu_2 [\beta] = 1.0 \times 0.82 \times 22 = 18.04$，墙体高厚比 $\beta = H_0/d' = 750/28.4 = 26.4 > 18.04$

事故结论及教训：

根据以上验算，说明外鼓是由于墙体高厚比过大造成的。由于砖构件多为受压构件，它的高

厚比涉及受压构件的稳定和侧向刚度问题。高厚比是保证砖砌体能够充分发挥其抗压强度，使砖受压构件能够充分发挥其承载力的前提，因而在设计计算中首先应该加以验算。有些设计人员对高厚比重视不够，在设计计算过程中，首先考虑的是砖构件的承载力。其次才验算砖构件的高厚比，甚至有时将高厚比验算忘掉。在设计砖受压构件时，首先验算高厚比，在高厚比满足要求的前提下，再对其截面承载力和构件承载力进行计算。

加固处理：

鉴于高厚比不满足要求，对该仓库墙体进行加固。加固方案如下：对于山墙，增砌 240mm×370mm 砖柱；对于纵墙，考虑到使用条件允许，在房屋中间加设两道横墙，如图 3-5、图 3-6 所示。使弹性方案变成刚性方案，这样加固处理后，保证了墙体高厚比满足规定条件，可以安全使用。

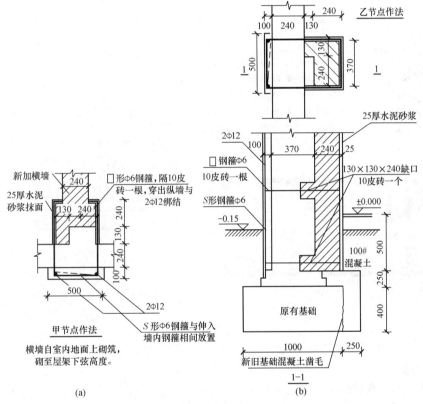

图 3-6 加固示意

（a）外纵墙加固；（b）山墙壁柱加固

第五节 砌体结构设计方案欠妥造成的质量事故

【实例 3-5】

事故概况：

如图 3-7 所示，北京某大学教学楼为砖墙承重的混合结构，楼盖为现浇钢筋混凝土结构，全楼分为甲、乙、丙、丁、戊 5 段，各段间用沉降缝分开。乙段与丁段在结构上是对称的，这两区均有部分地下室，首层有展览室等大空间房间。当主体结构已全部完工，在施工进入装修阶段时，大楼乙段部分突然倒塌，倒塌时正值清晨，只有 11 名工人上了房，其中 6 名被砸死，其余重伤，损失惨重。该工程由正规大设计院设计，施工单位是市属的大建筑公司。大楼乙段和丁段为地上五层，跨度 14.5m，现浇混凝土主梁，截面尺寸 300mm×1200mm，间距 5.4m；次梁跨度 5.4m，截面尺寸 180mm×450mm，间距 2.4～3.0m，现浇混凝土板厚 80mm，大梁支承于490mm×2000mm 的窗间墙上。首层砌体设计采用砖的强度等级为 MU10，砂浆为 M10。施工中对砖的质量进行检验，发现不足 MU10，因而与设计洽商，将丁段与乙段的砖柱改为加芯混凝土组合柱，加芯混凝土断面为 260mm×1000mm，配有少量钢筋，纵筋 6φ10，箍筋φ6 间距300mm，每隔 10 行砖左右，设φ4 拉筋一道。支承大梁的梁垫为整浇混凝土，与窗间墙等宽，与大梁同高，并与大梁同时浇筑。经初步检查，设计按规范要求，并无错误；混凝土浇筑符合质量要求，砌体部分砌筑质量稍差，尤其是加芯混凝土部分，不够致密，其他方面基本符合要求。

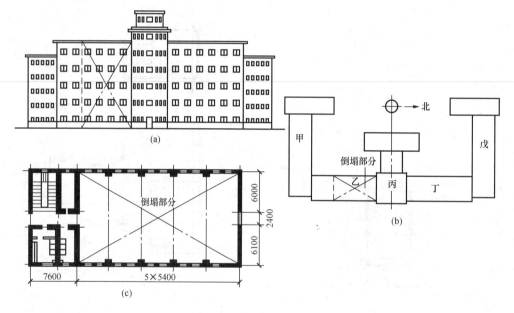

图 3-7　某大学教学大楼

（a）教学楼正面图；（b）教学楼分段平面图；（c）教学楼乙段平面图

事故分析：

事故发生后，建设部主管部门邀请多方专家，包括从设计院、科研所、高校、施工单位等来的专家进行分析、会商。当时提出发生事故的可能原因有：

（1）砌体砌筑质量差，强度不足。

（2）由于房间跨度大、隔墙少，墙体失稳引起的。

（3）由于地基不均匀沉降引起的。

（4）由于大跨度主梁支承在墙上，计算上按简支，而实际上有约束弯矩，从而引起墙体倒塌。

专家各抒己见，一时很难下结论。大家都认同的看法有以下几点：

从现场调查可知，无论从沉降资料看，还是从倒塌后挖开墙基检查，可以排除因地基破坏引起房屋倒塌的可能性。可以判断大梁下组合砖柱首先破坏而引起房屋倒塌的可能性较大。丁段与乙段完全对称，虽未倒塌，但已看到Ⓐ轴靠近七层主楼的窗间墙存在着从底层到四层的斜裂缝。在大多数大梁的梁垫下出现垂直的微细的劈裂裂缝，内墙出现在梁垫下，外墙出现在梁头上。此外，从倒塌废墟上看，砌体砌筑质量一般，钢筋混凝土浇注质量合格，但窗间墙包芯柱混凝土严重脱水，质地疏松，与砖之间粘结极差，难以共同工作。因而组合柱的承载力不足应为房屋倒塌的根源。

为了弄清倒塌的真正原因，清华大学土木系进行了缩尺模型试验。

（1）主要目的是要检验计算简图是否合理。结构力学中简化的理想化支座，一种为铰接，一种为刚接，但实际情况决不会是理想化的铰接或刚接支座，应视具体构造和结构情况取定。按设计所取计算简图，梁支在墙上为简支，砌体受偏心压力，若压力为 P、偏心距为 e，则墙体上端（大梁下）有偏心弯距 Pe，而下端（楼盖顶处）弯矩为零。该结构是大梁与梁垫整体浇筑，梁端很难自由转动，显然不近于铰接，而更近于刚性连接，它将在大梁两端产生较大的约束弯矩。本试验目的是要测试约束弯矩、变形分布等，以确定原设计房屋中大梁支承构造是更接近铰接还是更接近刚接。

（2）制作模型，取二层 1：2 缩尺模型，即模型中各尺寸取实际尺寸的 1/2；梁跨度 7.25m，层高 2.5m，墙宽 1m，大梁截面 150mm×600mm，翼缘厚 40mm，次梁三根均按比例缩小制作，如图 3－8 所示。模型墙厚 370mm，以便于砌筑，大梁配筋率与实际结构相等，梁端支承部分构造也与实际结构相同。因实际结构为五层，为模拟上层传来的荷载，在墙顶加轴力 N，同时顶层两个砖墙用两根 22 号槽钢相连，大梁上按次梁传力位置加荷载 4 个，用千斤顶逐步施加荷载。

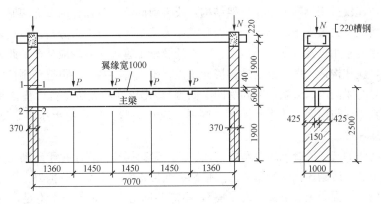

图 3－8　模型试验

（3）测量仪表布置，沿墙体布置位移计，测量墙体变形。沿大梁也用位移计测其位移，支承处用倾角仪测其转角。为测量大梁的反弯点，在梁跨 1/3 左右处布置两组电阻应变片。在墙体支承大梁处还测量其纵向变形，以测算墙体可能承受的弯矩。

（4）模型试验数据。试验数据见表 3－1。

表 3－1　　　　　　　　　　　　　模 型 试 验 数 据

试验项目	墙体 1－1 截面弯矩 (kg·m)	墙体 2－2 截面弯矩 (kg·m)	梁的跨中截面弯矩 (kg·m)	梁的跨中挠度 (mm)	梁支座截面转角 (″)	梁的反弯点位置 (cm)	计算简图
试验值	1000	1160	2400	1.3	72	100	
按组合框架计算（与试验值相差%）	950 (+5%)	1350 (−16%)	2800 (−16%)	1.5 (−15%)	94 (−29%)	96 (+4%)	

续表

试验项目	墙体 1-1 截面弯矩 （kg·m）	墙体 2-2 截面弯矩 （kg·m）	梁的跨中 截面弯矩 （kg·m）	梁的跨中 挠度（mm）	梁支座截 面转角 （″）	梁的反弯 点位置 （cm）	计算简图
按简支梁计算 （与试验值相差%）	0	144 （+89%）	5100 （-113%）	3.4 （-240%）	320 （-340%）	0	

事故结论及教训：

（1）根据试验结果及表中的数据进行比较，这样构造的节点非常接近于刚接；而与铰接的假定相差甚远。原设计是按简支梁计算的，其内力与按框架进行分析的内力相差很大。从试验结果判断，在下层窗间墙上端截面处，其弯矩值很大，而轴力则大致相当。可见，按简支梁计算所得内力来验算窗间墙的承载力是严重不安全的。房屋的实际结构受力体系与设计计算时采用的结构受力体系完全不同是倒塌的主要原因。还有施工时改变窗间墙做法，用包心砌法的砖、混凝土组合砌体，并且施工质量低劣也加快了楼房的倒塌。

（2）遇到空旷房屋，可按框架结构计算内力来复核墙体承载力，如墙体不足以承担由此而引起的约束弯矩，建议采用钢筋混凝土框架结构，或将窗间墙改为加垛的 T 形截面。

（3）一般情况下大梁支于砖墙上，可以假定作为简支梁进行内力分析。但是，对于跨度超过10m的空旷房屋，采用这种方案应该慎重，在设计及施工管理方面均应从严。此外，根据这一假定计算内力时，应在构造上做成能实现铰接的条件，不应将梁端做成更近于刚接的构造（比如梁垫与梁现浇，且与梁同高、大致与窗间墙同厚同宽）。比较好的做法是将梁垫预制好，置于大梁底下，梁垫不宜做成与窗间墙体大致同宽、同厚，应小一些。如局部承压不足则应扩大墙体截面，如加厚、加垛等。

（4）包心砌法的砖、混凝土组合砌体构件应予严禁。因为混凝土包于砖砌体内，一般是先砌砖、后浇混凝土芯，砖砌体往往较薄、工人怕砌体变形歪斜，很难充分振捣，因而很难保证混凝土浇注密实，砌体与混凝土会形成"两张皮"，不能共同受力。如砖浇水不足，则新注入混凝土脱水很快，易于形成疏松结构，不能使混凝土起骨架作用。对于偏心受力墙体，混凝土在中间，也不能充分发挥作用。砌体四面外包，一旦混凝土出现质量问题，也难以检查出来。

【实例 3-6】

事故概况：

如图 3-9 所示，北京市某工程为三层砖混结构，现浇钢筋混凝土楼屋盖板，楼板为双向板，四角大房间中各有一根钢筋混凝土大梁。该工程竣工后，设计人发现大梁计算中将跨中弯矩6.7t·m 写成 0.67t·m，错了一位小数点。因而大梁主筋截面面积只为所需面积的30%，以至于无法承受楼盖自重。于是，设计单位通知使用单位暂停使用。但是，令人惊奇的是此房间已有50~60 人在内举行过多次会议，也曾堆积重物，而楼板毫无破坏迹象。经详细检查，仅发现二楼大梁上有宽度小于 0.2mm 的微细裂缝，其余梁上的裂缝更小。调查人员近 10 人曾在梁上奋身跳跃，也未发现任何颤动。那么该梁能否继续使用？

原因分析：

（1）墙体对大梁支座的约束作用。梁端插入砖墙，在计算简图中视作铰支座，但与实际情况出入较大。因为梁端支承处有墙体压住，梁垫与大梁整浇在一起，因而梁端的角变形受到部分约

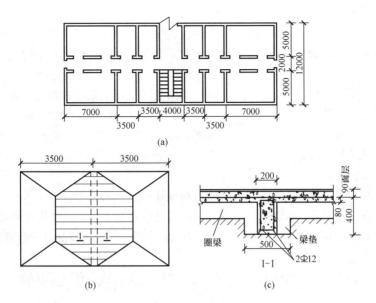

图 3-9 某办公楼平面和板、梁示意

(a) 平面图；(b) 板、梁关系（按一般传力途径）；(c) 梁端支承情况

束。这样，当大梁受载后，梁端会产生一定的负弯矩，跨中弯矩相对减小。这个分析已为楼盖的试验研究所证实。

对本工程二、三层各一个大房间作加载试验，结果如下：

2 层大梁在 30kg/m、60kg/m、90kg/m、120kg/m、150kg/m、200kg/m 分级加载的楼面荷载作用下，梁端约束弯矩的平均值约为按简支梁计算跨中最大弯矩的 70%，在 200kg/m 荷载作用下的跨中最大挠度只有 0.508mm，相当于 $f/L = 1/9850$；3 层大梁在 50kg/m、100kg/m、150kg/m、250kg/m 分级加载的楼面荷载作用下，梁端约束弯矩的平均值约为按简支梁计算跨中最大弯矩的 50%，在 250kg/m 荷载作用下的跨中最大挠度只有 0.741mm，相当于 $f/L = 1/6750$；二、三层大梁卸载后的残余变形分别只有最大挠度的 6.3% 和 6.2%。

此试验表明，当梁端墙体对梁端角变形约束时，梁的跨中弯矩会有所减小。当梁端上面所受的压力较大时，例如二层，梁跨中弯矩可减少 50% 左右；当这种压力较小时，例如三层，梁跨中弯矩可减少 30% 左右。由此，当梁端压力为零时，梁的跨中弯矩减少值也为零。

（2）材料实际强度超过计算强度。该工程用回弹仪和混凝土强度测定锤测得的梁身混凝土强度均大于 300kg/cm²，超过设计标号为 150 号的很多。根据现场剩余钢筋试验得到的屈服应力均大于 2960kg/cm²，也超过钢筋设计时的计算强度 2400kg/cm²。因此可估算大梁的承载力可增大约 23%。

（3）楼盖面层参与受力。该工程楼板上有焦渣混凝土层和水泥砂浆抹面层，两者共厚 90mm，而且质地密实。和楼板粘结良好。这样，大梁的截面有效高度增加了，梁的承载能力可提高约 10%。

（4）楼盖板和梁的共同作用。该设计在计算梁上荷载时没有考虑梁的变形，梁所承受的荷载就是板传给梁的支座反力。但实际上梁在荷载作用下会发生挠曲变形，因而板上的荷载要发生重分布。原来传给梁的荷载有一部分直接通过板传递给四周的墙，实际上传给梁的荷载减少了。

结论：

（1）根据以上分析得出，钢筋混凝土梁的支座约束使墙体承受了约束弯矩，而梁的约束弯矩较小。但由于该墙体的截面积较大，所以才没有对墙体造成损伤。该工程中的大梁不需要进行加固处理就可继续使用。

（2）在砖混砌体结构中，实际存在着砖墙砌体对钢筋混凝土梁端的约束变形作用。正确地处理好梁端支承与墙体的构造做法，十分重要。在设计梁端支承时，必须要验算砌体的局部受压承载力，一般要设置梁垫。当设计梁垫时，从梁端墙体局部受压考虑，将梁端截面放大得越宽越好，将梁端插入墙体越深越好。但梁端加大后，会引起墙体与梁端共同变形，使墙体产生较大的约束弯矩，这对墙体很不利。

（3）在砌体结构设计时，要弄清支承处结点在计算简图中的受力特征。如果为了计算简化而在设计计算时作出一些假设，则要进一步弄清这种假设是否偏于安全。要使支承处的实际构造做法与设计计算的要求基本一致。要对支承面以及支承构件的实际受力情况进行全面认真地计算。

第六节　砌体结构中替代材料不当造成的质量事故

【实例 3 - 7】

事故概况：

在新疆库尔勒市石油物资基地建造了 4 幢危险品仓库。库房施工刚刚结束，正准备办理交工手续时，发现墙体出现裂缝，并不断增多、增宽，最大裂缝宽度达 2.1mm，一般为 1mm 左右，交工事宜因此停办，请专家检查分析墙体开裂原因。该工程由新疆石油管理局克拉玛依设计院设计，由新疆兵团农二师工程团承建，手续完备，程序合格，设计和施工管理均合乎要求。库房为砖混结构，每幢面积为 937.7m²，库房长 60.5m，宽 5.5m，墙体高 4.32m。中间无任何内隔墙，前后墙上每隔 6m 有一外凸壁柱，即 37 墙，370mm×370mm 垛子。两壁柱间墙上离地面 3.12m 处设两个 1.5m×1.2m 高窗，窗上设一道 240mm×180mm 圈梁。前墙开有两个 2.1m× 2.4m 的大门。屋盖为钢筋混凝土 V 型折板，上铺珍珠岩保温层，采用二毡三油防水层，上铺小豆石。地基为戈壁土，地质勘测报告建议承载力为 180kN/m²。基础采用 C10 毛石混凝土。

事故分析：

现场查看，裂缝大多从窗下口开始，大致垂直向下发展，370mm 厚墙由外向里裂透，裂缝发展了 3 个月，基本上稳定，最终在两壁柱间均有一道大裂缝，山墙上有 1～2 道裂缝。该工程原设计采用 MU7.5 红砖，因红砖供应短缺，经协商改用 MU10 灰砂砖，但对灰砂砖的性能缺乏足够了解，只是按等强度替换。然而，灰砂砖的性能与红砖是不同的。

灰砂砖的特点见表 3 - 2。

（1）其抗压性能与粘土砖相当，但抗剪强度的平均值只有普通粘土砖的 80%，并且与含水率有很大关系，其含水量对抗剪强度的影响见表 3 - 2。因此，灰砂砖的含水量过低或过高都使其抗剪强度降低。

表 3 - 2	不同含水率对应的强度	
含水率（%）	灰砂砖强度（MPa）	砌体抗剪强度（MPa）
3（烘干）	3.79	0.09
7.24（自然状态）	3.79	0.14
16.2（饱和）	3.79	0.12

（2）新出厂的灰砂砖，其含水量随时间而减小，收缩变形较大，大约 25 天后趋于稳定。

（3）灰砂砖的饱和吸水率为 19.8%，与红砖相当，但其吸水速度比红砖慢。

该工程使用灰砂砖,由于灰砂砖供应也很紧张。所有使用的砖都是在砖厂堆放不到 4 天就运到工地砌筑,有的一出窑便装车运往工地。施工时工人不懂灰砂砖的特点,考虑新疆库尔勒属于干燥地区,施工时又浇了大量的水,使砖的干燥时间大为延长。施工在 7、8 月份进行,天气炎热,地表温度有时可高达 60℃,这些因素加剧了砖的干缩变形,从而造成大面积开裂。

事故结论及教训:

(1) 该仓库墙体出现开裂是由于对灰砂砖的性能没有真正掌握,处置不当,造成了开裂事故。

(2) 对空旷库房,车间纵墙很长时,一般不要采用灰砂砖。

(3) 灰砂砖一定在出窑后停放 1 个月后再使用。堆放时要防水、防潮,以免含水率过高。

(4) 一般情况下,灰砂砖含水率为 5%～7.5%,可以不用浇水湿润。在干燥高温时可适当浇些水,但应计算好提前时间,因为灰砂砖吸水速度很慢,临时浇水形成水膜而未吸收,反而降低砌体强度。

(5) 采用灰砂砖的砌体宜适当增加圈梁。在窗下、墙顶两皮砖位置可设置 $\phi 4$ 钢筋网片,两端各伸入墙内 500mm。这样做一般可避免裂缝事故。

【实例 3 - 8】

事故概况:

某中学教学楼,建筑面积 2044m²,为五层内走廊砖混结构,砖砌墙体承重,楼盖为现浇进深梁加空心板,外墙为清水墙,内墙为普通抹灰。工程使用半年后,建筑物开裂严重,致使屋面漏水,墙体渗水,门窗不能正常开关。现浇混凝土也起壳、开裂,特别是卫生间全部空鼓。圈梁也有竖向裂缝,不能正常使用。

事故分析:

该工程采用标准图,并经正规设计院设计,经复核无问题。施工单位也是市级企业,施工质量合格,竣工验收时认定质量良好。现场事故调查时,进行建筑材料复检,发现工程用砂有问题。工程采用硫铁矿渣,即一种工业废渣俗称红砂,代替建筑用砂搅拌砂浆及打混凝土。而该硫铁矿渣含硫量达 4.6%,大大超过化工部颁布 0.6%的标准。在硫铁矿渣中的二氧化硫和硫酸根离子与水泥或石灰膏中的钙离子发生作用,生成硫酸钙和硫铝酸钙,同时体积膨胀,其膨胀力远远超过砂浆和混凝土的抗拉强度,而这种作用不是立即完成的,到混凝土和砂浆硬化后还继续进行,从而使砌体起壳开裂。

事故结论及教训:

这是一起有害成分超标引起的开裂事故。在施工中应对采用的原材料认真检测,控制有害成分。对于替代材料,更应严格检验,合格后方可使用。

第七节 砌体结构因温度变形造成的质量事故

【实例 3 - 9】

事故概况:

如图 3 - 10 所示,某建筑为三层混合结构,平面呈 T 字形布置,沿大街一面的大开间为营业厅,后面为住宅及办公用房。底层层高为 4m,二、三层的层高为 3.7m。地基土体良好,基础为毛石砌筑,承重墙为砖砌 24 墙。住宅及办公室开间 4.8m,现浇钢筋混凝土楼盖。营业大厅进深 9m,采用 300mm×800mm 进深梁,梁板均为现浇,大梁支于 24 墙,加 370mm×200mm 的壁柱上。墙体每层均设置圈梁，截面240mm×240mm，配筋4φ12。在B、E轴线上的大梁与住宅、办公室区段的外墙圈梁连成整体。平面上房屋的总长和总宽尺寸并不大，故未设任何伸缩缝。该工程于1976年夏季开工，1977年4月施工到第三层窗口上沿齐平时，营业厅部分房间突然全部倒塌。经现场查看，轴线①上的窗间墙全部倒向厅内，第二层楼面的轴线①上的梁头全部落地，而轴线②梁的支座基本上未动，但梁被折断。三层楼面与住宅脱开而下坠。从现场察看检查，施工质量合格，地基良好无下沉迹象。经复核现浇梁板配筋，均偏于安全很多。

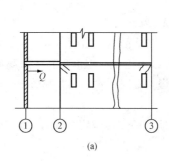
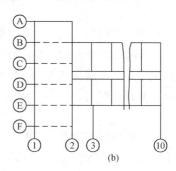

图3-10　某供销社建筑平面、剖面示意图

事故分析：

经察看，墙体砌筑质量合格。验算后，承载力也满足要求。

砖混结构的温度应力是人们熟知的，但通常不进行计算，如建筑物长度过长，一般按规范要求设置伸缩缝。即使有些建筑未设置伸缩缝，可能会造成墙体开裂，但一般也不至于导致房屋倒塌，因而设计人员往往不特别重视。可是该建筑体型及房屋两部分结构不一致，温度应力就是引起房屋倒塌的主要原因。从现场察看，在楼盖下的墙体有倒八字形裂缝。这是由于温度变化造成的，在其他房屋建筑上也常能见到。因混凝土楼盖与砌体的温度系数不同，且混凝土干缩量大。本楼房于夏季开工，施工到二层楼板时尚在初秋，当地平均气温在30℃以上，而随着施工进展到来年，则进入冬季，平均气温在1～5℃。钢筋混凝土楼盖及圈梁冷缩较大而受到砌体的制约，当砌体强度不足以抗拒时即发生裂缝。在一般情况下，砌体一旦开裂，则等于约束解除，应力释放。如果残余变形不大，不致危及安全。但该楼情况不同。在轴线⑨、⑩处，应力释放后应无问题，但在轴线②处，因Ⓑ、Ⓔ轴线上大梁与外墙梁相连成整体，混凝土梁冷缩产生的向内拉力，此梁上、下无砖墙阻挡，对墙体的力在轴线②、③间墙体开裂后大部分传到轴线①外墙上，加上Ⓒ、Ⓓ轴线上梁的收缩相当于在墙垛上作用了向内的推力，从而造成墙体内倾、倒塌，继而梁头下沉，拉倒窗间墙，最终造成倒塌事故。

事故结论及教训：

该事故是由于温度应力造成的。在设计中，如果梁在轴线②处设置一伸缩缝，则类似事故即可避免。

【实例3-10】

事故概况：

如图3-11所示，北京某教学楼，全长84m，宽29.25m。中部为四层，木屋盖，两端为三层，平屋顶，砖墙承重。楼层结构除中部门厅处6.5m区段及走廊厕所为现浇钢筋混凝土楼板外，其余均为预制板，门厅处为密肋空心砖板。每层外墙均设置截面240mm×165mm，配筋为4φ10的钢筋混凝土圈梁，但它在中部门厅处并未连通。该楼完工后不久即发现沿预制板与现浇密肋板相交处发生严重裂缝,其最宽处达 2.0mm 以上,外墙在相应部位也有墙面竖向裂缝。

事故分析:

(1) 门厅区段为全楼薄弱部位,由于该处有楼梯间,楼面不连续。

(2) 裂缝发生处是预制板和现浇板连接的部位,该处纵向连系较弱,也是现浇走道板与现浇密肋板相交的部位,该处现浇板的截面有突变。

(3) 裂缝发生处还是圈梁断掉的地方,在气温变化时必然会在圈梁切断处的墙面上发生竖向裂缝。这些裂缝也将会和板面裂缝贯通。

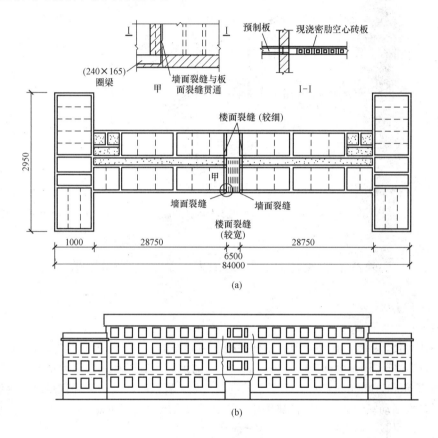

图 3-11 墙体开裂示意
(a) 平面图;(b) 立面图

【实例 3-11】

如图 3-12 (a) 所示,某车间为一个二层和三层的砖混结构。二层部分为车间,三层部分为办公室,均为钢筋混凝土现浇楼盖。二、三层之间虽有错层,但并未设置变形缝分开。该工程建成后不久即在错层处墙体上发生中间宽两头窄的竖向裂缝。这种裂缝产生的原因是由于混凝土收缩和温度变化,使混凝土楼盖发生比砖墙墙体大得多的变形;而错层处墙体欲约束楼盖的相对变形。因而在墙体上产生较大的拉应力致使砌体开裂。

【实例 3-12】

如图 3-12 (b) 所示,北京某校教学楼的现浇钢筋混凝土楼盖在楼梯间处结束,外墙圈梁也在同一处拐弯,没有围住整个外墙。该楼建成后不久,楼梯间墙体上就出现竖向裂缝。其特征是中间宽两头窄,冬季宽夏季窄,多次修补又多次开裂。这显然是由于楼盖、圈梁和砖砌体间的相对温度变形差所引起的。

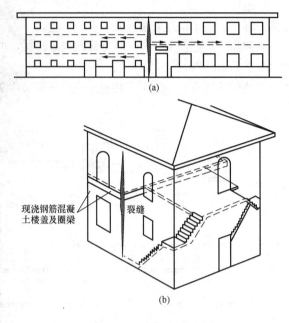

图 3-12　墙体开裂示意

第八节　砌体结构因施工失误造成的质量事故

【实例 3-13】

事故概况：

某市一住宅楼，四层，砖墙承重、钢筋混凝土预制楼盖，卫生间等局部为现浇钢筋混凝土。长 61.2m，宽 7.8m。图纸为标准住宅图。惟一改动的地方为底层有一大活动室，去掉了一道承重墙，改用 490mm×490mm 砖柱，上置钢筋混凝土梁。置换时，经计算确认承载力足够。但施工到四层时，大活动室的这一间砖柱被压坏，从而导致房屋大面积倒塌。

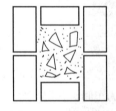

图 3-13　砖柱砌法

事故分析：

设计图纸为标准图，经查看，地基良好，无下沉及倾斜等失效情况。从现场查看，初步分析倒塌是由大房间砖柱被压酥引起的。设计砖的强度等级为 MU7.5，有出厂证明并经验收合格。设计砂浆强度等级为 M5，经查，水泥含量过少，倒塌后呈松散状，只达 M0.4。砖柱采用包心砌法，如图 3-13 所示。中间填心为碎砖及杂灰，根本不能与外皮砌体共同受力。经验算，承载力严重不足。

事故结论及教训：

这是一起由于砖柱采用低质量包心砌法引起房屋倒塌事故。

包心砌法的质量往往不能保证。若填芯为散灰及碎砖杂物时，砖芯更不能起到承载作用，因此总承载力会大大降低。因为包心砌法的质量很难达到设计要求，往往会导致事故的发生，施工规程禁止采用这种砌法，在设计和施工中必须遵守此规定。

【实例 3 - 14】

事故概况：

某市一工厂内部道路挡土墙，长 126m，高 3.8m，用毛条石砌筑，为重力式挡土墙，条石规格 1000mm×300mm×300mm，用 M5 水泥砂浆砌筑。为使挡土墙背后积水易排出，挡土墙设有排水孔，孔径 100mm，间距 2～3m。为防止排水孔堵塞，排水孔周围填土时应做好砂石滤水层。挡土墙完工后，有一年雨季，在几场大雨后，挡土墙普遍外倾，倾向道路方向，有些地方严重开裂，裂缝达 25mm，影响行车安全，必须返工。

事故分析：

首先复核计算书及设计图纸，没有发现问题。再检查条石及砂浆，质量也符合要求，地基未见异常，砌筑质量较好。但在检查中发现排水孔处没有水迹，怀疑排水孔堵填。于是挖土检查，发现原设计有滤水层，但施工中没有做。在挡土墙背面水位升高时，它所承受的压力大大增加，从而导致挡土墙体开裂及倾斜。

此外，挑檐、阳台塌落事故也时有发生。其主要原因也是施工失误造成的。具体原因如下：

（1）受力主筋放反了引起折断。

（2）主筋放对了，但施工时工人踩在上边把钢筋踩下去，或被浇筑的混凝土压到下面。

（3）抗倾覆力矩不够，导致翻倒。

挑檐、阳台、雨篷是常见的悬挑构件。由于悬挑构件在受力性能上有一些特点，如果设计或施工中不加以注意，特别是在施工人员不懂技术或知之不深的情况下，很容易因处置不当而造成事故。

第九节 砌体结构出现裂缝的原因分析和防止措施

砌体结构出现裂缝是非常普遍的质量事故之一。砌体出现裂缝，轻则影响外观，重则影响使用功能以及导致砌体的承载力降低，甚至引起倒塌。在很多情况下裂缝的发生与发展是重大事故的预兆和导火索。因此对出现裂缝的原因要认真分析，采取防止措施。砌体中出现裂缝的原因很多。主要有以下方面：

一、温度变化引起的裂缝

1. 原因分析

由混凝土楼盖和砖砌体组成的砖混房屋是一个空间结构。当自然界温度发生变化时，由于混凝土屋盖和混凝土圈梁与砌体的温度膨胀系数不同，房屋各部分构件都会发生各自不同的变形，结果由于彼此间制约作用而产生内应力。而混凝土和砖砌体又是抗拉强度很低的材料，当构件中因制约作用所产生的拉应力超过其极限抗拉强度时，不同形式的裂缝就会出现。

图 3 - 14 所示为一些因温度变化引起的裂缝。

2. 防止措施

（1）按照国家颁布的有关规定，根据建筑物所处地点的温度变化和是否采暖等实际情况设置伸缩缝。

（2）在施工中要保证伸缩缝的做法合理，真正发挥其作用。

（3）如果屋面为整浇混凝土，或者为装配式屋面板，但其上有整浇混凝土面层，则要留有施工带，待一段时间再浇筑中间混凝土，这样做，可避免混凝土收缩及两种材料因温度线

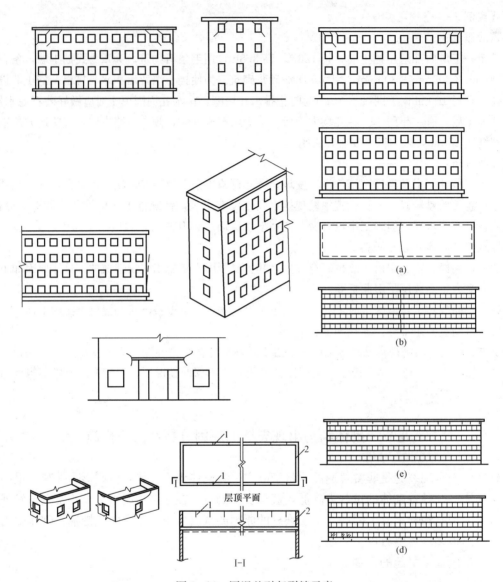

图 3-14　因温差引起裂缝示意

胀系数不同而引起的不协调变形，从而避免裂缝的产生。

（4）在屋面保温层施工时，从屋面结构施工完到做完保温层之间有一段时间间隔，这期间如遇高温季节则易因温度急剧变化导致开裂。因此，屋面施工最好避开高温季节。

（5）过长的现浇屋面混凝土挑檐、圈梁施工时，可分段进行，预留伸缩缝，以避免混凝土伸缩对砌筑墙体的影响。

二、地基土冻胀引起的裂缝

1. 原因分析

自然地面以下一定深度内的土的温度，是随着大气温度而变化的。当土的温度降至 0 ℃以下时，某些细粒土体将发生体积膨胀，称为冻胀现象。土体冻胀的原因主要是由于土中存在着结合水和自由水。结合水的外层在 -0.5 ℃时冻结，内层大约在 -20～-30 ℃时才能全部冻结。自由水的冰点为 0 ℃。因此当大气负温传入土层时，土中的自由水首先冻结成冰晶体。随着气温下降，结合水的外层也逐渐冻结，未冻结区水膜较厚处的结合水陆续被吸引至水膜较薄的冻结区并参与冻结，使冰晶体不断扩大，土体随之发生体积膨胀，地面向上隆起。一般隆起高度可达几毫米至几十毫米，其折算冻胀力可达 2×10^6 MPa。位于冻胀区内的基础（如果埋置深度小于《建筑地基基础设计规范》（GBJ 7—1989）规定的基础最小埋深时）以及基础以上的墙、柱体将受到冻胀力的作用。如果冻胀力大于基础底面的压力，基础就有被抬起的危险。由于基础埋置深度、土的冻胀性、室内温度、日照等影响，基础有的部位未受到冻胀影响，有的基础部位即使受到冻胀影响，其影响程度在各处也不尽一致，这样就使砌体结构中的墙体和柱体受到不同程度的冻胀，出现不同形式的裂缝。图 3 - 15 为一些因冻胀引起的裂缝。

（1）正八字形斜裂缝，如图 3 - 15（a）所示。

（2）倒八字形斜裂缝，如图 3 - 15（b）、（c）所示。

（3）单向斜裂缝，如图 3 - 15（d）所示。

（4）竖向裂缝，如图 3 - 15（e）、（f）所示。

（5）沿窗台的水平裂缝，如图 3 - 15（g）所示。

（6）天棚抬起，如图 3 - 15（h）所示。

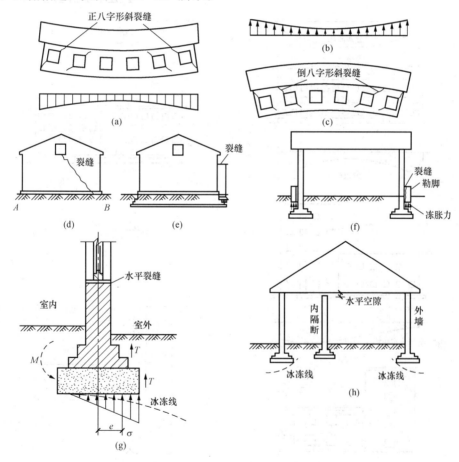

图 3 - 15　因地基土冻胀引起墙体开裂示意

2. 防止措施

（1）基础的埋置深度应到冻胀线以下。不能因为是中小型建筑或附属结构而把基础置于冻胀线以上。

（2）在有些情况下，当基础不能埋置在冻胀线以下时，应采取换土等措施消除土的冻胀。

（3）采用单独基础时，基础梁承担墙体荷载，其两端支于单独基础上。基础梁下面应留有一定空隙，防止土的冻胀顶坏基础和墙体。

三、地基不均匀沉降引起的裂缝

1. 原因分析

地基发生不均匀沉降后，沉降大的部分砌体与沉降小的部分砌体产生相对位移，从而使砌体中产生附加的拉力或剪力，当这种附加内力超过砌体的强度时，砌体就被拉开产生裂缝。这种裂缝可由沉降差判断出砌体中主拉应力的大致方向。裂缝走向大致与主拉应力方向垂直。

图 3-16 所示为一些因地基不均匀沉降引起的裂缝。

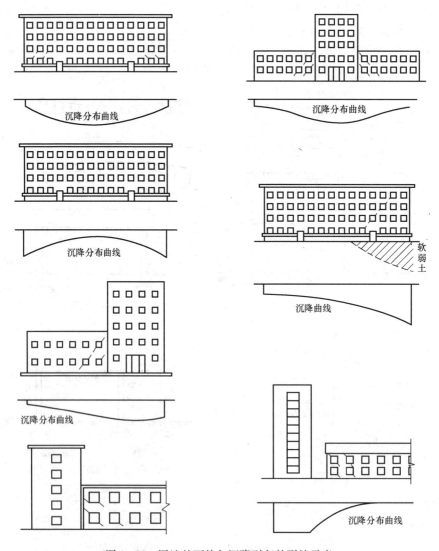

图 3-16　因地基不均匀沉降引起的裂缝示意

2. 防止措施

（1）按要求设置沉降缝。在房屋体型复杂，特别是高度相差较大时，以及地基承载力相差较大时，应设沉降缝。沉降缝应从基础开始分开，并且要有足够的宽度，施工中应保持缝内清洁，防止碎砖、砂浆等杂物落入缝内。

（2）增强上部结构的刚度和整体性，以提高墙体的抗剪能力。减少建筑物端部的门、窗洞口，增加端部洞口到墙端的距离，加设圈梁增加结构的整体性。

（3）加强地基验槽工作，如果发现不良地基应首先采取措施进行处理，方可进行基础施工。

（4）不宜将建筑物设置在不同刚度的地基上。如果必须采用不同地基时，要采取措施进行处理，并且需要验算。

四、因承载力不足引起的裂缝

如果砌体的承载力不能满足要求，那么在荷载作用下，砌体将产生各种裂缝，甚至出现压碎、断裂，崩塌等现象，使建筑物处于极不安全的状态。这类裂缝的产生，很可能导致结构失效，应该加强观测，主要观察裂缝宽度和长度随时间的发展情况，在观测的基础上认真分析原因，及时采取有效措施，避免重大事故的发生。因承载力不足而产生的裂缝必须进行加固处理。

图 3-17 所示为一些因承载力不足引起的裂缝。

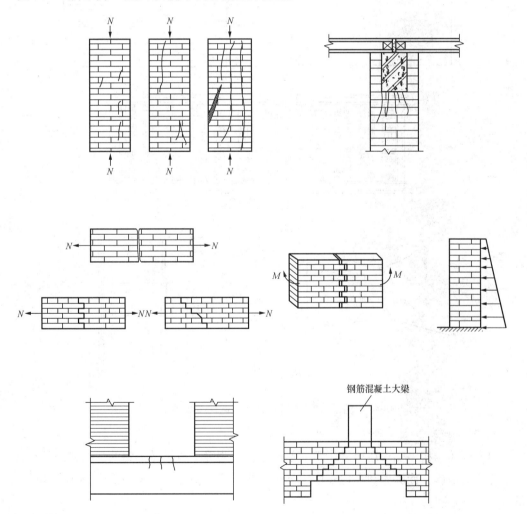

图 3-17 因承载力不足引起的裂缝示意图

五、地震作用引起的裂缝

1. 原因分析

砌体结构的抗震性能较差。地震烈度为 6 度时，砌体结构就会遭到破坏的影响，对设计不合理或施工质量差的房屋就会产生裂缝。当发生 7~8 度地震时。砌体结构的墙体大多会产生不同程度的裂缝，有些砌体房屋还会发生倒塌。图 3 - 18 所示为一些因地震作用引起的裂缝。地震引起的墙体裂缝一般呈"X"形，这是由于墙体受到反复剪力的作用引起的。除"X"形裂缝外，在地震作用下也会产生水平裂缝和垂直裂缝。当内外墙咬槎不好的情况下，在内外墙交接处很容易产生垂直裂缝，甚至整个纵墙外倾以及倒塌。

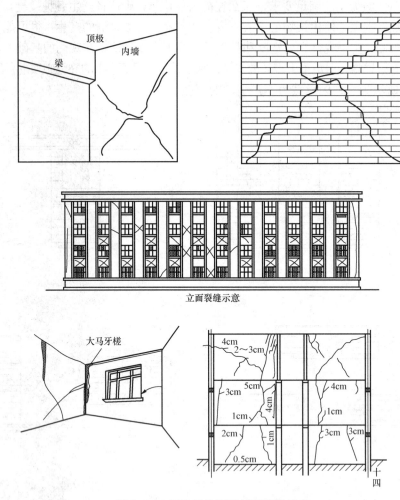

图 3 - 18　因地震作用引起的裂缝示意

2. 防止措施

对于砌体结构，要求在地震作用下不产生任何裂缝一般是做不到的。但在设计和施工时采取必要的措施，能够做到在地震作用下少开裂，不大开裂，也可做到"大震不倒"。主要措施有：

（1）按抗震设计规范要求设置圈梁。圈梁截面高度不应小于 120mm，6、7 度地震区纵筋至少 4φ8，8 度地震区至少 4φ10，9 度地震区则为 4φ12，箍筋间距不宜过大，对 6、7

度、8度和9度地震烈度分别不宜大于250mm、200mm和150mm。如果地基不良或是空旷房屋等还应适当加强。圈梁应闭合，遇有洞口时要满足搭接要求。

（2）合理设置构造柱。截面不应小于240mm×180mm，主筋一般为4Φ14，转角处可用8Φ10，箍筋间距不宜大于250mm，并且柱上下端应加密。对于7度地震区，楼层超过六层；8度地震区，楼层超过五层；以及9度地震区，箍筋间距不应超过200mm。构造柱应与圈梁连接，构造柱与砌体组合在一起。应振捣充分，确保密实，没有孔洞，竖筋位置正确，与墙体拉结可靠。

六、混凝土砌块房屋的裂缝

1. 原因分析

混凝土砌块房屋建成和使用之后，由于种种原因可能出现各种各样的墙体裂缝，砌块房屋的裂缝比砖砌体房屋更为普遍。墙体裂缝可分为受力裂缝和非受力裂缝两大类。在荷载直接作用下墙体产生的裂缝为受力裂缝。由于砌体收缩、温湿度变化、地基沉降不均匀等原因引起的裂缝为非受力裂缝，也称变形裂缝。下面就变形裂缝产生的原因进行分析。

（1）小型砌块砌体与砖砌体相比，力学性能有着明显的差异。在相同的块体和砂浆强度等级下，小型砌块砌体的抗压强度比砖砌体高许多。这是因为砌块高度比砖大3倍，不像砖砌体那样受到块材抗折指标的制约。但是，相同砂浆强度等级下小砌块砌体的抗拉、抗剪强度却比砖砌体小了很多，沿齿缝截面弯拉强度仅为砖砌体的30%，沿通缝弯拉强度仅为砖砌体的45%~50%，抗剪强度仅为砖砌体的50%~55%。因此，在相同受力状态下，小型砌块砌体抵抗拉力和剪力的能力要比砖砌体小很多，所以更容易开裂。这个特点往往没有被人重视。此外，小型砌块砌体的竖缝比砖砌体大3倍，使其薄弱环节更容易发生应力集中。

（2）小型空心砌块是由混凝土拌和料经浇筑、振捣、养护而成的。混凝土在硬化过程中逐渐失水而干缩，其干缩量与材料和成型质量有关，并随时间增长而逐渐减小。以普通混凝土砌块为例，在自然养护条件下，成型28天后，收缩趋于稳定，其干缩率为0.03%~0.035%，含水率在50%~60%左右。砌成砌体后，在正常使用条件，含水率继续下降，可达10%左右，其干缩率为0.018%~0.027%左右，干缩率的大小与砌块上墙时含水率有关，也与温度有关。对于干缩已趋稳定的普通混凝土砌块，如果再次被水浸湿后，会再次发生干缩，通常称为第二干缩。普通混凝土砌块含水饱和后的第二干缩稳定时间比成型硬化过程的第一干缩时间要短，一般约为15天左右，第二干缩的收缩率约为第一干缩的80%左右。砌块上墙后的干缩，引起砌体干缩，而在砌体内部产生一定的收缩应力，当砌体的抗拉、抗剪强度不足以抵抗收缩应力时，就会产生裂缝。

（3）因砌块干缩而引起的墙体裂缝，在小型砌块房屋是比较普遍的。在内、外墙及房屋各层都有可能出现。干缩裂缝形态一般有两种，一种是在墙体中部出现的阶梯形裂缝，另一种是环块材周边灰缝的裂缝，如图3-19所示。由于砌筑砂浆的强度等级不高，灰缝不饱满，

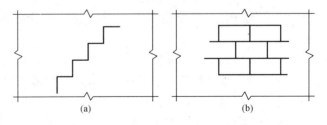

图3-19　砌块砌体的干缩裂缝示意

（a）干缩引起的阶梯状裂缝；（b）干缩引起块材环四周裂缝

干缩引起的裂缝往往呈发丝状并且分散在灰缝隙中，清水墙时不易被发现，当有粉刷抹面时便显得比较明显。干缩引起的裂缝宽度不大并且较均匀。

（4）砌块的含湿量是影响干缩裂缝的主要因素，砌块上墙时如含水率较大，经过一段时间后，砌体含水率降低，便可能出现干缩裂缝。即使已砌筑完工的砌体无干缩裂缝，但当砌块因某种原因再次被水浸湿后，出现第二干缩，砌体仍可能产生裂缝。因此，国外对砌块的含水率有较严格的规定。含水率指砌块吸水量与最大总吸水量的百分比。美国规定混凝土砌块线收缩系数≤0.03%时，对于高湿环境允许的砌块含水率为45%；中湿环境为40%；干燥环境时要求含水率不大于35%。日本要求各种砌块的含水率均不超过40%。因此，对于建筑工程中砌筑用的砌块在上墙前必须保持干燥。

（5）混凝土小型砌块的线胀系数为$10×10^{-6}$，比粘土砖砌体大一倍，因此，混凝土小型砌块砌体对温度的敏感性比砖砌体高很多，也更容易因温度变形引起裂缝。

2. 防止措施

（1）在砌块生产环节加强质量控制。砌块成型后采用自然养护必须达到28天，采用蒸气养护达到规定强度后，必须停放14天后方可出厂使用。

（2）砌块房屋设计和施工方面的质量控制。因为混凝土砌块砌体的温度变形和干缩变形都比较大，而抗拉、抗剪强度又比较低，所以要严格限制伸缩缝间距。应按《砌体结构设计规范》（GB 50003—2001）的要求认真设计。砌块进入施工现场后，要分类分型号堆放，并做好防雨措施，不被雨淋，不受水浸，如果砌块受湿，应再增加15天的停放期，方可使用。做到顶层墙体砌筑与屋面板施工在天气情况大致相同的条件下施工。

（3）增强基础圈梁刚度，增加平面上圈梁布置的密度。顶层圈梁或支承梁的梁垫均不得与层面板整浇。采取措施减弱屋面板与圈梁间的连接强度。

（4）确保屋面保温层的隔热效果，防止屋面防水层失效、渗漏。

（5）在屋盖上设分格缝。分格缝位置纵向在房屋两端第一开间处，横向在屋脊分水线处。

（6）屋盖保温层上的砂浆找平层与周边女儿墙间应断开，留出沟槽，用松软防水材料填塞。以免该砂浆找平层因温度变形推挤外墙和女儿墙。

（7）加强顶层内、外纵墙端部房间门窗洞口周边的刚度。

七、裂缝的处理

砌体出现裂缝，先要分析裂缝产生的原因，并观察其发展状态。从构件受力的特点、建筑物所处的环境条件、裂缝所处的位置、出现的时间及形态综合加以判断。在裂缝原因查清的基础上，采取有效措施补强。对于不至于危及安全的裂缝可用灌缝、封闭的方法处理。而对于危及安全的裂缝，则应进行加固处理。对不危及安全的裂缝最常用的是灌浆法处理。

（1）当裂缝较细，裂缝数量较多，发展已基本稳定时可用压力灌浆法补强。这种方法是用灰浆泵将含有胶合材料的水泥砂浆或化学砂浆灌入裂缝内使之粘结成整体。

（2）当裂缝较宽时，可在灰缝内嵌上钢筋，然后再用砂浆填缝。

（3）当裂缝很宽，发展又不稳定可能危及安全时，则必须进行加固处理。

第十节 砌 体 结 构 的 加 固

砌体结构中出现裂缝，如果裂缝是因强度不足引起的，则会危及安全和影响正常使用。此种情况的出现，必须进行加固处理。常用的加固方法如下：

一、扩大截面加固法

这种方法适用于砌体承载力不足但裂缝尚属轻微，要求扩大面积不是很大的情况。一般的墙体、砖柱均可采用此法。加大截面的砖砌体中砖的强度等级可与原砌体相同，但砂浆要比原砌体中的等级提高一级，并且不能低于 M2.5。下面介绍新、旧砌体结合做法。

加固后要使新旧砌体共同工作，这就要求新旧砌体有良好的结合。为了达到共同工作的目的，一般采用两种方法：

（1）新旧砌体咬槎结合。如图 3-20（a）所示，在旧砌上每隔 4~5 皮砖，剔去旧砖成 120mm 深的槽，砌筑扩大砌体时应将新砌体与之紧密连接，新旧砌体呈锯齿形咬槎，可以保证共同工作。

（2）插入钢筋连接。如图 3-20（b）所示，在原有砌体上每隔 5~6 皮砖在灰缝内打入 Φ6 钢筋，也可在砖墙上打洞，然后用 M5 砂浆裹着插入 Φ6 钢筋，砌新砌体时，钢筋嵌于灰缝之中。

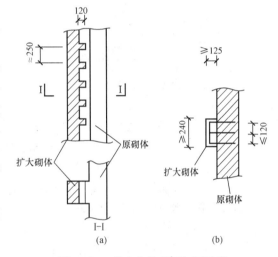

图 3-20 扩大砌体截面加固示意

无论是咬槎连结还是插筋连结，原砌体上的面层必须剥去，凿口后的粉尘必须冲洗干净并湿润后再砌扩大砌体。

二、外加钢筋混凝土加固法

当砌体承载力不足时，可用外加钢筋混凝土进行加固。这种方法特别适用于砖柱和壁柱的加固。

外加钢筋混凝土可以是单面的、双面的和四面包围的。外加钢筋混凝土的竖向受压钢筋可用 Φ8~Φ12，横向箍筋可用 Φ4~Φ6，应有一定数量的闭口箍筋，即间距 300mm 左右设一闭合箍筋，闭合箍筋中间可用开口或闭口箍筋与原砌体连结。闭口箍的一边必须嵌在原砌体内，可凿去一块顺砖，使闭口箍通过，然后用豆石混凝土填实。如图 3-21、图 3-22、图 3-23 所示。

图 3-21 所示为平直墙体外贴钢筋混凝土加固。

图 3-21（a）、（b）所示为单面外加混凝土。

图 3-21（c）所示双面外加混凝土。

图 3-22 所示为墙壁柱外加钢筋混凝土加固。

图 3-23 所示为钢筋混凝土加固砖柱。

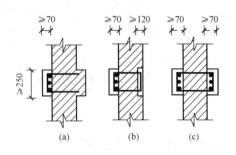

图 3-21　墙体外贴混凝土加固示意

(a) 单面加混凝土（开口箍）；

(b) 单面加混凝土（闭口箍）；

(c) 双面加混凝土

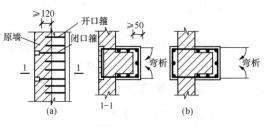

图 3-22　钢筋混凝土加固砖壁柱示意

(a) 单面加固；(b) 双面加固

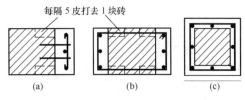

图 3-23　外包混凝土加固砖柱示意

(a) 单侧加固；(b) 双侧加固；(c) 四周外包加固

为了使混凝土与砖柱更好地结合，每隔 300mm 打去一块砖，使后浇混凝土嵌入砖砌体内。外包层较薄时也可用砂浆。四面外包层内应设置 $\phi 4 \sim \phi 6$ 的封闭箍筋，间距不应大于 150mm。混凝土等级为 C15 或 C20。如果采用加筋砂浆层，则砂浆的强度等级不宜低于 M7.5。若砌体为单向偏心受压构件时，可仅在受拉一侧加上钢筋混凝土。当砌体受力接近中心受压或双向均可能偏心受压时，可在两面或四面加上钢筋混凝土。

三、钢筋网水泥砂浆层加固法

这种方法特别适用于大面积墙体的加固。先去掉加固墙体表面的粉刷层，然后附设由 $\phi 4 \sim \phi 8$ 组成的钢筋网片，再喷射砂浆或细石混凝土，也可分层抹上密缀的砂浆层。使加固后的墙体形成组合墙体，可以提高砌体的承载力，墙体的延性也会增强。

如图 3-24 所示，钢筋网水泥砂浆面层厚度宜为 30～45mm，若面层厚度大于 45mm，则应采用细石混凝土。面层砂浆的强度等级一般可用 M7.5～M15，面层混凝土的强度等级宜用 C15 或 C20。面层钢筋网需用 $\phi 4 \sim \phi 6$ 的穿墙拉筋与墙体固定，间距不宜大于 500mm。受力钢筋的保护层厚度要满足规定。

受力钢筋宜用 HPB235（Ⅰ级）钢筋，对于混凝土面层也可采用 HRB335（Ⅱ级）钢筋。受压钢筋的配筋率，对砂浆面层不宜小于 0.1%；对于混凝土面层，不宜小于 0.2%。受力钢筋可用 $\phi 8$ 的钢筋，横向筋按构造设置，间距不宜大于 20 倍受压主筋的直径及 500mm，但也不宜过密，应大于等于 120mm。横向钢筋遇到门窗洞口，宜将其弯折直钩锚入墙体内。

喷抹水泥砂浆面层前，应先清理墙面并加以湿润。水泥砂浆应分层抹，每层厚度不宜大于 15mm，以便压密压实。原墙面如有损坏或酥松、碱化部位，应除去后再修补好。

四、外包钢加固法

外包钢加固，施工快，并且不用养护，可立即发挥作用。外包钢加固能够在砌体尺寸增加很小的条件下，较大地提高结构的承载力。用外包钢加固砌体，还可以大幅度地提高其延性，改变砌体结构脆性破坏的特性。因此，外包钢加固法具有快捷、高强的优点。但该方法的用钢量较大。这种方法特别适用于砖柱和窗间墙的加固。

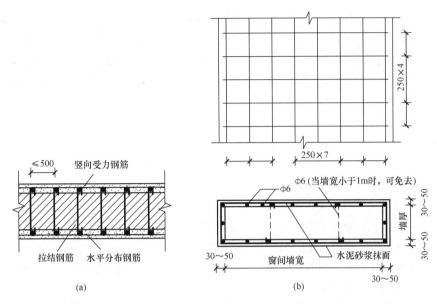

图 3-24　钢筋网砂浆加固砌体示意

（a）加固整片墙体；（b）加固窗间墙

如图 3-25（a）所示，先用水泥砂浆把角钢粘贴于被加固砌体的四角，并用卡具临时夹紧固定，然后焊上缀板形成整体。之后去掉卡具，在外面抹上水泥砂浆，既可平整表面，又可防止角钢生锈。对于宽度较大的窗间墙，如果墙的高宽比大于 2.5 时，宜在中间增加一竖向缀条，并用穿墙螺栓拉结，如图 3-25（b）所示。外包角钢不宜小于 L 50×5，缀板可用 35mm×5mm 或 60mm×12mm 的钢板。加固角钢下端必须可靠地锚入基础，上端也应有良好的锚固措施，确保角钢有效地发挥作用。

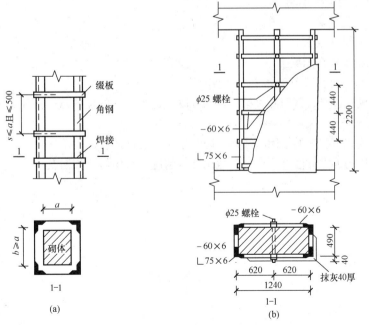

图 3-25　外包钢加固砌体结构示意图

（a）外包钢加固砖柱；（b）外包钢加固窗间墙

此外，如果墙体开裂比较严重，为了增加房屋的整体性，可以在房屋墙体一侧或两侧增设钢筋混凝土圈梁或型钢圈梁。如果墙体因基础不均匀沉降或温度变化引起的伸缩等原因产生外闪现象，或者因内外墙咬槎不良而开裂，可以增设拉杆，限制裂缝的发展。

由于砌体裂缝产生的原因多种多样以及破损的程度也不尽相同，因此，应视具体情况来选择适用的加固方法。

复 习 思 考 题

1. 试述砌体结构产生质量事故的原因。

2. 为什么砌体结构裂缝宽度的控制要比钢筋混凝土结构宽松一些？

3. 试述下列砌筑做法在工程质量方面的差异，说明其理由。

(1) 水平砂浆缝的质量要求比竖向砂浆缝严格。

(2) 在上部结构墙体中采用混合砂浆比采用水泥砂浆好；而在基础墙体中则反之。

4. 试述下列砌筑做法的坏处。

(1) 同一楼层采用不同强度等级的砂浆。

(2) 钢筋混凝土圈梁沿某一水平高程上不闭合，也没有搭接。

5. 砌体构件在中心受压、小偏心受压、大偏心受压和局部受压状态下破坏时的裂缝表现是怎样的？

6. 一、二层砖房的底层窗下墙上，经常出现自上而下的竖向裂缝或斜裂缝。试说明其理由。怎样才能防止这类裂缝？

7. 砖混房屋中钢筋混凝土圈梁的作用有哪些？圈梁在施工中应注意哪些质量问题？

8. 砌体结构中钢筋混凝土构造柱的作用有哪些？构造柱在施工中应注意哪些质量问题？

9. 试述下列混凝土梁梁端支承构造做法的优缺点。

(1) 预制混凝土垫块。

(2) 混凝土梁梁端放大。

(3) 混凝土梁支承在圈梁上。

(4) 不设梁垫，仅在梁下砌体中设钢筋网片。

10. 试述平拱砖过梁、钢筋砖过梁、钢筋混凝土过梁三者的优缺点。为什么钢筋混凝土过梁必须有足够的支承长度？

11. 砌体结构产生裂缝的原因有哪些？防止措施是怎样的？

12. 砌体结构的加固方法有哪些？各适用什么情况？具体做法如何？

第四章　钢筋混凝土结构工程

第一节　概　　述

钢筋混凝土在工程结构中应用广泛，是因为钢筋混凝土结构充分利用了混凝土和钢筋两种材料的力学性能，且有耐久性好，整体性好，可模性好，耐火性好，易于就地取材，造价低等优点。但是，也存在着一些缺点，随着科学技术的发展，存在的一些缺点正被逐步克服，在今后相当长时期内钢筋混凝土仍将是一种重要的工程结构材料。

在建筑工程中，由于勘察、设计、施工、使用等方面存在某些缺点和错误，轻则使建筑物产生各种损伤或不适于正常使用的变形，重则使建筑物倒塌。即使完好的建筑也会随着使用时间的推移，发生结构材料的老化等，产生损坏或由于技术改造需要增加荷载，也应进行加固处理。混凝土的抗压强度高，但抗拉强度很低，并且其极限拉应变很小，因而很容易开裂。混凝土材料来源广阔，成分多样，构成复杂；而且施工工序多，制作工期较长，其中某一环节出了差错都可能导致开裂以及质量事故。

要弄清钢筋混凝土工程的质量和缺陷，就要从混凝土的材料、构件、结构、施工、成型等方面入手。

钢筋混凝土工程的材料，是由钢筋和混凝土两种材料粘结而成的，利用各自的优点并能够协同工作。它既受到钢材、水泥、骨料的化学性能影响，也受到混凝土、钢筋以及它们间粘结性能的影响。

钢筋混凝土工程的构件，可以做成承受拉伸、压缩、弯曲、剪切、扭转等各种受力状态的构件，以剪弯构件和压弯构件为主，它们中的多数是带裂缝工作的构件。

钢筋混凝土工程的结构，具有可模性好但构件截面尺寸较大，整体性强但容易因次应力引起裂缝，刚度较大但对约束变形敏感，耐久、耐火性好但对侵蚀性介质抵抗力弱。

钢筋混凝土工程的成型，是一个包含模板的制作和装设，混凝土的拌制、灌注和养护，以及钢筋的加工和配制的复杂过程。工种、成型方法、工序繁多，受气候、时间和环境的影响显著。

因此，为了确保钢筋混凝土结构质量，要从钢筋和混凝土的材料进行控制，以及钢筋混凝土工程设计和施工的过程进行控制，还要对形成钢筋混凝土质量缺陷和事故的各种因素和现象进行分析。

第二节　钢筋混凝土结构工程质量控制要点

一、钢筋工程的质量控制

1. 钢筋材料的质量控制

（1）热轧钢筋按强度分Ⅰ、Ⅱ、Ⅲ、Ⅳ四个等级，应检验其屈服点、抗拉强度和伸长率，并进行冷弯试验及化学成分检验。

（2）热处理钢筋按螺纹外形分为有纵肋和无纵肋两种，应检验其屈服点、抗拉强度和伸长率，并进行化学成分检验，必要时进行松弛试验。

（3）钢丝有碳素钢丝、冷拉钢丝及刻痕钢丝，应检验其抗拉强度、屈服强度、伸长率。要做弯曲试验，必要时碳素钢丝和刻痕钢丝还应进行松弛试验。

2. 钢筋的除锈、调直、成型、冷加工和焊接的质量控制

（1）除锈。钢筋因保管不善或存放过久产生铁锈时需要除锈。除锈时如发现钢筋锈斑鳞落现象严重，或除锈后发现钢筋表面有严重麻坑、斑点伤蚀截面时，应剔除不用或降级使用。

（2）调直。钢筋应平直，无局部曲折，且表面洁净。当冷拉调直时，冷拉Ⅰ级钢筋的冷拉率不宜大于 4％；Ⅱ、Ⅲ级钢筋不宜大于 1％。冷拔低碳钢丝调直后表面不得有伤痕。

（3）成型。钢筋的弯折、成型尺寸及允许偏差要符合有关规定。

（4）冷加工。包括冷拉和冷拔。冷拉是在常温下以超过屈服点的拉应力拉伸钢筋，目的是提高其强度以节约钢材。冷拔是以强力拉拔的方法使 $\phi 6 \sim \phi 8$ 钢筋通过拔丝模孔拔成比原直径细的钢丝，目的也是提高钢筋强度。冷加工也要符合有关规定。

（5）焊接。钢筋的焊接有点焊、对焊、电弧焊、电渣压力焊等，其质量控制主要有力学性能检验和外观检查两方面。

1）点焊。热轧钢筋焊点应做抗剪试验，冷拔钢丝焊点除抗剪试验外应对较细钢丝做拉伸试验。外观上要对焊点处金属熔化均匀性、焊点压入深度、焊点脱落和漏焊、焊点处有无烧伤和裂纹等现象进行检查。

2）对焊。对焊钢筋接头应做拉伸和弯曲试验。外观上要对轴线偏移、弯折角度、横向裂纹、有无烧伤等现象进行检查。

3）电弧焊。电弧焊钢筋接头应做拉伸试验。外观上要对轴线偏移、弯折角度、焊缝厚宽长度和表面平整度、横向咬边深度、气孔和夹渣数量等进行检查。

4）电渣压力焊。力学性能检验类似电弧焊，外观检查项目类似对焊。

3. 钢筋位置和混凝土保护层的控制

（1）钢筋位置偏差直接影响钢筋混凝土构件的受力状态。施工中应避免出现下列偏差：

1）预留构件的插筋错位。

2）因骨架外形尺寸不准造成位置偏移。

3）骨架歪斜，绑扎不牢，焊点脱落或漏焊。

4）钢筋间距过密或过稀。

（2）混凝土保护层是保证钢筋和混凝土粘结，保护钢筋在混凝土中不致生锈的重要措施。混凝土保护层厚度过大或过小，甚至露筋，对钢筋混凝土构件的受力性能都会产生影响。应按《混凝土结构设计规范》（GBJ 10—1989）的要求保证应有的厚度，还要防止在混凝土保护层范围内出现蜂窝、麻面、缺棱掉角等现象。

二、混凝土工程的质量控制

1. 混凝土材料的质量控制

（1）水泥。可采用硅酸盐水泥、普通水泥、矿渣水泥、火山灰水泥、粉煤灰水泥等常用水泥作为钢筋混凝土结构用的材料。其相对密度、密度、强度、细度、凝结时间、安定性等品质必须符合国家标准。水泥进场时应对出厂合格证和出厂日期检查验收，水泥堆放地点、

环境、贮存时间必须受到严格控制。不得将不同品种水泥掺杂使用，采用特种水泥时必须详细了解其使用范围和技术性能。

（2）砂、石。配制混凝土所用砂、石的颗粒级配、强度、坚固性、针片状颗粒含量、含泥量、有害物质要符合国家标准的要求。

（3）水。采用符合《生活饮用水水源水质标准》（CJ 3020—1993）的饮用水。如采用其他水，如地表水、地下水、海水和经处理的工业废水时，必须符合《混凝土用水标准》（JGJ 63—2006）的规定。

（4）外加剂。外加剂有减水剂、早强剂、阻锈剂、膨胀剂等。使用时必须根据混凝土的性能要求、施工及气候条件，结合混凝土原材料及配合比等因素经试验确定其品种及掺量，要符合《混凝土外加剂》（GB 8076—1999）和《混凝土外加剂应用技术规范》（GB 50119—2003）的要求。

（5）混合料。为降低水泥用量、改善混凝土和易性的目的而使用的混合料，有粉煤灰、火山灰、粒化高炉矿渣等。使用时要注意其应用范围、品质指标、最优掺量等要求，其材料应符合相应的标准。

2. 混凝土配合比、拌制、运输、浇筑、振捣和养护的控制

（1）配合比。为取得较高强度和较好和易性的混凝土，可以提高单位体积水泥用量。但过大的水泥用量不仅会增加造价、用水量和形成混凝土后的体积变化率，还容易引起碱—骨料反应。用水量力求最少但要符合和易性要求，因为用水量愈小，混凝土强度愈高；水泥用量愈少，体积变化率愈小。但施工时却会遇到搅拌不匀、振捣不实等困难，故要规定混凝土的最大水灰比、最小水泥用量、适宜用水量和适宜坍落度。石子的最大粒径要根据构件截面尺寸和钢筋最小间距等条件来选取。要选用使石子用量最多、砂石级配合适，使混凝土密度最大，与混凝土水灰比和石子最大粒径相适应的砂率。配合比的具体要求应符合有关规定。

（2）拌制。从混凝土原材料全部投入搅拌筒起，到开始卸出，所经历的时间称搅拌时间，是获得混合均匀、强度和工作性能都符合要求的混凝土所需的最短搅拌时间。此时间随搅拌机类型、容量、骨料品种、粒径以及混凝土性能要求而异。

（3）运输。混凝土应随拌随用。混凝土运输过程中应保持均匀性，运至浇筑地点时应符合规定的坍落度，如果坍落度损失过多（允许偏差±20mm），要在浇筑前进行二次搅拌。对泵送混凝土，要求混凝土泵连续工作，泵送料斗内充满混凝土，泵允许中断时间不大于45s。当混凝土从高处倾落时，自由倾落高度不应超过2m，竖向结构倾落高度不应超过3m。如果超高应使用串筒、溜槽。

（4）浇筑。浇筑前，对地基土层应夯实并清除杂物；在承受模板支架的土层上，应有足够支承面积的垫板；木模板应用水润湿，钢模板应涂隔离剂，模板中的缝隙孔洞都应堵严；竖向构件底部，应先填50～100mm厚与混凝土内砂浆成分相同的水泥砂浆。浇筑层的厚度应符合有关规定。浇筑应连续进行，如必须间歇时，应在前层混凝土凝结前将次层混凝土浇筑完毕。

（5）振捣。混凝土浇筑后应立即振捣。按结构特征选用插入式、附着式、平板式或振动台振捣。一般说，振捣时间愈长，力量愈大，混凝土愈密实，质量愈好；但流通性大的混凝土要防止因振捣时间过长产生泌水离析现象。振捣时间以水泥浆上浮使混凝土表面平整为止。混凝土初凝后不允许再振捣。

（6）养护。养护是混凝土浇筑振捣后对其水化硬化过程采取的保护和加速措施。一般采用草帘或麻袋覆盖，并经常浇水保持湿润的自然养护法。养护期视水泥品种和气温而定。

此外，混凝土构件拆模后，首先应从外观上检查其表面有无蜂窝、麻面、缺棱掉角、露筋、孔洞、裂缝等缺陷。然后进行构件尺寸的检验和强度评定。

三、模板工程的质量控制

模板包括模型板和支架两部分。模板应符合要求，保证构件各部分形状、尺寸和相互位置；有足以支承新浇混凝土的重力、侧压力和施工荷载的能力；装拆方便，便于混凝土和钢筋工程施工；接缝不得漏浆。为达到要求，应从以下几点加以控制。

（1）必须有足够的强度、刚度和稳定性；其支架的支承部分应有足够的支承面积；地基土必须坚实并有排水措施；对湿陷性黄土，必须有防水措施。

（2）必须保证结构和构件各部分形状、尺寸和相互位置准确。

（3）现浇钢筋混凝土梁跨度≥4m时，模板应起拱，起拱高度宜为全跨长度的 $1/1000 \sim 3/1000$。

（4）现浇多层房屋和构筑物，应采用分段分层支模的方法，上下层支柱要在同一竖向中心线上。当层间高度大于5m时，应选用多层支架支模的方法。

（5）拼装后模板间接缝宽度不大于 2.5mm。固定在模板上的预埋件和预留孔洞不得遗漏，位置要准确，安装要牢固。为便于拆模、防止粘浆，应对拼装后的模板涂以隔离剂。

第三节　钢筋混凝土结构工程的质量缺陷及处理

造成钢筋混凝土工程质量缺陷及事故的原因很多，所涉及的方面也很广。主要有以下方面：

（1）设计失误。

（2）材料不合格。

（3）施工违反操作规程。

（4）环境因素影响。

（5）使用和改建不当。

由于质量缺陷使钢筋混凝土工程呈现的现象主要是：

（1）混凝土出现可见裂缝。

（2）材料的强度降低；构件的承载力或截面刚度减小。

（3）混凝土不密实、被溶蚀或剥落，影响耐久性。

（4）钢筋出现锈斑、鳞落等，承载力降低。

其中最主要也是最普遍的表现是混凝土出现可见裂缝。

一、混凝土结构的裂缝及其产生的原因

1. 混凝土结构的裂缝

（1）混凝土的微裂缝。钢筋混凝土构件是带裂缝工作的。更确切地说，混凝土在凝结硬化过程中就有微裂缝存在。这是因为混凝土中的水泥石和骨料在温湿度变化条件下产生不均匀的体积变形，而它们又粘结在一起不能自由变形，于是形成相互间的约束应力。当约束应力大于水泥石和骨料间的粘结强度，以及水泥石自身的抗拉强度时，就产生微裂缝。微裂缝主要有两种：一种是粘结裂缝（沿骨料和水泥石界面的微裂缝），另一种是水泥石微裂缝（骨料之间水泥石中的微裂缝）。

混凝土微裂缝的宽度小于 0.05mm，肉眼看不见。微裂缝在混凝土中的分布既不规则也不贯通，因此只有微裂缝的混凝土是可以承受拉力的。微裂缝对混凝土的承重、防渗漏、防腐蚀等使用功能没有危害性。只有微裂缝的混凝土也称无裂缝混凝土。

（2）混凝土的可见裂缝。钢筋混凝土构件因受力、变形、某些环境因素影响而产生的裂缝，则一般可用"粘结—滑动"的机理加以解释。认为混凝土可见裂缝的发生和开展，是钢筋与混凝土间不能再保持变形协调而出现相对滑动的结果。裂缝宽度本质上是裂缝之间受拉混凝土拉伸变形和受拉钢筋拉伸变形之差。混凝土结构裂缝的计算是很粗略的，很多防裂、限制裂缝开展靠构造措施，普通钢筋混凝土结构在使用过程中，出现宽度小于 0.3mm 的细微裂缝是正常的、允许的。但是，如果出现的裂缝过长、过宽就不允许了，甚至是危险的。许多混凝土结构在发生重大事故之前，往往有裂缝出现并不断发展，应加以重视。

2. 混凝土裂缝产生的原因

（1）设计方面。

1）设计承载力不足。

2）设计中未考虑某些重要的次应力作用。

3）构件计算简图与实际受力情况不符。

4）局部承压不足。

5）细部构造处理不当等。

（2）材料方面。

1）水泥的安定性不合格。

2）水泥的水化热引起过大的温差。

3）混凝土配合比不当。

4）外加剂使用不当。

5）混凝土的干缩。

6）砂、石含泥或有害杂质超过规定。

7）骨料中有碱性骨料或已风化的骨料。

8）混凝土拌和物的泌水和沉陷等。

（3）施工方面。

1）搅拌和运输时间过长。

2）外加掺合剂拌和不均匀。

3）泵送混凝土过量增加水泥或水。

4）浇筑速度过快。

5）捣固不充分。

6）混凝土终凝前钢筋被扰动。

7）滑模施工时工艺不当。

8）保护层太薄或箍筋外只有水泥浆。

9）模板支撑下沉，模板变形过大。

10）拆模过早，混凝土硬化前受振动或达到预定强度前过早受载。

11）养护差，早期失水太多。

12）混凝土养护初期受冻。

13）构件运输、吊装或堆放不当等。

（4）环境和使用方面。

1）环境温度与湿度的急剧变化。

2）冻胀、冻融作用。

3）腐蚀性介质作用。

4）振动作用。

5）使用超载。

6）反复荷载作用引起疲劳。

7）火灾及高温作用。

8）地基沉降等。

如图4-1所示，由于引起裂缝的原因不同，导致裂缝的形态也有所不同。

二、混凝土结构表层的缺陷

混凝土的表层缺陷是混凝土结构的常见通病。在施工或使用过程中产生的表层缺陷具体表现为蜂窝、麻面、孔洞、缺棱掉角、表皮酥松、露筋等。这些缺陷既影响美观，又使人们产生不安全感。严重的缺陷还影响结构的耐久性，使维修费用增加。更严重的缺损还会使结构的承载力降低，导致事故。缺陷不同，产生的原因可能也不同。

1．蜂窝产生的原因

（1）混凝土配合比不合适，砂浆少而石子多。

（2）模板不严密，漏浆。

（3）混凝土搅拌不均匀，或浇筑过程中有离析现象。

（4）振捣不充分，混凝土不密实等。

2．麻面产生的原因

（1）模板未湿润，吸水过多。

（2）模板拼接不严，缝隙间漏浆。

（3）振捣不充分，混凝土中气泡未排尽。

（4）模板表面处理不好，拆模时粘结严重，致使部分混凝土面层剥落等。

3．露筋产生的原因

（1）钢筋垫块漏放、少放或移位，使钢筋与模板无间隙。

（2）钢筋过密，混凝土浇筑不进去。

（3）模板漏浆过多，使钢筋的外表面没有砂浆包裹而外露等。

4．缺棱掉角产生的原因

（1）构件棱角处脱水，与模板粘结过牢。

（2）养护不够，强度不足。

（3）早期受碰撞等。

5．表层酥松产生的原因

（1）由于混凝土养护时表面脱水。

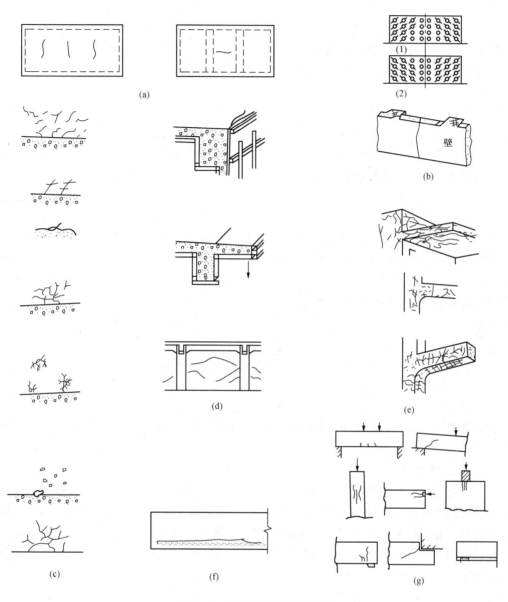

图 4-1 常见的裂缝形态示意

（a）因混凝土收缩引起的裂缝；（b）因温度变化引起的裂缝；（c）因骨料杂质、水泥性能不良等引起的裂缝；

（d）因模板支护不牢引起的裂缝；（e）因火灾引起的裂缝；（f）因钢筋锈蚀引起的裂缝；

（g）因受力过大、应力集中等引起的裂缝

（2）混凝土凝结过程中受冻，或受高温烘烤等。

三、裂缝和表层缺陷的处理

对构件承载力无影响或影响很小的裂缝和表层缺陷可以用修补的方法进行处理。修补的目的是使建筑外观完好，并防止风化、腐蚀、钢筋锈蚀及缺损的进一步发展，以保护构件的核心部分，确保建筑物的耐久性和使用年限。

修补方法有以下几种：

（1）填缝法。这种方法适用数量少但宽度大于 0.5mm 的裂缝，或因钢筋锈胀使混凝土顺筋剥落而形成的裂缝。填缝材料一般为水泥砂浆、聚合物水泥砂浆、环氧砂浆和环氧树脂等。填充前，应把缝凿宽成槽，槽的形状有 V 形、U 形及梯形等，对于防渗漏要求高的可加一层防水油膏。对锈胀缝，应凿到露出钢筋，去锈干净，先涂上防锈涂料。为了增加填充料和混凝土界面间的粘结力，填缝前可在槽面涂上一层环氧树脂浆液。

（2）灌浆法。这种方法适用于裂缝宽大于 0.3mm 且深度较深的裂缝修补。灌浆法是把封缝浆液用压力方法注入裂缝深部，使构件的整体性、耐久性及防水性得到加强和提高。封缝浆液一般为水泥浆液、聚合物水泥浆液和树脂浆液等。压力灌浆的浆液要求可灌性好、粘结力强。裂缝较细的常用树脂类浆液，裂缝较宽的常用水泥类浆液。如果孔洞较大时，可用小豆石混凝土填实。对表面积较大的混凝土表面缺损，可用喷射混凝土的方法。

（3）抹面层。这种方法适用于混凝土表面只有小的麻面和掉皮。可以用抹纯水泥浆的方法抹平。抹水泥浆前应除去混凝土表面的浮渣，并用压力水冲洗干净。如果混凝土表层有蜂窝、露筋，小的缺棱掉角，不深的表面酥松，表面微细裂缝则可用抹水泥砂浆的方法修补。抹水泥砂浆之前应做好基层清理工作。应检查是否还有松动部分，应把松动部分、酥松部分凿掉。对因冻、因高温、因腐蚀而酥松的表层均应刮去。然后用压力水冲洗干净，涂上一层纯水泥浆或其他粘结性好的涂料，然后用水泥砂浆填实抹平。修补后要注意湿润养护，确保修补质量。

第四节　因材料不合格造成的质量事故

一、概述

钢筋混凝土结构中因材料不合格造成的质量事故很多，材料不合格所涉及的方面也非常广。下面是一些常见的情况。

1. 水泥过期受潮

水泥在存放时，容易吸收空气中的水分和碳酸气，使其颗粒表面缓慢水化硬化，从而降低了自身凝胶力和强度。如果在潮湿环境中存放，则更容易结成硬块。对水泥的运输和储存应非常谨慎，在运输和储存的过程中不得受潮。水泥出厂时的实际强度一般应高于规定标号，在储存期间会有强度损失。故存放要求用袋装或专设散装的水泥仓库，这样密封保管的水泥的强度损失会小得多。

2. 水泥和骨料中含有害物质

水泥中氧化物大多来自原料，少数来自燃料，氧化物在煅烧过程中相互结合，生成多种矿物。但是，有极少量的氧化物因没有足够的反应时间而残余下来，以游离状态存在于水泥浆体之中。游离的 CaO 和 MgO 水化作用很慢，它们往往在水泥凝结硬化后还继续进行水化作用，使得已发生均匀体积变化而凝结的水泥浆体继续产生剧烈的不均匀体积变化。这种再生的体积变化，严重时会导致混凝土开裂甚至崩溃的质量事故。

3. 骨料中含过量杂质

骨料占混凝土总体积 70％以上，混凝土质量除与水泥品质有关外，也与骨料中杂质含量有密切关系。衡量骨料中杂质是否有害有三条标准：一是对水泥水化硬化是否产生不利影响；二是对水泥石与骨料的粘结是否有不利影响；三是杂质自身的物理化学变化对已形成的混凝土结构是否产生不利影响。含泥量过多不仅由于自身是软弱颗粒而影响混凝土强度和耐久性，而且还会影响骨料与水泥石界面的粘结，从根本上降低混凝土的强度；有机质的危害性主要是妨碍水泥的水化，降低混凝土的强度；硫化物和硫酸盐的含量过高，可能对混凝土产生硫酸盐腐蚀，即与水泥中的氢氧化钙作用后生成的结晶体体积膨胀，致使水泥石严重开裂而破坏；生石灰遇水会产生熟化反应，熟化时体积膨胀。

4. 碱—骨料反应

碱—骨料反应是指混凝土中水泥、外加剂、掺和料或拌和水中的可溶性碱（如 K^+、Na^+）溶于混凝土孔隙液中，与骨料中能与碱反应的活性成分（如 SiO_2）在混凝土凝结硬化后逐渐发生反应，生成含碱的凝胶体，吸水膨胀，使混凝土产生内应力而开裂。它对混凝土的耐久性有很大的影响，严重时会使混凝土丧失使用价值。由于这种破坏既难以阻止其发展，也难以修补，故俗称混凝土的"癌症"。

因碱—骨料反应造成的质量事故屡见不鲜。美国曾有十余个州发生过碱—骨料反应的破坏事件；加拿大 1906 年在渥太华建成的 Hurdman 桥，因碱—骨料反应严重，于 1987 年拆毁；日本 1980 年在阪神高速公路上发现大量因碱—骨料反应的破坏事故；南非碱—骨料反应的破坏也十分严重，遭受破坏的混凝土工程包括桥梁、挡土墙、路面、蓄水坝、桩基等，它们出现混凝土开裂多在建成后 3～10 年之内。中国历年来生产的水泥的碱含量也偏高，有些地区采集的部分粗骨料中含有活性成分。因此，发生的事故也不少。

二、工程事故实例分析

【实例 4 - 1】

事故概况：

如图 4 - 2 所示，广西某车间为单层砖房，建筑面积 221m²，屋盖采用预制空心板和 12m 跨现浇钢筋混凝土大梁。屋面荷载经梁传给 MU10 砖、M5 砂浆砌筑的 490mm × 870mm 砖柱和 490mm × 620mm 壁柱上。此车间于 1983 年 10 月开工，当年 12 月 9 日浇筑完大梁混凝土，12 月 29 日安装完屋盖预制板，1984 年 1 月 3 日拆完大梁底模板和支撑。1 月 4 日下午厂房全部倒塌。

事故分析：

（1）钢筋混凝土大梁原设计为 C20 混凝土。施工时，使用的是进场已 3 个多月并存放在潮湿地方已有部分硬块的 325 号水泥。这种受潮水泥应通过试验按实际强度用于不重要的构件或砌筑砂浆，但施工单位

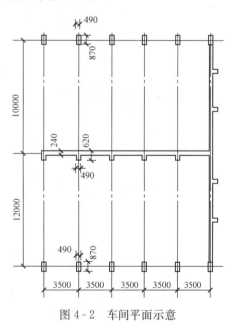

图 4 - 2　车间平面示意

却仍用于浇筑大梁，并且采用人工搅拌和振捣，配合比也不严格。用回弹仪测定大梁混凝土的平均抗压强度只有 5N/mm² 左右，有些地方竟测不到回弹值。

（2）在倒塌的大梁中，发现有断砖块和拳头大小的石块。

（3）配筋情况，纵筋原设计为 10 φ 22，实配 7 φ 20，3 φ 22；箍筋原设计为 φ 8@250，实配 φ 6@300，分别仅为设计需要量的 88% 和 47%。

事故结论及教训：

（1）经实际荷载复核。该倒塌事故是因施工中大梁混凝土强度过低，在大梁拆除底模后，受压区混凝土被压碎所引发。进而导致整个房屋倒塌。使用过期受潮水泥是主要原因，混凝土配比

不严、捣固不实、配筋不足也是重要原因。

（2）施工现场入库水泥应按品种、标号、出厂日期分别堆放，并建立标志，防止混掺使用。

（3）为防止水泥受潮，现场仓库应尽量密闭。包装水泥存放时应垫起离地 300mm 以上，离墙的距离也要大于 300mm，堆放高度不超过 10 包。临时露天暂存水泥应用防雨篷布盖严，底板要垫高，并采取油毡、油纸或油布铺垫等防潮措施。

（4）过期（3 个月）水泥使用时，应进行试验，按试验结果使用。

（5）受潮水泥应按规定使用。

【实例 4 - 2】

事故概况：

山西某厂有 9 幢四层砖混结构住宅，总建筑面积 10290m²，均采用预制空心楼板、平屋顶。该工程 1984 年 5 月开工，同年底完成主体工程，1985 年内部装修。在 1985 年 6 月进行工程质量检查时，发现其中 1 幢（12 号楼）有多处预制楼板起鼓、酥裂情况。随后，该楼楼板损坏越来越严重，其他 4 幢（13、11、16、17 号楼）也相继不同程度地出现破坏迹象。至 1985 年 10 月，在这五幢楼房铺设的 2190 块预制板中，已完全塌落的有 48 块，明显存在隐患的有 2065 块。这些预制板都由太原市某乡镇企业生产，其中最早使用于 12、13 号楼的质量问题最严重。如图 4 - 3 所示，可以看到楼板酥裂和塌落的情况。

 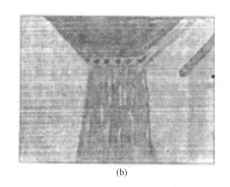

(a)　　　　　　　　　　　　　　　　　　(b)

图 4 - 3　预制混凝土空心板破坏情况

(a) 酥裂；(b) 塌落

事故分析：

从预制板普遍破坏迹象看，主要是由于混凝土材料品质不良引起的，而且显然是因为混凝土内含有害物质使材料逐渐发生物理化学变化引起体积膨胀所造成的。于是，从破坏最严重的楼板、尚未铺设的楼板以及尚未出厂的楼板上取样 2000 余个，筛选 10%，再从中抽出部分样品做材料的化学分析和岩相分析检验。

根据岩相分析，粗骨料中存在着未耗尽的石膏和水化硫铝酸钙。根据化学分析，SO_3 的含量大大超过规定的标准。过量的游离 SO_3 在混凝土凝结硬化后继续与水化铝酸钙反应生成水化硫铝酸钙。未耗尽的石膏也可能在混凝土硬化后继续生成水化硫铝酸钙，而水化硫铝酸钙生成时的体积约达原体积的 2.5 倍，这是造成预制板混凝土膨胀、酥裂、破坏乃至倒塌的主要原因。

事故结论及教训：

（1）水泥进场时必须有出厂合格证或水泥物理试验报告，并对其品种、标号、物理力学性能进行检查验收。

（2）水泥合格与否除强度指标外，还必须看其体积安定性试验结果、细度和凝结时间三项指标。细度的要求为 0.08mm 方孔筛的筛余量≤12％；凝结时间的要求为初凝不早于 45min，终凝不迟于 12h。

（3）体积安定性是指水泥硬化过程中体积变化的均匀性能，如果水泥中含有较多的游离 CaO、MgO 或 SO_3，就会使水泥的结构产生不均匀变形甚至破坏。体积安定性试验可按压蒸法进行。

（4）骨料在必要时应做硫化物和硫酸盐含量检验。如果含量超标，即为不合格骨料，应禁止使用。

【实例 4 - 3】

事故概况：

如图 4 - 4 所示，河南某中学教学楼为三层砖混结构，全长 42.4m，开间 3.2m，进深 6.4m，层高 3.45m，单面走廊，每三开间配置两根混凝土为 C20 的进深梁，上铺预制空心板。该楼 1982 年 8 月开工，11 月主体结构完工，在进行屋面施工时，屋面进深梁突然断裂，造成屋面局部倒塌。

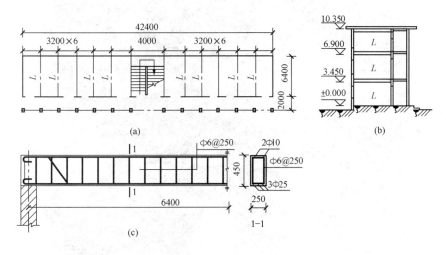

图 4 - 4　河南某中学教学楼示意

(a) 平面；(b) 剖面；(c) 梁 L 配筋

事故分析：

屋面局部倒塌后曾对设计进行审查，未发现任何问题。在对施工方面进行审查中发现以下问题：

（1）进深梁设计时为 C20 混凝土，施工时未留试块，事后鉴定其强度等级只有 C7.5 左右。在梁的断口处可清楚地看出砂石未洗净，骨料中混有粘土块、石灰颗粒和树叶等杂质。

（2）混凝土采用的水泥是当地生产的 400 号普通硅酸盐水泥，后经检验只达到 350 号，施工时当作 400 号水泥配制混凝土，导致混凝土实际强度达不到设计强度。

（3）在进深梁断口上发现主筋偏在一侧，梁的受拉区 1/3 宽度内几乎没有钢筋，这种主筋布置使梁在屋盖荷载作用下处于弯、剪、扭受力状态，使梁的支承处作用有扭力矩。

（4）对墙体进行检查，未发现有质量问题。

事故结论及教训：

综合以上分析，可以得出进深梁的断裂主要由于该梁因受有扭矩和剪力产生的较大剪应力，而梁的混凝土强度又过低，导致梁发生剪切破坏。其中混凝土骨料含过量的土块等有害杂质，又是混凝土强度过低的主要原因。

【实例 4 - 4】

事故概况：

北京某厂受热车间，建于 1960 年，建成后长年处于 40～50℃ 的高湿环境中，后发现其混凝土墙面上有许多网状裂纹。

事故分析：

经查当年混凝土所用原料为 400 号矿渣水泥，混凝土水泥用量 410kg/m³，配合比为水泥：砂：石：水＝1：1.099：3.58：0.39，粗骨料为粒径 5～30mm 的卵石，掺 2％CaCl₂（氯盐）和 2％CaSO₄·2H₂O（石膏）的外加剂。为了确定此墙面的严重网状裂纹是否为碱—骨料反应所致，在裂纹处钻一直径 70mm、长 120mm 的混凝土圆柱芯体。将此芯体横向锯成若干磨光薄片。在反光显微镜下观察，发现内部有许多网状裂缝，如图 4 - 5 所示。

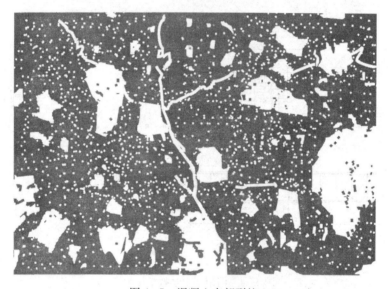

图 4-5　混凝土内部裂纹

将此磨光薄片进行岩相分析，发现每个薄片含有的 6～11 枚粗骨料中有 1～3 枚粗骨料含微晶石英和玉髓。将磨光薄片在扫描电镜下观察并进行能谱分析，发现骨料边缘的钾含量明显增加。表明碱在骨料边缘富集。但是，对芯体中的细骨料鉴定表明没有活性矿物存在，为非活性矿物。

该厂露天堆场钢筋混凝土柱的混凝土保护层也严重剥落，钢筋严重锈蚀。从剥落的混凝土中取得一些骨料进行岩相分析，其中也含有典型的活性矿物玉髓和微晶石英。因而，此柱的混凝土剥落和钢筋锈蚀可视作是碱—骨料反应导致混凝土开裂。从而加剧钢筋锈蚀，而钢筋锈蚀又促使混凝土剥落。

事故结论及教训：

（1）根据上述分析，可以得出上述墙面严重裂纹是由于碱—骨料反应所引起的。

（2）广泛系统地调查我国哪些地区的骨料具有碱活性。同时，对重要工程的混凝土所使用的骨料进行碱活性检验。

（3）进行碱活性检验时，首先应采用岩相分析检验碱活性骨料的品种、类型。若骨料中含有活性 SiO_2 时，应采用化学法和砂浆长度法进行检验。

（4）当使用含钾、钠离子的外加剂时，必须进行专门试验。

（5）对于一般混凝土工程，当其骨料有碱活性但并不高时，混凝土总含碱量不得超过 $3kg/m^3$；当其骨料无碱活性时，混凝土总含碱量不得超过 $6kg/m^3$。

【实例 4 - 5】

事故概况：

某地一高层建筑物，共 27 层，建筑平面尺寸为 $60.7m \times 90.4m$，现浇混凝土框架剪力墙结构。1987 年施工，1988 年主体结构完成到 14 层楼板，赶上重点工程建筑质量大检查，发现第 10 层到 14 层混凝土强度普遍达不到设计要求。设计混凝土强度等级为 C30，实际测定只有 C10～C15。有些混凝土显得酥松，用小锤轻轻敲打，即有掉皮及漏砂现象，从散落的混凝土可见水泥浆粘结性能很差。

事故分析：

在浇注 10～14 层的混凝土期间，水泥供应紧张，进场的水泥没有严格检验。水泥来源于许多小水泥厂，牌号很杂。原厂标明为 425 号普通硅酸盐水泥，经实测只能达到 225～325 号，施工时按 425 号水泥配制，强度达不到设计要求。加上施工用的砂子本应为粗砂，实际上用了粉细砂。

事故结论及处理：

事故的原因主要是水泥质量极差。可以进行加固处理，但是，因混凝土强度普遍不足，且差距较大，若采用加大截面的方法加固，势必减小使用面积，且对大楼的建筑布置及造型有不良影响。而且上边还有 10 多层结构，为不留隐患，决定将这几层结构彻底拆除，重新施工。问题是解决了，但造成了很大的经济损失。

【实例 4 - 6】

事故概况：

某镇一乡办企业车间，面积 $4600m^2$，为三层钢筋混凝土框架结构，梁、柱为现浇混凝土，楼板为本镇预制厂生产的多孔板。于 1986 年春开工，同年 8 月完工，交付使用后 1 个月即发现梁、柱有多处爆裂，在 7 个月以后，又陆续发现在混凝土柱基、柱子大梁根部发生混凝土爆裂，其中严重的爆裂裂缝长达 150cm，有的已贯通大梁，导致大梁折断。

事故分析：

事故发生后，取裂缝处碎片进行 X 射线分析，结果是主要的晶体为方镁石 MgO，此外还有少量的生石灰石 CaO，由此可以判定是方镁石及石灰石水化膨胀所致。乡镇施工企业为了节省资金，采用了本乡耐火材料厂生产镁砂时所产生的废砂代替混凝土中的部分集料。该厂以白云石 $[CaMg(CO_3)_2]$ 为原料，煅烧生产耐火材料，而废碴中含有 MgO 及 CaO。结果引发事故。

事故处理：

将爆裂处凿开，清除爆裂物，然后用高一强度等级的混凝土填补。对问题严重、爆裂发生在受力部位的，采取粘贴钢板法进行加固补强，并注意加强检测，是否还有新的爆裂点产生。乡镇施工企业本想节约资金，其结果是造成更大的损失。

第五节 因设计失误造成的质量事故

一、概述

钢筋混凝土结构中因设计失误造成的质量事故虽然不是很多,可一旦发生就比较严重。其主要原因有以下几个方面:

1. 方案欠妥

例如,房屋长度过长而未按规定设置伸缩缝;把基础置于持力层的承载力相差很大的两种或多种土层上而未妥善处理;房屋形体不对称,荷载分布不均匀;主、次梁支承受力不明确,工业厂房或大空间采用轻屋架而没有设置必要的支撑;受动力作用的结构与振源振动频率相近而未采取措施;结构整体稳定性不够等。

2. 计算错误

例如,计算和绘图错误而又未认真校对;荷载漏算或少算;抄了一个图或采用标准图后未结合实际情况复核,有的甚至认为原有设计有安全储备而任意减小断面,少配钢筋或降低材料强度等级;所遇问题比较复杂,简化不当;盲目相信电算,输入有误或与编制程序的假定不符;设计时所取可靠度不足等。

3. 构造处置不当

例如,梁下未设置梁垫;预埋件设置不当;钢筋锚固长度不够,节点设计不合理等。

4. 对突发事故缺少二次防御能力

例如,英国某公寓住宅因 17 层上有一家住户燃气爆炸而引起整个楼层连续倒塌。我国某招待所因食堂煤气爆炸而使整个建筑倒塌;某商店因一底层柱被汽车撞坏而引起整个房屋破坏等。

二、工程事故实例分析

【实例 4 - 7】

事故概况:

某学校综合教学楼共二层,底层及二层均为阶梯教室,顶层设计为上人层顶,可作为文化活动场所。主体结构采用三跨,共计 14.4m 宽的复合框架结构,如图 4 - 6 所示。屋面为 120mm 现浇钢筋混凝土梁板结构,双层防水。楼面为现浇钢筋混凝土大梁,铺设 80mm 的钢筋混凝土平板,水磨石地面,下为轻钢龙骨、吸音石膏板吊顶。在施工过程中拆除框架模板时发现复合框架有多处裂缝,并发展很快,对结构安全造成危害,被迫停工检测。

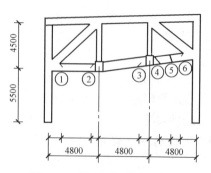

图 4 - 6 复合框架裂缝示意图

事故分析:

经分析,造成这次事故的主要原因是选型不当,框架受力不明确。按框架计算,构件横梁杆件主要受弯曲作用,但本楼框架两侧加了两个斜向杆,有点画蛇添足。这斜杆将对横梁产生不利的拉伸作用。在具体计算时,因无类似的结构计算程序可供选用,简单地将中间竖杆作为横向杆的支座,横梁按三跨连续梁计算,实际上由于节点处理不当和竖杆刚性不够,而有较大的弹性变形,斜杆向外的扩展作用明显。按刚性支承的连续梁计算来选择截面本来就偏小，弯矩分布也与实际结构受力不符。加上不利的两端拉伸作用，下弦横梁就出现严重的裂缝。

事故处理：

由于本楼为大开间教室，使用人数集中，安全度要求高一些，而结构在未使用时就严重开裂，显然不宜使用，决定加固。加固方案不考虑原结构承载力，而是采用与原结构平行的钢桁架代替上部结构，基础及柱子也作相应加固，虽然加固及时未造成人员伤亡，但加固费用很大，造成很大的经济损失。

【实例 4-8】

事故概况：

某大学教学楼阶梯教室为三层半圆形框架结构，层高 7.6m。最大的框架梁跨度为 20.8m，高度为 2.0m，宽度为 0.3m，框架柱有两种类型，一种为直径 600mm 的圆形，一种为 600mm×600mm 的方形。该框架结构因梁的线刚度比柱的线刚度大 16 倍以上，梁按简支梁，柱按中心受压构件取计算简图。混凝土等级为 C20，因考虑混凝土后期强度，设计人员允许梁按 C15 混凝土进行施工，柱按 C20 混凝土进行施工。此工程主体结构完工后，装饰工程因故暂停。三年后复工时发现 20.8m 跨梁上有很多裂缝，多数裂缝宽度在 0.5~0.7mm 之间，最宽的达 1.0mm，裂缝大体可分四类。第一类，几乎贯通梁全高，中间宽两头细，间距大体相近；第二类，位于梁端部的斜裂缝，大体呈 45°；第三类，沿梁主筋位置的竖缝较短，间距大体相近；第四类，柱顶部和底部的水平裂缝。

事故分析：

事故发生后，对梁、柱进行了测试，实测梁的混凝土只达 C10~C15，柱的混凝土可达 C20。

对于第一类裂缝，估计为混凝土收缩引起的裂缝。该梁在露天状态下经历了三年的风吹日晒是形成这类裂缝的主因。由于该梁顶、底部纵筋很多，而中部腰筋却又少又细，难以约束混凝土的收缩变形，故这种裂缝中间宽两头细且等间距。另外，这种裂缝发展多还与混凝土标号低有关。混凝土强度越低，梁正截面和斜截面的抗裂度越低，由此而产生的裂缝就会和因混凝土收缩而产生的裂缝结合起来。

对于第二类裂缝，位于梁端，是由于梁的主拉应力超过混凝土抗拉强度所造成的。该梁复核时算得的梁端主拉应力大于 C10 混凝土的抗拉强度。但斜裂缝发生后，斜截面上有箍筋和弯起钢筋参加工作，本来可以阻止斜裂缝扩展。但是，由于混凝土的收缩，箍筋采用 $\phi 9$，对于 $h=2m$ 的梁，直径太细；弯筋采用 $2\phi 32$，直径过粗，它会导致裂缝过宽。因此就造成了如此严重的斜裂缝。

对于第三类裂缝，裂缝是截面弯矩超过该截面抗裂度所致。

对于第四类裂缝，裂缝的形状是顶部裂缝在柱外侧、底部裂缝在柱内侧，开裂位置与框架柱的弯矩图受拉边缘一致。经复核，开裂的柱截面在弯矩和轴力共同作用下的承载力是不足的。因此可以判断该裂缝主要由于柱截面抗压弯承载力不足所致，还和混凝土标号偏低以及混凝土的施工缝位置有关。

事故结论及教训：

此工程临近破坏的第一因素是框架柱的承载力不足，这是由于计算简图选用不当造成的。第二因素是设计构造不当和施工不当所造成的。实际的混凝土标号过低；箍筋直径过小；腰筋配置过稀；纵向主筋、弯起钢筋直径较大。

从梁的挠度和裂缝估计，按装修前实际荷载计算已接近或超过规范允许值，如果按使用荷载估计，将超过更多。虽然该工程在施工期间尚不至于破坏，但在日后使用荷载作用下，很可能发生破坏，因此必须进行加固处理。

通过本实例分析，要吸取的教训是：该工程结构的跨度大、构件的截面高。遇到这类结构时。要谨慎处理内力分析、设计构造和施工中的细节问题。

（1）应按框架结构而不应按简支构件进行内力分析。在一般情况下，如梁与柱的线刚度比大于8时，梁近似按简支梁，柱按中心受压构件分析是可以的。但在大跨框架中，柱端弯矩的绝对值较大，忽略这个弯矩是不安全的。

（2）应做裂缝和变形验算，本例这两方面均不满足规范规定的限值。

（3）应谨慎对待设计构造问题，对于本例 2m 高的大梁，箍筋直径偏细，腰筋布置过稀且直径偏细，梁端腹板未加厚，混凝土标号过低，是产生事故的重要原因。尤其在设计时不应挖掘混凝土后期强度这个潜力。

（4）对于大跨大截面构件的混凝土施工，做好浇筑过程中的振捣和留施工缝，以及浇筑后的养护十分重要。本例的施工未能保证设计要求的混凝土强度，未做好混凝土的养护，无疑加重了质量事故的危害程度。

【实例 4 - 9】

事故概况：

如图 4 - 7 所示，某市一百货商店，主体为三层，局部为四层，主体结构采用钢筋混凝土框架结构。框架柱开间 6.6m，层高 4.5m，框架柱采用现浇钢筋混凝土，强度等级为 C30，楼板为预应力圆孔板。工程于 1982 年开工，当主体结构已全部完工，四层外墙已装饰完毕，在层面铺找平防水层时，发生大面积倒塌。经检查，其中有 5 根柱子被压酥，8 根横梁被折断。

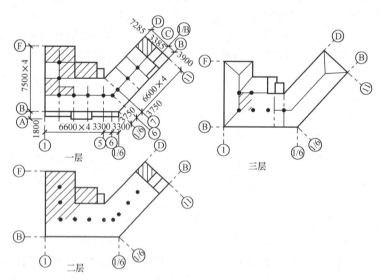

图 4 - 7   某百货大楼倒塌情况示意图（影线部分表示倒塌部位）

事故分析：

经复核，原设计计算有严重失误，主要有以下几方面：

（1）漏算荷载，其中有些饰面荷载未计算，屋面炉渣找坡平均厚度为 100mm，而设计中仅按檐口处的厚度 45mm 计算，偏小很多。

（2）框架内力计算有误，主要是未考虑内力不利组合，致使有 10 处横梁计算配筋面积过少，有一层大梁的支座配筋量仅为正确计算所需的 $44\%\sim46\%$。

（3）计算简化不当。实际结构是预制板支于次梁上，次梁支于框架梁上。次梁为现浇连续梁，计算时按简支梁计算反力，将此反力作为框架梁上的荷载。实际上其第二支座处的反力比按简支梁计算要大，简支梁为 $0.5ql$，连续梁为 $0.625ql$，由次梁传给框架梁的荷载少计了 20%。

结论：

由于计算错误，导致实际钢筋配置量比需要的少很多，施工质量也较差，设计和施工都有问题。如此诸多问题，最终引发事故。

【实例 4 - 10】

事故概况：

某工厂车间为单层钢筋混凝土结构。因工艺要求沿厂房一侧纵向放置铝母线，铝母线搁置在钢支架上，钢支架通过预埋件与柱子连接，形成三角形支架。工程于 1992 年 5 月完成主体结构工程，开始进行工艺设备安装。在铝母线安装就位后仅几天，预埋件突然发生破坏，引起铝母线连续倒塌。因铝母线价格昂贵，经济损失很大。

单层厂房柱间距 7.5m，铝母线连续 9 个开间，共长 67.5m，总重 477kN。此外在相邻两柱之间还有通向电解槽的 L 型母线，总重 70.9kN，铝母线荷载通过三角形支架传给柱子。三角形支架构造如图 4 - 8（a）所示，水平杆为 H 型钢，斜杆由两根背焊角钢组成。三角支架通过预埋件与柱连接，预锚板材料为 Ⅰ 级钢，厚 10mm，平面尺寸为 150mm×150mm，锚固钢筋为 4Φ10 Ⅱ 级钢筋，长 200mm。锚筋与钢板直焊，设计焊缝高 $h_f=8mm$。

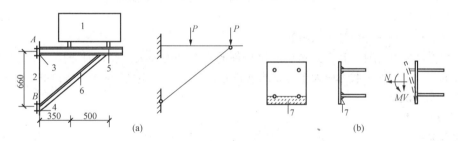

图 4 - 8　三角形支架示意

（a）支架；（b）预埋件

1—铝母线；2—柱；3—上锚板；4—下锚板；5—H 型钢；

6—双角钢；7—混凝土压馈

事故分析：

事故调查发现所有三角支架连同根部锚板、铝母线等全部塌落在地，铝母线严重扭曲变形。由调查可知，杆件与锚板的连接焊缝以及支架之间的连接焊缝均没有发生破坏。破坏是由锚板拉脱引起的，大多为预埋件锚板和直锚筋的焊接处发生破坏，也有一部分为钢筋在根部拉断。破坏后的直筋均留在柱子中，说明锚筋与混凝土的锚固良好。

从设计方面看，主要是受力状态未分析清楚，从而使焊缝及锚筋的计算失误。设计上取为铰接三角形桁架。实际上，上弦杆刚度较大，一端与锚板满焊，除节点荷载外还有节间荷载作用，这样节点 A 处的预埋件不仅受拉伸作用而且还有弯矩及剪力作用。由工艺提供资料进行复核计算，可得 $P_1=P_2=31kN$（施工荷载尚未计入）。由此可以求出节点 A 处拉力 $N=57kN$，剪力 $V=18kN$，弯矩 $M=3.75kN\cdot m$。设计中将 A 点视为铰接，考虑了节点间荷载引起的剪力，但把弯矩作为次要作用而未加考虑。由拉力及剪力大小选定预埋件，使之分别满足抗拉及抗剪的要求。但有下列失误：

（1）预埋件同时受拉力及剪力作用时，其承载力不等于单独受拉及受剪承载力的叠加，其拉剪承载力比拉、剪单独作用下的承载力要低。

（2）因节点的刚性承担的弯矩，一般为次要作用可以忽略。但在本例具体情况下，H型钢刚度大而短，其弯矩的影响已超过可以忽略的范围，应按拉、弯、剪共同作用的公式计算，即

$$A_s \geq \frac{V}{a_r a_v f_v} + \frac{N}{0.85 a_b f_y} + \frac{M}{1.3 a_r a_b f_y z}$$

与

$$A_s \geq \frac{V}{0.8 a_b f_y} + \frac{M}{0.4 a_r a_b f_y z}$$

并取其中大者。

式中　V、N、M——剪力、拉力及弯矩计算值；

　　　　a_r——钢筋层数影响系数，这里可取为 1.0；

　　　　a_v——锚筋的受剪承载力系数；

　　　　a_b——锚板弯曲变形的折减系数；

　　　　z——外层锚筋中心线之间的距离。

按此计算，锚筋面积需 $751\,\text{mm}^2$，实际上只配 $314\,\text{mm}^2$，可见锚筋不足。

在设计图纸上，对焊接只注上满焊而未指明具体要求，应明确要求采用压力埋弧焊或接触对焊。实际上焊接采用手工电弧焊，并未经严格检查，经复核，质量很差。现场发现预埋板与锚筋焊接处焊缝高度不足，焊包不均匀，而且大多因焊接强度不足而破坏。

事故结论及教训：

该工程事故为预埋件设计失误引起的。

进行预埋件的设计时，其安全裕度应比杆件的安全裕度要大。设计时要满足节点的破坏迟于构件的破坏。焊缝的承载力应大于锚筋的承载力，并且应对焊接质量作严格检查，必要时还应对焊件进行强度试验。

【实例 4-11】

事故概况：

如图 4-9 所示，北京某旅馆的某区为六层两跨连续梁的现浇钢筋混凝土内框架结构。上铺预应力空心楼板，房屋四周的底层和二层为 490mm 厚承重砖墙，二层以上为 370mm 厚承重砖墙。全楼底层 5.0m 高，用作餐厅，底层以上层高 3.6m，用作客房。底层中间柱截面为圆形，直径 550mm，配置 9Φ22 纵向受力钢筋，Φ6@200 箍筋。柱基础的底面积为 3.50m×3.50m 的单柱钢筋混凝土阶梯形基础；四周承重墙为砖砌大放脚条形基础，底部宽度 1.60m，持力土层为粘性土，二者均以地基承载力 $f_k = 180\,\text{kN/m}^2$，并考虑基础宽度、深度修正后的地基承载力特征值设计的。该房屋的一层钢筋混凝土工程在冬季进行施工，为混凝土防冻而在浇筑混凝土时掺入了水泥用量 3% 的氯盐。该工程建成使用两年后，某天突然在底层餐厅 A 柱柱顶附近处，掉下一块约 40mm 直径的混凝土碎块。餐厅和旅馆立即停止营业，查找原因。

事故分析：

经检查发现，在该建筑物的结构设计中，对两跨连续梁施加于柱的荷载，均是按每跨 50% 的全部恒荷载、活荷载传递给柱估算的，另 50% 由承重墙承受，与理论上准确的两跨连续梁传递给柱的荷载相比，少算 25% 的荷载。柱基础和承重墙基础虽均按 $f_k = 180\,\text{kN/m}^2$ 设计，但经复核，两侧承重墙下条形基础的计算沉降量估计在 45mm 左右，钢筋混凝土柱下基础的计算沉降量估计在 34mm 左右，它们间的沉降差为 11mm，是允许的。但是，由于支承连续梁的承重墙相

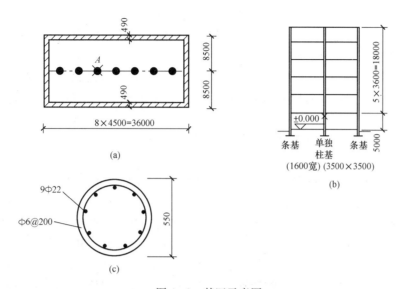

图 4-9 某区示意图

（a）平面；（b）剖面；（c）底层钢筋混凝土柱截面

对"软"（沉降量相对大），而支承连续梁的柱相对"硬"（沉降量相对小），致使楼盖荷载向柱的方向调整，使得中间柱实际承受的荷载比设计值大，而两侧承重墙实际承受的荷载比设计值要小。

由以上分析，柱实际承受的荷载将比设计值要大很多。

柱虽然按直径 550mm 圆形截面钢筋混凝土受压构件设计，配置 9Φ22 纵向钢筋，从截面承载力看是足够的，但箍筋配置不合理，表现为箍筋截面过细、间距过大、未设置附加箍筋，也未按螺旋箍筋考虑。致使箍筋难以约束纵向受压钢筋承受压力后的侧向压屈。

底层混凝土工程是在冬季施工的，混凝土在浇筑时掺加了氯盐防冻剂，对混凝土有盐污染作用，对混凝土中的钢筋腐蚀起催化作用。从底层柱破坏处的钢筋实况分析，纵向钢筋和箍筋均已生锈，箍筋直径原为Φ6，锈后实为Φ5.2左右。因此，箍筋难以承受柱端截面上纵筋侧向压屈所产生的横拉力，其结果必然使箍筋在其最薄弱处断裂，此断裂后的混凝土保护层剥落，混凝土碎块下掉。

事故结论及教训：

该事故主要是由于在静力分析、沉降估算和箍筋配置等方面设计不当，以及施工时加氯盐防冻而对钢筋未加任何阻锈措施的双重原因造成的。

由于及时暴露问题，引起使用者的高度重视，立即停止营业，卸去使用活荷载，采取预防倒塌的临时加固措施，同时进行检查分析，并根据引起事故的原因，对已有柱进行了外包钢筋混凝土加固，从而避免了该旅馆倒塌。

第六节 因施工不当造成的质量事故

一、概述

钢筋混凝土工程使用的材料来源广阔，成分多样，构成复杂；而且施工工序多，制作工期长，因此，引起质量事故的原因也是非常复杂的。主要是建筑管理和施工技术两方面的原因，施工技术方面在钢筋混凝土结构工程质量控制要点已经涉及，主要包括钢筋工程、混凝土工程和模板工程，其中无论某一环节出了差错都可能引起质量事故，在此不再提及。下面列举一些常见的管理方面的原因。

（1）建筑市场不规范。利用挂靠等方式，名义上由资质高的施工单位投标，中标后，由资质低的施工单位施工；或者层层转包，最后直接施工的队伍技术低，素质差，甚至没有资质。

（2）违反建设程序。为抢工期，未经批准就擅自开工，往往无设计先施工，未勘测先设计。

（3）偷工减料。施工人员误认为设计留有很大的安全度，少用一些材料，或材料等级低一些，房屋也不会倒塌。

（4）不按图施工，甚至无图施工。在一些小型建筑中常见，有些工程因限期完工，往往未出图就施工。有时虽有图纸，但施工人员未领会设计意图，也不和设计单位协商，就擅自更改图纸。

（5）随意盖章。有些监理人员监管不力，质检人员检查不到位，还没有全面检查就签字盖章。

（6）所使用的材料不合格。对材料质量把关不严，受利润驱使，只进价格低的材料，不管质量如何。

二、工程事故实例分析

【实例 4 - 12】

事故概况：

如图 4 - 10 所示，某剧院观众厅看台为框架结构，底层柱从基础到一层大梁，7.5m 高，截面为 740mm×740mm，在 14 根钢筋混凝土柱子中有 13 根有严重的蜂窝现象。具体情况是：柱全部侧面积 142m²，蜂窝面积有 7.41m²，占 5.2%；其中最严重的是 K4，仅蜂窝中的露筋面积就有 0.56m²。露筋位置在地面以上 1m 处更为集中和严重。这正是钢筋的搭接部位。

事故分析：

造成此事故的原因为以下几方面：

（1）混凝土灌注高度太高。7m 多高的柱子在模板上未留浇筑混凝土的洞口，倾倒混凝土时未用串筒、溜管等设施，违反施工规范中关于混凝土自由倾落高度不宜超过 2m 及柱子分段浇筑高度不应大于 3.5m 的规定，致使混凝土在灌注过程中出现离析现象。

（2）浇筑厚度太厚，捣固要求不严。施工时未用振捣棒，而采用 6m 长的木杆捣固，并且错误地规定每次灌注厚度以一车混凝土为准，大约厚度为 400mm，灌注后捣固 30 下即可。这种情况，每次浇筑厚度不应超过 200mm，且要随浇随捣，捣固要捣过两层交界处，才能保证捣固密实。

（3）柱子钢筋搭接处的净距太小，只有 31～37.5mm，小于设计规范规定的柱纵筋净距不应小于 50mm 的要求。实际上有的露筋处净距仅为 10mm，有的甚至筋碰筋。

事故处理：

该工程的加固补强措施为以下几方面：

（1）剔除全部蜂窝四周的松散混凝土。

（2）用湿麻袋覆盖在凿剔面上，经 24h 使混凝土润透厚度至少为 40～50mm。

（3）按照蜂窝尺寸支以有喇叭口的模板。

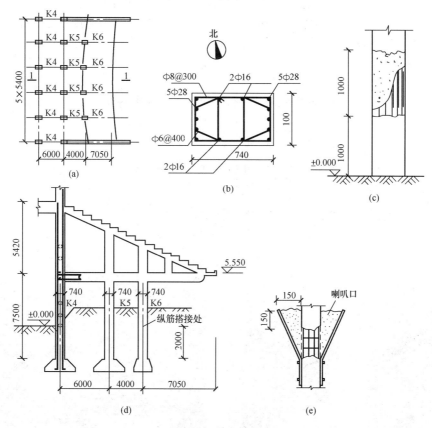

图 4 - 10　某剧场看台和施工缺陷示意图

(a) 平面图；(b) K4、K5、K6 横截面配筋情况；(c) 柱内钢筋搭接；
(d) 剖面图；(e) 补强示意图

（4）将混凝土强度提高一级，灌注加有早强剂的 C30 豆石混凝土。

（5）养护 14 昼夜，拆模后将多余的混凝土凿除。

加固补强后，还应对柱体进行超声波探伤，查明是否还有隐患。

【实例 4 - 13】

事故概况：

福建某公司职工宿舍，为四层三跨框架结构，长 60m、宽 27.5m、高 16.5m，底层高 4.5m，其余各层高 4.0m，建筑面积 6600m²。1993 年 10 月开工，一层按作为食堂使用建造，使用 8 个月后又于 1995 年 6～11 月在原一层食堂上加建三层宿舍。两次建设均严重违反建设程序，无报建、无勘察、无证设计、无证施工、无质监。此楼投入使用后即出现预兆，1996 年雨季后，西排柱下沉 130mm、西北墙也下沉、墙体开裂、窗户变形；1997 年 3 月 8 日，底层地面出现裂缝，且多在柱子周围。建设单位请包工头看了后认为没有问题，未作任何处理。3 月 25 日裂缝急剧发展，当日下午 4 时再次请包工头看，仍未做处理，当晚 7 时 30 分该楼整体倒塌，110 人被砸，死亡 31 人。

事故分析：

（1）如图 4 - 11 所示，倒塌现场的情况是主梁全部断裂为二、三段，次梁有的已碎裂；从残迹看，构件尺寸、钢筋搭接长度、锚固长度均不符合规范规定；柱子多数都断裂成二、三截，有的粉碎。箍筋、拉结筋也均不符合规范规定；柱底单独基础发生锥形冲切破坏，柱的底端冲破底板伸入地基土层内有 400mm 之多；梁、柱筋的锚固长度严重不足，梁的主筋伸入柱内只有 70～80mm。

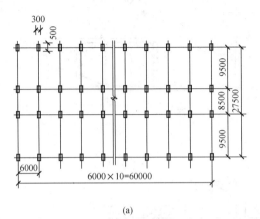

(a)

(b)

(c)

图 4-11　宿舍楼倒塌情况示意图

(a) 柱网平面；(b) 倒塌现场；(c) 柱冲破底板伸入地基土层

（2）现场实测数据及估算。因无法提供设计、施工等有关技术资料，只得在现场实测构件尺寸、配筋及推定混凝土强度等级（取 C15）的基础上进行模拟结构估算加以分析。模拟估计按 7 度抗震设防考虑。

1）框架梁。取芯 4 处，分别为 16.0MPa、16.6MPa、18.8MPa 和 21.4MPa，见表 4-1。

表 4-1　　　　　框架梁配筋估算需要与实际情况比较

项目 部位	实际配筋 （cm²）	估算需要配筋（cm²）				实际与需要比（%）			
		一层	二层	三层	四层	一层	二层	三层	四层
边跨跨中	(6Φ18) 15.3	21	20	19	31	72.9	76.5	80.5	49.4
边跨支座	(2Φ16) 4.02	12	13	14	9	33.5	31	20.8	44.7
中跨支座	(3Φ25) 14.75	27	26	24	25	54.5	55.6	58.9	58.9
中跨跨中	(6Φ18) 15.3	18	19	20	9	85	80.5	76.5	满足

2）框架柱。取芯 5 处，分别为 16.6MPa（一层）、16.0MPa、19.7MPa、20.1MPa、20.1MPa，见表 4-2。

表 4-2 框架柱配筋估算需要与实际情况比较

部 位		计算依据	按设计荷载 1.5kN，考虑风压 0.6kN/m²，按 7 度抗震					
		项目	估算需要配筋（cm²）		实际配筋（cm²）		实际与需要之比（%）	
			A_y（纵向）	A_x（横向）	A_y（纵向）	A_x（横向）	A_y（纵向）	A_x（横向）
南北向边柱	底层		22	25	7.1	5.09	32.3	20.4
	二层		18	10	7.1	5.09	39.4	50.9
	三层		10	4	7.1	5.09	71	满足
	四层		18	5	7.1	5.09	39.4	满足
中柱	底层		43	48	9.42	6.28	21.9	13.1
	二层		28	32	9.42	6.28	33.6	19.6
	三层		14	16	9.42	6.28	67.3	39.3
	四层		3	3	9.42	6.28	满足	满足

模拟估算边柱最大竖向轴向力 N 标准值为 1342kN，设计值为 1677.50kN，最大柱轴压比为 1.53＞0.9（规范允许值）；中柱最大竖向轴向力 N 标准值为 2535kN，设计值为 3168.75kN，最大柱轴压比为 2.82＞0.9。

3）柱下单独基础底板实测及估算。边柱基础底板尺寸 1.8m×2.5m（有的 1.93m×2.23m）。底板厚 150mm，柱部位局部加厚至 450mm。

中柱基础底板尺寸 2.1m×2.56m（有的 1.9m×2.6m），底板厚 150mm，柱部位局部加厚至 450mm。

基础底板冲切验算。取 C15，$f_t=0.9$MPa，$h_0=450-40=410$mm，$u_m=3240$mm，即距局部荷载作用面积周边处 $h_0/2$ 处的周长，以柱截面 300m×500mm 计

$$F_l=0.6f_t u_m h_0=0.6×0.9×3240×410=717.34×10^3\text{N}=717.34\text{kN}$$

$$≪1677.50\text{kN（边柱）}$$

$$≪3168.75\text{kN（中柱）}$$

4）地基土性能。依据局部轻便触探提供的地质资料，基础下各土层为：

粉质粘土填土层，厚 1.9m，压缩模量 $E_s=4.0$MPa

粘土层，厚 2.5m，压缩模量 $E_s=5.0$MPa

老粘土层，很厚，压缩模量 $E_s=6.0～7.0$MPa

地基承载力设计值可取，$f=(150～200)×1.1$kN/m²

估算得到的基础底板处土压力为：

边柱 $P_0=(1677.5/1.8×2.5)+11.8=384.7$kN/m² $≫150×1.1$kN/m²

中柱 $P_0=(3168.75/2.1×2.56)+11.8=601.8$kN/m² $≫150×1.1$kN/m²

按不同地基持力层，根据《建筑地基基础设计规范》（GBJ 7—1989）规范估算得出的边柱沉降量为 215.6mm，中柱沉降量为 366.6mm［相邻柱基沉降差（366.6－215.6）/9500＝0.0053≫0.002 的规范对框架结构的允许值］，中柱间沉降差为 118mm，情况更为严重。

5）钢筋。现场截取 φ6、φ10、φ12、φ14、φ16、φ18、φ20、φ22 8 种规格钢材进行力学试验，除 φ10 规格符合要求外，其余均不符合《钢筋混凝土用热轧带肋钢筋》（GB 1499—1998）的要求。

事故结论及教训：

造成该建筑整体倒塌的原因为以下几方面：

（1）实际基础底面压力为天然地基承载力设计值的 2.3～3.6 倍。造成土体剪切破坏。柱基沉降差大大超过地基变形差的允许值。因而在倒塌前已造成建筑物严重倾斜，柱列沉降量过大、沉降速率过快、墙体和构件开裂、地面柱子周围出现裂缝等现象。在此情况下单独柱基受力状态变得十分复杂，一部分柱基受力必然加大，而基础板厚度又过小，造成柱下基础板锥形冲切破坏，柱子沉入地基土 400mm 之多。

（2）上部结构配筋过少，底层中柱纵、横向实际配筋只达到估算需要量的 21.9% 和 13.1%；底层边柱只达到估算需要量的 32.3% 和 20.4%；一、二、三层梁的边支座和中间支座处实际配筋也只有估算需要量的 20.8% 和 58.9%。上部结构的构造做法不符合规范要求，表现为梁伸入柱的主筋的锚固长度太短、柱的箍筋设置过少等。

（3）施工质量低劣，柱基混凝土取芯两处，分别只有 7.4MPa 和 12.2MPa；在倒塌现场，带灰黄色的低强度等级的混凝土遍地可见；采用大量改制钢材，多数钢筋力学性能不符合规范要求；钢筋的绑扎也不符合规范要求。

（4）该工程施工两年，除了几张做单层工程时的草图外没有任何技术资料；原材料水泥、钢筋没有合格证，也无试验报告单；混凝土不做试配，没留试块。技术上处于没有管理、随心所欲的完全失控状态。后期出现种种质量事故的征兆，不加处理，则更进一步加速建筑物的整体倒塌。

【实例 4 - 14】

事故概况：

如图 4-12 所示，某锻工车间屋面梁为 12m 跨度的 T 型薄腹梁。在车间建成后使用不久，梁端头突然断裂，造成厂房局部倒塌事故，倒塌构件包括屋面大梁及大型面板。

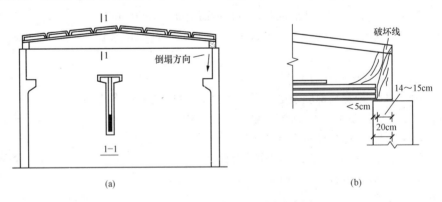

图 4-12　某锻工车间屋面梁示意图

事故分析：

事故发生后，经调查分析，混凝土强度能满足设计要求。从梁端断裂处看，问题出在端部钢筋深入支座的锚固长度不足。设计要求锚固长度至少 150mm，实际上不足 50mm。设计图上注明，钢筋端部至梁端外边缘的距离为 400mm，实际上却只有 140～150mm，因此，梁端支承于柱顶上的部分接近于素混凝土梁，这已是非常不安全的。加之该车间为锻工车间，投产后锻锤的动力作用对厂房振动力的影响大，这在一定程度上增加了大梁的负荷。在这种情况下，终于引起了大梁的断裂。

事故结论：

该事故说明，钢筋数量除满足设计要求外，还应满足锚固长度等构造要求。

【实例 4-15】

事故概况：

如图 4-13 所示，某工程框架柱，断面 300mm×500mm，弯矩作用主要沿长边方向，在短边两侧各配筋 5Φ25。在基础施工时，钢筋工误认为长边应多放钢筋，将两排 5Φ25 的钢筋放置在长边，而两短边只有 3Φ25，不能满足受力需要。基础浇筑完毕，混凝土达到一定强度后，绑扎柱子钢筋时，发现基础钢筋与柱子钢筋对不上，这时才意识到弄错了。

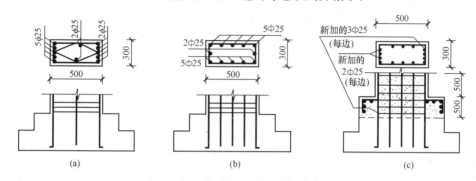

图 4-13　基础中框架柱受力筋示意

(a) 原设计；(b) 错误的受力筋位置；(c) 处理措施

事故处理：

采取补救措施。处理方法为以下几方面：

(1) 在柱子的短边各补上 2Φ25 插铁，为保证插铁的锚固，在两短边各加 3Φ25 横向钢筋，将插铁与原 3Φ25 钢筋焊成一整体。

(2) 将台阶加高 500mm，采用高一强度等级的混凝土浇筑。在浇筑新混凝土时，将原基础面凿毛，清洗干净，用水润湿，并在新台阶的面层加铺 Φ6@200 钢筋网一层。

(3) 原设计柱底箍筋加密区为 300mm，现增加至 500mm。

【实例 4-16】

事故概况：

如图 4-14 所示，某百货大楼一层橱窗上设置有挑出 1200mm 通长现浇钢筋混凝土雨篷，待到达混凝土设计强度拆模时，突然发生从雨篷根部折断的质量事故。

事故分析：

对残部进行检查，发现受力筋放错了位置。原来受力筋按设计布置，钢筋工绑扎好后就离开了。浇筑混凝土前，一些人看到雨篷钢筋浮搁在过梁箍筋上，受力筋又放在雨篷顶部，就把受力筋临时改放到过梁的箍筋里面，并贴着模板。浇筑混凝土时，现场人员没有对受力筋位置进行检查，因此，该事故就发生了。

【实例 4-17】

事故概况：

某住宅为三层砖混结构，1986 年 8 月竣工，该楼于 1987 年 2 月发生阳台突然断裂事故，造成一名在阳台上玩耍的 6 岁儿童摔下死亡。

事故分析：

阳台为悬臂板式构件，板厚 100mm，混凝土 C18，配筋 Φ10@100，施工时施工人员错将负

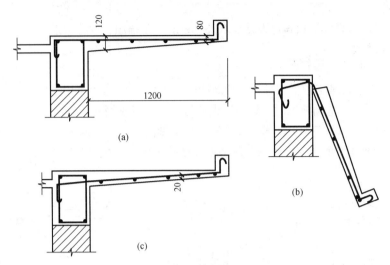

图 4-14 悬臂扳受力筋位置及造成破坏示意
(a) 原设计；(b) 拆模后塌落；(c) 受力筋错误位置

弯矩受力筋斜放，造成在负弯矩最大截面处受力筋的混凝土保护层达 90mm 左右，也就是把钢筋下移 80mm，致使截面的有效高度减至 20mm 左右，这是造成事故的一个主要原因。另一个原因是阳台拦板的压顶未按设计要求嵌入墙内 120mm，又错误地将现浇阳台拦板改为预制拼板。终酿成一儿童摔死的惨剧。

【实例 4-18】

事故概况：

我国援外某地下室混凝土工程，共 320m³。由于地下室为抗渗混凝土结构，要求底板连同外墙混凝土墙壁的一部分一同浇筑，整个底板不留施工缝。该工程于 1992 年 12 月 31 日上午 8 时起采用泵送混凝土连续浇筑，到 1993 年 1 月 1 日上午 9 时 30 分，历时 25.5h。1 月 3~4 日拆模后，发现在混凝土墙壁与底板交接处的 45° 斜坡面附近，出现了不同程度的蜂窝、孔洞及露筋现象。蜂窝、孔洞深度一般在 30~80mm，最深处达 150mm，露筋最长处的水平投影长度为 3m。

事故分析：

针对底板与外墙壁一部分共同浇筑不留施工缝的工程，一般应先浇筑底板混凝土，待底板部分振捣密实后再浇筑墙壁的施工方案。但施工人员却认为先振捣墙壁，让混凝土通过墙壁从下口流出扩展到底板上，再振捣底板上的混凝土更为方便些。实际上是先浇筑并振捣了墙壁混凝土，后浇筑并振捣底板混凝土，再反过来振捣墙壁混凝土。有时由于忙乱而没有补振，有时虽进行补振但振捣棒的作用范围达不到墙板根部。

这种先浇灌四周，后浇灌中央的；先振捣墙壁，后振捣底板的操作方法，导致了墙壁与底板相交处 45° 坡面的混凝土徐徐下沉，形成了蜂窝或孔洞，下沉少的则形成了浅层的裂缝。

事故处理：

(1) 将所有蜂窝、孔洞处的浮石浮渣凿除，对窄缝要适当扩充凿呈上口大的形状，以补灌细石混凝土。将凿开处冲洗干净，保持湿润。

(2) 支模后，采用 C30 细石混凝土（原为 C25 混凝土），水灰比 <0.6，坍落度 <50mm，浇灌混凝土时用小振动棒逐个振捣密实。

(3) 初凝后覆盖湿麻袋，浇水养护 14 天。

（4）麻面和底板表面的少量收缩裂缝，采用水泥砂浆抹面 5 层的做法予以补强。

【实例 4 - 19】

事故概况：

广州一 28 层建筑，为框架剪力墙结构，采用泵送混凝土现浇梁柱及楼板。基础为钻孔灌注桩。在浇筑第三层楼板时，泵送混凝土发生了堵管，不得不紧急停工，进行检查。

事故分析：

泵送混凝土堵管现象一般是由于水泥不合格、配合比不当或外加剂使用不当造成的。水泥抽样检验结果，各项指标完全符合标准，配合比也是严格按试配后确定的比例配合的。堵管的原因只能从外加剂上去找，外加剂中的木钙粉，一直广为应用，应该没有问题。最后对水泥成分进行 X 射线分析，查出水泥中含有大量的硬石膏（$CaSO_4$）。因此，确定堵管原因是硬石膏与木钙作用引起的假凝现象造成的。

事故教训：

（1）为改善混凝土的性能，满足各种功能要求，加快施工进度，改善劳动条件，节约水泥等目的，各种混凝土外加剂被研制出来，并得到越来越广泛的应用，如减水剂、早强剂、防冻剂、脱模剂等。

（2）由于外加剂的成分各不相同，在使用时应注意水泥、骨料中的成分，它们是否能够发生不良反应。例如，若水泥中使用硬石膏作调凝剂，就不应使用木钙类减水剂；若用木钙类减水剂就不应采用以硬石膏为调凝剂的水泥。这类问题，必须加以重视。

【实例 4 - 20】

事故概况：

某市修建游泳池，底板采用 180mm 厚的混凝土，为防止龟裂，添加了硫铝酸钙类膨胀剂。施工期间正值夏天，浇筑、养护均按正常工序进行。两周以后，有一天下了大雨，游泳池被水泡了。第二天，发现有 7m×6m 范围内混凝土表层变成粉末酥松状态。

事故分析：

经检查，其他部分的混凝土没有破损，只有这一局部变成粉末酥松状态。据施工人员回忆，有两盘混凝土搅拌时多加了膨胀剂。当时误认为就是费点料，质量会更好。一般膨胀剂添加量为混凝土重量的 6％～12％是合适的。当时这两盘加到了 16％还多一点，实际上，添加膨胀剂超过12％时，混凝土强度会急剧下降。施工正值夏天，天气无雨而干燥，膨胀剂多了未完全水化掉。两周以后，下雨淋湿了，膨胀剂与雨水反应膨胀，就使混凝土酥松了。

事故结论及处理：

膨胀剂要按规定用量使用，不是越多越好。

将 7m×6m 范围内酥松混凝土全部凿掉，清理干净后重新浇筑微膨胀混凝土，湿润养护一周。

【实例 4 - 21】

事故概况：

某市一轻工厂为二层现浇框架结构，预制钢筋混凝土楼板。施工人员浇筑完一层钢筋混凝土框架及吊装完一层楼板后，继续进行第二层的施工。在开始吊装第二层预制板时，为加快施工进度，将第一层大梁下的立柱及模板拆除，以便在底层同时进行内装修，然而在第二层预制板吊装就要完成时，发生倒塌，当场压死多人，造成重大事故。

事故分析：

经调查分析，倒塌的原因是一层大梁立柱和模板拆除过早。在吊装二层预制板时，梁的养护只有 3 天，强度还很低，不能形成整体框架传力，因而二层框架和预制板的重量以及施工荷载由二层大梁的立柱直接传给一层大梁，但这时一层大梁的强度尚未完全达到设计的强度 C20，经测定只有 C12。因此，一层大梁承受不了二层结构自重和施工荷载而倒塌。

事故教训：

模板的拆除时间应严格按照施工规程的要求执行。若是遇到特殊情况，需要提前拆模时，必须进行验算。

【实例 4 - 22】

事故概况：

某工厂，由于管理人员检查不周，酸水从浸酸车间的几只木槽内漏出。酸水经过地坪和土壤流至工厂地道内。在那里，酸水和渗漏的地下水汇合一起顺混凝土槽再流到集水坑内。不久，在流过侵蚀性液体的钢筋混凝土槽的全长上，混凝土全部破坏。在整个宽达 300mm 的槽底，只见到砾石和砂的混合物。

显然，这是混凝土受侵蚀造成的。

【实例 4 - 23】

事故概况：

某体育场，采用的是强度等级为 C20～C25 的混凝土，未完全竣工。20 多年后，在梁柱接头处看见混凝土破坏和钢筋锈蚀的迹象；在无筋的混凝土水平面上也发现有深度为 20～30m 的空洞，这些空洞内的粗骨料呈裸露状，细骨料与水泥石呈离散状。

显然，这是因混凝土完全暴露在大气中受雨水影响而使结构受腐蚀造成的。

再有，因混凝土养护不当和混凝土受冻引起的事故也屡见不鲜，也应引起重视。

第七节　因使用、改建不当造成的质量事故

一、概述

建筑物由于使用不当或者任意改建所造成的事故屡有发生。主要表现为以下方面：

（1）使用不当。例如，民用住宅改为办公用房或仓库，安装设备或堆放过重物品，超载引起楼板断裂；静力车间改为动力车间，设备振动导致房屋开裂；住宅阳台堆放过重、过多杂物引起阳台开裂甚至倒翻。

（2）改造不当。例如，在墙体上开洞，或为了扩大使用面积和空间而拆除墙、柱等承重结构，引发事故，这在商业区的临街房屋中经常发生；有些房屋本为轻型屋面，使用者为了保温、隔热，新增保温、防水层，造成屋架变形过大甚至倒塌；住宅阳台增设保温层以及改为厨房，致使阳台坠落砸伤行人，这在北方地区时有发生。

（3）加层不当。由于经济发展，住宅、办公楼加层较为常见，现已有房屋增层加固公司，业务兴旺。但有些单位未对原有房屋认真检测和验算，就盲目加层，造成事故。

二、工程事故实例分析

【实例 4 - 24】

事故概况：

某厂钢筋混凝土除尘支架工程，南北向长 16m，东西向长 10.5m，共五层。在四层平台上原使用要求为搁置 16 个金属除尘罐，后因故改为花岗岩除尘罐。但材料变更后，设计未作相应更改，只是要求顶板与罐体同时施工。在罐体施工完毕后即发现支承罐体的四层平台上 3 个

500mm×1100mm 截面主梁发生大量裂缝。其中一个主梁最为严重，裂缝多达 15 条，裂缝宽度 0.2~0.37mm，裂缝围绕梁两侧中下部和梁底发生，说明这些裂缝基本上已穿透梁截面，梁两端的裂缝呈 45°倾角并波及框架柱。这种开裂现象表明该楼层框架虽尚未破坏，但已不能继续施加荷载，无法使用，必须进行加固处理。

经计算分析，该事故的原因是使用超载。

【实例 4 - 25】

事故概况：

如图 4 - 15 所示，某市卷烟厂的生产厂房为一座二层现浇钢筋混凝土框架结构。因香烟供不应求，经济效益很好，厂方决定在原有厂房上增加一层。加层设计由该地区烟草专卖局的基建处设计，由市建筑某公司施工。原建筑长 117m，宽 58m，柱网 7.4m×8.4m，有两条伸缩缝，加层设计时对基础进行了验算，认为再加一层没有问题，柱子采用一、二层柱子同样的配筋，混凝土强度等级为 C20，与原有的一样，加层采用框架。加层屋面按不上人屋面设计。梁、柱现浇，屋盖采用预制预应力空心板。

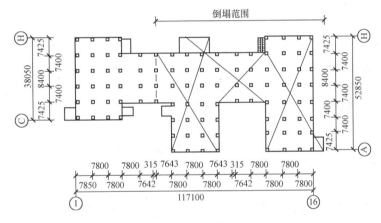

图 4 - 15 建筑平面示意

工程于 1976 年 12 月开始。一、二层工人生产照常进行。在加层吊装屋顶面板接近完工时，加层部分及二层突然倒塌。因一、二层工人还在加班，有近百人被砸在里面，结果造成 31 人死亡，54 人受伤的重大事故。

事故分析：

现场查看，发现有两个区段的加层和二层全部倒塌，形状由四周向中间倾倒，呈锅底形，加层柱子的上、下接头处钢筋有断裂，有的从混凝土中拔出，梁均被折断。原二层柱子柱顶被压酥裂，一些柱子在中部折断，原二层大梁全部断裂，梁与柱的接头处严重破坏。

虽然加层设计时对基础及加层的梁柱进行了计算，但对原框架结构未进行验算。事故发生后对原结构进行复核，发现原结构的安全度就不足，原规范要求的安全系数为 1.55，复核计算得出原结构柱子的安全系数为 1.06，框架梁的安全系数仅为 0.75。可见原结构安全度不足，使用多年未出问题已属侥幸，加层前应先对原结构的梁柱进行加固，否则不能进行加层。设计不当是造成事故的主要原因。在施工中，梁、柱现浇，梁底模板立柱支于原结构二层的框架梁上，加层柱的钢筋用插铁焊于原框架梁的负钢筋上，接头很不牢固。在吊装加层顶板时，因大梁浇筑时间不长，强度不足，故未拆除加层大梁下的木模支撑。这样加层楼板及施工荷载通过木模支撑直接传到原结构顶层的大梁上，这大大超过了原设计的荷载，造成变形过大，使连带框架弯曲变形。原二层梁柱安全度本来不足，在此不利受力条件下，二层柱子既超载又为偏心受压，从而首先破坏，接着梁的两端破坏而塌落。加层结构靠插铁与二层负筋连结，结构很不稳定，自然随之倒塌，砸到二层，导致全楼塌毁，造成多人伤亡的特大事故。

【实例 4 - 26】

事故概况：

某市百货商场，由两幢对称的大楼并排组成，地下四层，地上五层，中间在三层处有一走廊将两楼连接起来，总建筑面积为 7.4 万平方米，结构为钢筋混凝土柱、无梁楼盖。某日傍晚，百货商场正值营业高峰时间，大楼突然坍塌，地下室煤气管道破裂，引起大火。事故发生后 50 多辆消防车到现场，1100 名救援人员和 150 名战士参加救助，动用了 21 架直升飞机，大批警察封锁现场。救助工作持续 20 余天，最后统计，造成近 450 人死亡，近千人受伤的特大事故。

事故分析：

经调查，该大楼建于 1989 年，从交付使用到倒塌已有四年多。在四年中曾多次改建。查看倒塌现场，发现混凝土质量不是很高，而且一塌到底。事故发生后，组成了专门委员会，对事故责任者予以拘捕，追究法律责任。

造成该事故的原因是多方面的。

（1）设计方面，安全度留得不够。每根柱子设计要求承载力应达 45kN 左右，实际复核其承载力没有安全裕度。原设计为由梁、柱组成框架结构与现浇钢筋混凝土楼板。为扩大使用面积，施工时将地上四层改为地上五层，并将有梁楼盖体系改为无梁楼盖，以获取室内有较大的空间。改为无梁楼盖时，虽然增加了板厚，但整体刚性不如有梁体系，且柱头冲切强度比设计要求的强度还略低一些。这是引发事故的根源。

（2）施工方面，倒塌现场检测结果，混凝土中水泥用量偏小，实际强度达不到设计要求，当时建筑材料紧俏，施工单位偷工减料，这把本来设计安全度就不足的结构更加推向了危险的边缘。

（3）使用方面，原设计楼面荷载为 2kN/m²，实际上由于货物堆积，柜台布置过密，加之增加了很多附属设备，以及购物人群拥挤，致使实际使用荷载已达 4kN/m²。为了整层建筑的供水及空调要求，在楼顶又增加了两个冷却水塔，每个重 6.7t，致使结构荷载一超再超。在最后一次改建装修中在柱头焊接附件，使柱子承载力进一步削弱，最终酿成惨剧，造成罕见的特大事故。

尽管此楼设计不足，施工质量差，使用改建又极不妥当，但发生事故仍有一些先兆，说明结构还有一定的延性。如能及时组织人员疏散，还有可能避免大量人员伤亡。事故发生当天上午 9 时 30 分左右，一层一家餐馆的一块天花板掉了下来，并有 2m² 的一块地板塌了下去。中午，另外两家餐馆有大量流水从天花板上哗哗下流，当即报告大楼负责人。负责人为了不影响营业，断然认为没有大问题。直到下午 6 点左右，事故发生前，仍陆续有地板下陷，这本来是事故发生的最后警告，如及时发布警报，疏散人员，则大楼虽然会倒塌，但千余人的生命可以保全。可是业主利令智昏，明知危险，仍未采取措施，终使惨剧发生。

第八节　预应力混凝土质量事故

一、概述

预应力混凝土在工程中有着广泛应用，预应力混凝土构件的制作有先张法和后张法，其中先张法大多用于中小型标准构件；后张法用于大中型构件。无粘结预应力在一些工程中也得到应用，一般用于高层建筑结构的楼盖结构。预应力混凝土工程在材料方面、设计方面及施工方面都有着严格的要求，无论哪方面出现问题，都会引发事故。

造成事故的原因一般有以下方面：

（1）材料方面。预应力钢筋出现问题。例如，钢筋强度不足，冷弯性能不良，伸长率不合格，钢丝表面有脱皮划伤以及锈蚀严重，锚固长度不足，穿筋发生铰丝交叉，钢丝镦头不合格等。

锚具出现问题。例如，后张法螺丝端杆变形或断裂；对预应力筋锚夹不紧而滑脱；锚具加工精度差，导致预应力筋内缩量大；锚具内夹片碎裂，锚环开裂等。

（2）设计和施工方面。后张法孔道出现问题。例如，孔道弯曲、堵塞；拼装的部件孔道对不准等。

张拉过程出现问题。例如，锚固处出现顺筋裂缝，预应力筋断裂；预应力周边混凝土被压碎等。

二、工程事故实例分析

【实例 4-27】

事故概况：

某厂一单层厂房，跨度 18m，采用预应力混凝土拱形屋架，混凝土设计强度等级为 C38。设计要求混凝土达到 100% 的强度时，方可进行预应力张拉。施工时，构件平放屋架采用三层重叠生产，4 天可完成一榀屋架的支模，绑扎非预应力钢筋和浇注混凝土工序。混凝土浇注完毕、自然养护 28 天后，施工单位开始穿筋、张拉，孔道灌浆。完成第一榀屋架的预应力工序时，发现屋架下弦在距端部 3.5m 处被压酥破坏，而上弦多处出现裂缝。显然此类屋架不能使用，报废的屋架造成了经济损失。

事故分析：

从设计方面看，图纸是广为应用的标准图，设计计算应没有问题。从施工方面看，施工记录齐全，施工质量也可以。但检查预留试块的强度时发现问题，当时龄期已达 33 天，而其抗压强度只达 24.7N/mm²，仅为设计强度的 65%，按此强度计算，屋架强度不足，因而导致破坏。

自然养护已超过 28 天还没有达到设计强度。查找原因，检查施工现场的水泥、骨料、砂子及压碎的混凝土。一般均属正常，仅在石子表面发现有一些白色粉末，有的淋水后成糊状物粘在石子上。经检验分析，这是以红锌矿 ZnO 为主要成分的粉末。经查证 ZnO 是运送石料的码头上曾堆放过某化工厂的原料，但因有散包，吊装时白色粉末飘洒在石子堆上，由于 ZnO 粉末进入混凝土后，水化形成 $Zn(OH)_2$，这是一种较弱的两性氢氧化物。在水泥浆的碱性环境中则呈弱酸状态，与水泥水化物中的氢氧化钙发生反应，产生酸式锌钙酸 $Ca(HZnO_2)_2$，它附在 $Ca(OH)_2$ 表面，阻碍晶体的发育，导致水泥水化速度减缓，加上当时气温偏低，使混凝土强度增长缓慢。因混入 ZnO 不是很多，大部分屋架经检查质量完好，只要待强度足够后仍可使用。

【实例 4-28】

事故概况：

某厂房屋架为预应力折线形屋架，跨度 24m，采用后张法预应力生产工艺，下弦配置两束 4Φ12 的冷拉螺纹钢筋，用两台 60t 拉伸机分别在两端同时张拉。第一批生产 13 榀屋架，采取卧式浇筑、重叠四层的方法制作。屋架两束预应力筋由两台千斤顶同时张拉，屋架张拉后，出现屋架产生平面外弯曲，下弦中点外鼓 10～15mm 的质量缺陷。

事故分析：

事故发生后对张拉设备重新校验，发现有一台油压表的表盘读数偏低，即实际张拉力大于表盘指示值。因此，当按油压表指示张拉到设计张拉值 259.7kN 时，实际的拉力已达 297.5kN，比规定值高出 14.6%。致使两束钢筋的实际张拉力不等，导致下弦杆件偏心受压，引起屋架平面外弯曲。另外，由于张拉承力架的宽度与屋架下弦宽度相同，而承力架安装与屋架端部的尺寸形状常有误差，重叠生产时误差的积累使上层的承力架不能对中，这会加大屋架的侧向弯曲。再有，个别屋架由于孔道不直和孔位偏差，使预应力偏心，从而加大了屋架的侧弯。

【实例 4 - 29】

事故概况：

某单层双跨厂房采用 21m 和 24m 预应力梯形屋架，利用后张法现场预制，预应力筋为 4 束，冷拉Ⅳ级钢丝，共 92 榀。张拉完毕后检查发现相当一部分屋架在屋架端部节点产生宽度为 0.05～0.35mm 的裂缝，顺预应力筋方向，长 500mm 左右，其中有 4 榀屋架裂缝宽度达 0.9～1.0mm，长度达 600mm。

事故分析：

经复核计算，总体强度设计可靠度足够，但局部承压强度不足。混凝土受到局部压力时，在一定范围内，在横向产生拉应力。构造要求承压锚板厚度应为 14mm，实际上采用了 8mm 的钢板，起不到分散压力的作用，预应力孔道只需 $\phi50$，而施工时改为 $\phi60$，削弱了承压面积。最主要的原因是端部横向配筋不足。按规范要求配置螺旋筋为 $\phi8$ 长 400mm，实际只配 $\phi6$ 长 200mm。原因找到后，确定加固处理方案。

第九节 混凝土构件的加固

钢筋混凝土构件的加固与新构件的设计、施工有着较大的差别，除了要受到建筑物和环境既有条件的限制，在结构受力性能、施工要求等方面也存在着自身的特点，同时加固方案和施工还可能对原结构的性能带来负面的影响。

一、加固的基本原则

在现有结构的维修、加固设计中，首先应保证原有结构的性能得到有效的改善和提高，满足可靠度要求，同时还应考虑施工条件、施工工期、使用要求、加固成本等因素，设计步骤一般包括问题分析、方案拟定、可行性论证、加固后结构的力学分析和校核、详细设计等。为了使结构的维修、加固最终取得良好的综合效益，设计中应遵守以下原则：

（1）从实际出发原则。加固前，必须对原有结构和构件进行可靠性鉴定，对原有结构通过实际调查，充分了解原结构的损伤和破坏情况。加固方案的确定必须考虑施工的实际可能性。

（2）消除隐患原则。加固前，必须完全掌握造成质量问题的原因，并对各种原因所造成的损坏提出相应的处理对策。加固时充分考虑这些原因可能再次造成的危害并加以预防。

（3）全面比较原则。确定加固方案，要在全面综合考虑原结构构件的损坏状况、原建筑的使用空间和其他功能要求、加固施工的技术条件和非技术因素、以及对加固效果效益的估计等多种因素后，经过多个方案分析比较后优选的结果。不能简单地凭经验和印象处理。

（4）协同受力原则。确定加固方案，要考虑采取有效措施尽可能地保证新增加的构件与原构件协同工作及整体受力，共同承担加固后该结构应承受的荷载和变形。

（5）预防损坏原则。避免或尽可能减小设计方案的负面效应，充分考虑加固措施对结构体系、未加固构件、地基等可能造成的不利影响。

（6）保留完好原则。在加固构件时，应尽量不损伤原有结构，并保留有利用价值的部分，避免不必要的凿伤、拆除或更换。

（7）有序实施原则。加固工作应严格按照程序实施：对加固对象可靠性鉴定→比较确定加固方案→进行加固设计→施工组织设计→现场施工→验收。

二、加固的常用方法

1. 加大断面法

这是一种使用与原结构相同的材料增大构件截面面积从而提高构件性能的加固方法。主要有外包混凝土和喷射混凝土。混凝土构件因孔洞、蜂窝或强度达不到设计等级需要加固时，可用扩大断面、增加配筋的方法。扩大断面可用单面、双面、三面以及四面包套的方法。所需增加的断面一般应通过计算确定，在保证新旧混凝土有良好粘结的情况下可按统一构件计算。增加部分断面的厚度较小，故常用豆石混凝土或喷射混凝土等，当厚度小于20mm时还可用砂浆。增加的钢筋应与原构件钢筋能组成骨架，应与原钢筋的某些点焊接连好。

这种加固方法的优点是技术要求不太高，易于掌握；缺点是施工繁杂，工序多，现场施工时间长。这种加固方法的技术关键是：新旧混凝土必须粘结可靠，新浇筑混凝土必须密实。

2. 外包钢法

这是一种在混凝土构件四周包以型钢、钢板从而提高构件性能的加固方法。主要有焊接，锚接和粘接。它可以在基本不增加构件截面尺寸的情况下提高构件的承载力，增加结构的刚度和延性，适用于对混凝土梁、柱、屋架的加固。但用钢量大，加固费用较高。

（1）焊接钢板法。它是将钢筋、钢板或型钢焊接于原构件的主筋上，它适用于整体构件加固。

焊接钢板的主要工序是：将混凝土保护层凿开，使主筋外露；用直径大于20mm的短筋把新增加的钢筋、钢板与原构件主筋焊接在一起；用混凝土或砂浆将钢筋封闭。

因焊接时钢筋受热，形成焊接应力。施工中应注意加临时支撑，并设计好施焊顺序。目前这种方法常与扩大断面法结合作用。

（2）粘贴钢板法。采用高强粘结剂，将钢板粘于混凝土构件表面，以达到增加构件承载力的目的。如对跨中抗弯能力不够的梁，可将钢板粘于梁跨中间的下边缘；对于支座处抵抗负弯矩不足的梁，则可在梁的支座截面处上边缘粘贴钢板，或者在上边打出一定长度的槽形孔，在其中粘结扁钢；对抗剪能力不够的梁，则可在梁的两侧粘结钢板。粘结钢板的截面可通过承载力计算确定。一般钢板厚度为3～5mm，粘结前应除锈并将粘结面打毛，以增强粘结力，粘结钢板施工3天后即可正常受力，发挥作用。外露钢板应涂防腐蚀油漆。

粘钢板方法的优点是：不占有室内使用空间，可以在短时间内达到强度。但工艺要求较高，并且现在胶粘剂耐高温性能差，当温度达到80～90℃时，胶粘剂强度下降。此外，粘结剂的老化问题也需要进一步研究。

（3）锚结钢板法。将钢板以及其他钢件（如槽钢、角钢等）锚结于混凝土构件上，以达到加固补强的目的。

　　锚结钢板的优点是可以充分发挥钢材的延性性能，锚结速度快，锚结构件可立即承受外力作用。锚结钢板可以厚一点，甚至用型钢，这样可大幅度提高构件承载力。当混凝土孔洞多，破损面大而不能采用粘接钢板时，用锚结钢板效果更好。但也有其缺点，即加固后表面不够平整美观，对钢筋密集区锚栓困难，钢材孔径位置加工精度要求较高。并且锚栓对原构件有局部损伤，处理不当会起反作用。

　　3. 粘贴碳纤维法

　　这是一种用碳纤维粘贴于构件表面从而提高构件性能的加固方法。由于碳纤维的抗拉强度比钢材强度高 10 倍以上，而其厚度仅为零点几毫米（碳纤维布）或不足 2mm（碳纤维板），因此粘贴碳纤维可以取得更好的加固效果。但是，此法要求原构件的混凝土强度不能低于 C15（抗弯剪加固）或 C10（外包约束），施工中对粘贴基面的要求也较高，需专业队伍施工，而且由于粘贴剂方面的原因，要求使用环境的温度不高于 60°C，相对湿度不大于 70%。

　　4. 预应力加固法

　　这是一种在构件外部用预应力钢拉杆或钢撑杆对构件进行加固的方法。钢拉杆的形式主要有水平拉杆、下撑式拉杆和组合式拉杆三种。这种方法基本不减小建筑物的使用空间，不仅可提高构件的承载力，而且可减小梁、板的挠度，缩小混凝土构件的裂缝宽度，甚至使之闭合。预应力能消除或减小后加杆件的应力滞后现象，使后加杆件的材料强度得到充分利用。这种方法广泛应用于加固受弯构件，也可用于加固柱子，特别适合于大跨度结构的加固。但这种方法不宜用于处在高温环境下的混凝土结构。

　　5. 其他加固方法

　　加固方法种类很多，除上述介绍的常用加固方法外，还有一些其他加固方法。

　　（1）增设支点法，以减小梁的跨度。

　　（2）另加平行受力构件，如外包钢桁架，钢套柱等。

　　（3）增加受力构件，如增加剪力墙、吊杆等。

　　（4）增加圈梁、拉杆，增加支撑加强房屋的整体刚度等。

复 习 思 考 题

　　1. 试述钢筋混凝土结构产生质量事故的原因。

　　2. 为什么说钢筋混凝土结构是带裂缝工作的？为什么钢筋混凝土构件的裂缝宽度可以控制在 0.3mm 以内？

　　3. 分别说明钢筋混凝土梁的裂缝宽度处于什么范围时，钢筋混凝土梁分别居于正常、轻微缺陷、危及承载力缺陷及破坏状态。

　　4. 为什么当钢筋混凝土梁出现斜裂缝时，认为该梁处于临近破坏状态，十分危险；而当砖墙上出现斜裂缝时，却认为该墙未临近破坏？

　　5. 为什么当钢筋混凝土梁中部出现由底向上发展，宽度在允许范围内的竖裂缝时，认为该梁仍可承受荷载；而当砖墙出现竖向贯通的裂缝时，却认为该墙已临近破坏？

　　6. 现浇钢筋混凝土梁可能出现哪几种裂缝？裂缝的形态及其产生的原因是怎样的？

　　7. 混凝土工程在使用水泥时，要注意哪些质量问题？选用骨料时要注意哪些质量问题？

8. 混凝土工程对钢筋的验收、加工、成型，要注意哪些质量问题？对模板的安装要注意什么？

9. 在混凝土的生产、成型过程中要注意哪些质量问题？

10. 试述混凝土早期受冻破坏的机理。

11. 为什么说大体积混凝土工程中因水化热而发生的裂缝是在内部降温期间发生的，而不是在内部升温期间发生的？应如何防止？

12. 钢筋受腐蚀后对钢筋混凝土工程有何危害性？

13. 影响混凝土结构耐久性的因素有哪些？

14. 混凝土板有没有因受剪而破坏的可能性？如果有，会在什么受力状态下发生？

15. 为什么在钢筋混凝土框架结构中最好做成强柱弱梁，而不是强梁弱柱？

16. 混凝土结构的加固方法有哪些？各适用于什么情况？具体做法如何？

第五章　钢结构工程

第一节　钢结构的缺陷

钢结构是一门古老而又年轻的工程结构技术，随着国民经济的发展和社会的进步，我国钢结构的应用范围已从传统的重工业、国防和交通部门为主扩大到各种工业和民用建筑中，尤其是多层和高层结构、大跨度建筑物的屋盖结构，大跨度桥梁、塔桅结构、板壳结构、可移动结构和轻型结构等领域。

认识钢结构的质量缺陷，也要从认识钢结构在材料、构件、结构、制造加工方面的特点开始，钢结构缺陷的产生，主要决定于钢材的性能和成型前已有的缺陷、钢结构的加工制作和安装工艺以及钢结构的使用维护方法等因素。

一、钢材的性能及其可能的缺陷

1. 钢材的化学成分

钢材的种类很多，建筑结构用钢材需具有较高强度，较好的塑性、韧性，足够的变形能力，以及适应冷热加工和焊接的性能。对于承重结构，我国《钢结构设计规范》（GB 50017—2003）推荐采用普通低碳素钢；普通低合金钢，如 Q345 钢［原 16 锰钢（16Mn）等］、Q390钢［原 15 锰钒钢（15MnV）等］和 Q420 钢（原 15MVN 等）。其质量应分别符合现行国家标准。

钢材化学成分有铁（Fe），占 99％左右，此外是碳（C）、硅（Si）、锰（Mn）、硫（S）、磷（P）、氧（O）、氮（N）、钒（V）等。普通碳素钢中碳是除铁之外最主要的元素，它直接影响着钢材的强度，塑性和可焊性等；硫、磷、氧、氮是有害物质，将严重降低钢材的塑性、韧性、低温冲击韧性、冷弯性能和可焊性。建筑用普通低碳素钢中碳含量不应超过 0.22％，在此范围内含碳量高则强度高，但塑性和韧性降低。对于焊接结构，为了具有良好的可焊性，含碳量不宜大于 0.2％。普通低合金钢是在普通低碳钢的基础上添加少量的锰、硅、钒等合金元素。锰、硅可在浇注中脱氧，合金元素可提高强度、耐腐性、耐磨性或低温冲击韧性，且对塑性无大影响。各种元素的含量及对钢材性能的影响见表 5-1。

表 5-1　　　　　　　　　　　所含元素对钢材性能的影响

序号	元素名称	要 求 含 量	对钢材性能影响
1	碳（C）	≤0.22％	对钢材强度、塑性、韧性和可焊性有决定作用，随着含碳量增加，钢材的塑性、冷弯性能和冲击韧性，特别是低温冲击韧性降低，可焊性变差
2	锰（Mn）	0.3％～0.8％（碳素钢） 1.2％～1.6％（16Mn，15MnV）	钢材含锰适量，能显著改善钢的冷脆性能，提高其屈服强度和抗拉强度，而又不过多降低塑性和冲击韧性；但含锰过量，则会使钢材变脆，塑性降低

续表

序号	元素名称	要 求 含 量	对钢材性能影响
3	硅（Si）	≤0.3%（Q235） ≤0.6%（16Mn，15MnV）	适量硅可提高钢材强度，对塑性、冷弯性能、冲击韧性和可焊性无显著不良影响；过量硅将降低钢材塑性和冲击韧性，恶化抗锈蚀能力和焊接性能
4	钒（V）	0.04%～0.12%（15MnV）	可提高钢材强度，细化钢的晶粒；钒的化合物具有高温稳定性，使钢的高温硬度提高
5	铜（Cu）	≤0.15%～0.25%（15MnV）	含铜量适当时，钢材对大气的抗腐蚀性增加，焊接性能几乎不变；但过量铜会使钢材在高温轧制时产生"热脆现象"
6	硫（S）	≤0.035%～0.05%	钢材在热加工时，会使钢内的硫化亚铁 FeS 熔化，形成撕裂，使钢材变脆，硫还会降低钢材的塑性、冲击韧性、疲劳强度和抗锈蚀性
7	磷（P）	≤0.035%～0.045%	磷可提高钢的强度和抗锈蚀性，但会严重降低其塑性、冲击韧性、冷弯性能和可焊性；在低温时，会使钢材变得很脆（低温冷脆）
8	氧（O）	≤0.05%	氧使钢中的晶粒粗细不匀，而氧化铁又会形成杂质混在钢内，降低钢的机械性能，在轧制时易产生裂纹。从这点来讲，氧的有害作用如同硫且较之更甚
9	氮（N）	≤0.008%	氮使钢中晶粒粗细不匀，但放置较长时间或加热至150～300℃时，氮以氧化氮形式析出，使钢材变脆，称氮的时效，也称"蓝脆现象"
10	氢（H）		氢分子的聚集压力很大，会使钢材开裂，是造成钢中白点（发裂）的主要原因，并且在低温下易使钢变脆，即"氢脆现象"

2. 钢材的物理力学性能

（1）屈服强度和抗拉极限强度。钢材试件拉伸的应力—应变图是确定钢材强度指标和钢结构设计方法的依据，通过钢材的 σ-ε 曲线。可知屈服强度 f_y 作为钢材强度标准，抗拉强度 f_u 作为强度储备。

（2）延伸率。延伸率 δ 是衡量钢材破坏前产生塑性变形的能力。材料在破坏前具有很大的塑性变形能力对房屋安全很有利。

（3）冷弯性能。冷弯性能是衡量钢材在常温下冷加工弯曲时产生塑性变形的能力，及判别钢材内部缺陷和可焊性的综合指标。

（4）冲击韧性。冲击韧性是衡量钢材断裂时吸收机械能量的能力，是强度与塑性的综合指标。

《钢结构设计规范》（GB 50017—2003）具体规定：承重结构的钢材应具有抗拉强度、伸长率、屈服点和碳、硫、磷含量的合格保证；焊接结构尚应具有冷弯试验的合格保证；对某些承受动力荷载的结构以及重要的受拉或受弯的焊接结构尚应具有常温或负温冲击韧性的合格保证。

（5）可焊性。钢材的可焊性可分为施工上的可焊性和使用上的可焊性两种类型。

施工上的可焊性是指焊缝金属产生裂纹的敏感性，和由于焊接加热的影响，近缝区母材的淬硬和产生裂纹的敏感性以及焊接后的热影响区的大小。可焊性好是指在一定的焊接工艺条件下，焊缝金属和近缝区钢材均不产生裂纹。

使用上的可焊性则指焊接接头和焊缝的缺口韧性（冲击韧性）和热影响区的延伸性（塑性）。要求焊接结构在施焊后的力学性能不低于母材的力学性能。

（6）钢材疲劳。在动力荷载、连续反复荷载或循环荷载作用下的构件及其连接，当应力变化的循环次数过多时，虽然应力还低于极限强度（抗拉强度），甚至还低于屈服强度，也会发生破坏，这种现象称为钢材的疲劳现象或疲劳破坏。疲劳破坏是脆性破坏，是一种突然发生的断裂。

（7）温度的影响。在正常温度范围内，总的趋势是随着温度的升高，钢材的强度降低，塑性增大。在 250℃左右时，钢材的抗力强度略有提高，而塑性降低，因而钢材呈脆性，这种现象称为蓝脆现象。在 250～350℃时，钢材会产生徐变现象。600℃时钢材的强度很低不能承担荷载。《钢结构设计规范》（GB 50017—2003）规定在超过 150℃时结构表面需要加设隔热保护层。

在负温范围内，随着温度降低，钢材的脆性倾向逐渐增加，钢材的冲击韧性下降。当冬季计算温度等于或低于－20℃时，不同钢种，特别是受动力荷载的结构，要有负温冲击韧性的保证。

（8）腐蚀。钢材的腐蚀有大气腐蚀、介质腐蚀和应力腐蚀。

钢材的介质腐蚀主要发生在化工车间、储罐、储槽、海洋结构等一些和腐蚀性介质接触的钢结构中，腐蚀速度和防腐措施取决于腐蚀性介质的作用情况。

钢材的应力腐蚀是指其在腐蚀性介质浸蚀和静应力长期作用下的材质脆化现象，如海洋钢结构在海水和静应力长期作用下的"静疲劳"。

根据国外挂片试验结果，不刷涂层的两面外露钢材在大气中的腐蚀速度约为 8～17 年 1mm。

（9）钢材的硬化。

1）冷作硬化。钢结构是不考虑利用此种方法提高强度的，因为它容易引起裂缝。

2）时效硬化。钢材中的氮和碳，随时间的增长从固体中析出，形成渗碳体和氮化物的混杂物，散布在晶粒的滑移面上，起着阻碍滑移的强化作用，使钢材的塑性降低，脆性增大。这种现象称为时效硬化，也称老化。

3）冷作时效。钢材经冷加工硬化后又经时效而硬化变脆的现象，称为冷作时效。

3. 钢材的缺陷

钢材的质量好坏主要取决于冶炼、浇铸和轧制过程中的质量控制。常见的这方面的缺陷见表 5 - 2。

表 5 - 2　　　　　　　　　　　　钢材常见的缺陷

缺陷名称	形成原因和特征	修复方法
发裂	主要是由热变形过程中（轧制或锻造）钢内的气泡及非金属夹杂物引起的。而钢材内部的发裂还可能由于钢锭浇铸冷却时的晶面收缩与轴向 V 形偏析所致。发裂经常呈现在轧件的纵长方向，纹如发丝，极易用挫刀挫掉，分布在钢材的表面和内部，一般纹长 20～30mm 以下，有时也有 100～150mm	发裂的防止最好由冶金艺解决

续表

缺陷名称	形成原因和特征	修复方法
夹层	钢锭在轧制时，由于温度不高和压下量不够，钢锭中的气泡（有时气泡内还含杂质）没有焊接起来，它们就被压扁并延伸很长，这样就形成了钢材中的夹层。产生夹层的主要原因有钢锭内有非金属杂质氢气的析出，含锰量太大（＞1.3％），偏析严重，钢锭微孔未完全切除或凝固时部分金属流失等	避免钢材夹层必须在冶炼过程中消除气泡，轧制过程中温度适当、压下比正确
缩孔	缩孔是由于轧制钢材之前没有将钢锭头部的空腔切除干净	轧制前将钢锭头部的空腔切除干净即可避免
白点	钢材的白点是因含氢量太大和组织内应力太大相互影响而形成的，它使钢材质地变松、变脆、丧失韧性、产生破裂	在炼钢时，避免氢气进入钢水中，且使钢锭均匀退火，轧前合理加热，轧后缓慢冷却
内部破裂	轧制钢材过程中，若其塑性较低，或轧制时压量过小、特别是上下轧辊的压力曲线不"相交"，则内外层的延伸量不等，引起钢材的内部破裂	可以用合适的轧制压缩比（钢锭直径与钢坯直径之比）来补救
氧化铁皮	轧制或已轧制完的金属表面的金属氧化物及其在轧制产品表面留下的凹坑等表面缺陷，多出现在厚度较薄的轧材	
斑疤	一种表面粗糙的缺陷，可能产生在各种轧材、型钢及钢板的表面，其宽和长可达几毫米，深度为0.01~1.0mm不等。斑疤会使薄钢板成型时的冲压性能变坏，甚至产生裂纹和破裂。对镀锡或镀锌板材，斑疤将消耗更多的有色金属且使该处镀层脱落和生锈	
夹渣、夹砂	由于金属表面上的非金属夹杂物与各种耐火材料引起的，如夹渣就是在金属表面分布很密且呈圆形的小夹杂物（又称麻点），一般出现在厚钢板或中厚钢板上，其深度约为1~3mm左右	
划痕	划痕一般都产生在钢板的下表面上，主要是由轧钢设备的某些零件摩擦所致，其尺寸宽深刚可看出或1~2mm，长度从几毫米到几米不等，有时可能贯穿轧件的全长	
切痕	切痕是薄板表面上常见的折叠得比较好的形似接缝的折皱，在屋面板与薄铁板的表面上尤为常见。切痕有时是顺轧制方向的，也有与轧制方向成某一角度的，也有垂直于轧制方向的。如果将形成切痕的折皱展平，则钢板易在该处裂开	
过热	过热是指钢材加热到上临界点AC3后还继续升高温度时，其机械性能变差，如抗拉强度，特别是冲击韧性显著降低的现象，它是由于钢材晶粒在经过上临界点AC3后开始胀大所引起的	可用退火的方法使过热金属的结晶颗粒变细，恢复其机械性能
过烧	当金属的加热温度很高时，钢内杂质集中的晶粒边界开始氧化和部分熔化时发生过烧现象。由于熔化的结果，晶粒边界周围形成一层很小的非金属薄膜将晶粒隔开。因此过烧的金属经不起变形，在轧制或锻造过程中易产生裂纹和龟裂，有时甚至裂成碎块	过烧的金属为废品，只能回炉重炼，因为这种金属不论用什么热处理方法都不能挽回
脱碳	脱碳是指加热时金属表面氧化后，表面的含碳量比金属内层低的现象。为某些优质高碳钢、合金钢及低合金钢的缺陷，有时中碳钢也有此缺陷。钢材脱碳后淬火将使强度、硬度及耐磨性都降低	

缺陷名称	形成原因和特征	修复方法
机械性能不合格	钢材的机械性能一般要求抗拉强度、屈服强度、伸长率和截面收缩率四项指标得到保证，有时再加上冷弯，用在动力荷载和低温时还须要求冲击韧性（包括低温冲击韧性）	大部分指标不合格，只能报废；若个别达不到要求，可作等外处理
化学成分不合格或严重偏析	将引起钢材可焊性下降，甚至无法焊接，机械性能也不会好	太差的只好报废，稍差的也只可作等外使用

从表中可以看出，钢材的缺陷很多，其中最为严重的是钢材中的各类裂纹。所以必须讨论裂纹形成的主要原因，以便在设计、施工或冶炼、轧制、锻压时加以防范和避免。钢材中裂纹的产生原因主要有以下几种：

（1）由于某种应力作用而引起的开裂，主要是指钢锭冷却时不均匀收缩时产生的裂纹，以及钢构件加工制作工艺，如冷加工、热处理、焊接等引起的裂纹。

（2）由于钢中所含某一化学元素超过最大允许含量，对钢的组织结构、工艺性能或机械性能产生不良影响，从而导致其在加工或使用时开裂。如氢带来钢中的"白点"，硫使钢在热加工时发生"热脆"，磷使钢件产生"冷脆"等。

（3）由于其他缺陷如气泡、非金属夹杂物或缩孔等产生的内部裂纹。

（4）由于熔炼与浇铸过程中非金属夹杂物进入钢液内。

（5）钢材折叠而形成的裂纹。

（6）钢材长期处于高温和压力作用下，由于碳氢的腐蚀使表面开裂。

（7）钢材突然遭到高频弹性波冲击时产生的振动裂纹。

二、钢结构加工制作中存在的缺陷

钢结构的加工制作全过程是由一系列工序组成的，钢结构的缺陷也就可能产生于各工种的加工工艺中。

1. 钢构件的加工制作及可能产生的缺陷

钢构件的加工制作过程一般为：钢材和型钢的鉴定试验→钢材的矫正→钢材表面清洗和除锈→放样和划线→构件切割→孔的加工→构件的冷热弯曲加工等。

构件加工制作可能产生各种缺陷，主要缺陷有以下几方面：

（1）钢材的性能不合格。

（2）矫正时引起的冷作硬化。

（3）放样尺寸和孔中心的偏差。

（4）切割边未作加工或加工未达到要求。

（5）孔径误差。

（6）构件的冷加工引起的钢材硬化和微裂纹。

（7）构件的热加工引起的残余应力等。

2. 焊接工艺给钢结构带来的缺陷

焊接工艺给钢结构带来的缺陷主要有以下几方面：

（1）热影响区母材的塑性、韧性降低；钢材硬化、变脆和开裂。

（2）焊接残余应力和残余应变。

（3）焊接带来的应力集中等。

（4）各种焊接缺陷如图 5 - 1 所示，如裂纹、焊瘤、烧穿、弧坑、气孔、夹渣、咬边、未熔合和未焊透等。

3. 铆钉连接给钢结构带来的缺陷

铆钉自 19 世纪 20 年代开始在钢结构连接中使用以来，曾在相当长时期内在钢结构连接中占主要地位，但由于劳动强度高，噪声污染大和耗钢量多的缺点，20 世纪 20 年代后逐步被焊接连接所取代。20 世纪 40 年代末由于焊接海船的冷脆破坏事故多次出现，一度曾认为铆接的疲劳性能优于焊接。此后由于焊接质量的提高和高强度螺栓连接的出现，铆接在工程上的运用也越来越少。

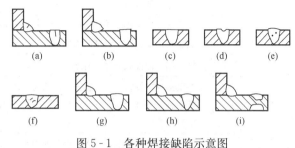

图 5 - 1　各种焊接缺陷示意图

(a) 裂纹；(b) 焊瘤；(c) 烧穿；(d) 弧坑；(e) 气孔；

(f) 夹渣；(g) 咬边；(h) 未熔合；(i) 未焊透

铆钉连接给钢结构带来的缺陷主要有以下几方面：

（1）铆钉孔引起构件截面削弱。

（2）铆合质量差，铆钉松动。

（3）铆合温度过高，引起局部钢材硬化。

（4）板件间紧密度不够等。

4. 螺栓连接给钢结构带来的缺陷

用于建筑钢结构连接的螺栓可分为普通螺栓和高强度螺栓，在普通螺栓中，通常采用的是 C 级普通螺栓，在高强度螺栓中通常采用摩擦型高强度螺栓。

螺栓连接给钢结构带来的缺陷主要有以下几方面：

（1）螺栓孔引起构件截面削弱。

（2）普通螺栓连接在长期动荷载作用下的螺栓松动。

（3）高强度螺栓连接预应力松弛引起的滑移变形。

（4）螺栓及其附件钢材质量不符合设计要求。

5. 钢结构的防护涂层缺陷及其处理

所有钢结构在投入使用之前必须进行防腐处理。目前我国钢结构最主要的防腐措施是在其表面覆盖油漆类涂料，形成保护涂层。只有对一些特殊的钢结构，如输电塔及在较强腐蚀性介质下工作的容器，才采用镀锌、喷铝等方法处理其表面。涂层的缺陷多种多样，产生的原因也各不相同，各种缺陷产生的原因及其处理方法见表 5 - 3。

表 5 - 3　　　　　　　　　　　　涂层缺陷及其处理方法

涂层缺陷	产生原因	处理方法
1. 显刷纹	涂料的流动性（展性）不足； 油性调和漆容易发生	使用高级刷子； 少用合成树脂涂料
2. 流挂	涂层厚； 稀释过分或使用缓干稀释剂过多	涂层不要太厚； 稀释剂使用要适当

续表

涂层缺陷	产生原因	处理方法
3. 皱纹	厚涂层表面干燥时易发生；下层涂层未干而紧接涂上层涂料	涂层不要太厚；下层涂层干燥后再涂上层涂料
4. 失光	涂装后气温很快下降；大气中的水分凝聚于涂层表面上；冬天日落时涂刷易发生	使用缓干稀释剂；温度高时不要涂装；要以到傍晚时用手指触摸已干燥为准来施工
5. 不沾	被涂面上油性成分多，有水分	清扫被涂面并用力涂刷
6. 透色（咬色）	下层涂料中颜料析出；在未干的涂层上涂上层涂料溶剂不合适；下层涂料是沥青系列涂料	使用不会离析的颜料；下层涂层干燥后再涂；涂一层银色涂料后再重新涂装
7. 颜色不匀	混合不充分；溶剂用得多；两种颜料粒子采用分散性能不同的颜料混合	充分搅拌；不要涂太厚和流挂，不要加入太多的溶剂；注意涂料的配合
8. 光泽不良	基底吸收的多；涂层薄；发生失光的情况	重新涂装；使用规定的涂料用量
9. 回粘	使用焦油涂料	应使用上等粘结剂的涂料
10. 剥离	涂料系列不同；涂层厚时产生大片剥离	使用质量相同的涂料系统；注意基底的清除，以便可重叠涂装
11. 变色褪色	颜料的种类问题；受硫化氢气体的侵蚀；浅颜色中褪色的情况多	选择好的颜料；根据所接触的侵蚀性气体来选择颜料；浅颜色时，要专门选择耐久性好的颜料
12. 起泡	水分侵入涂层，使水溶性物质溶化且膨胀；涂层下生锈，使涂层膨胀凸起	注意基底的清除
13. 粉化	受到热、紫外线和风雨侵蚀，涂层老化，从而表面粉化	选择耐粉化的涂料
14. 龟裂	涂层随时间逐渐失去柔软性，表面收缩；涂层下层软，上层硬	下层涂层充分干燥后再涂上层涂料；上、下层涂层硬度应相适应
15. 不盖底	涂料稀释过渡，透过上层涂层可见下层颜色	不要稀释过度

三、钢结构的运输、安装和使用维护过程中可能产生的缺陷

钢结构的运输、安装和使用维护过程中可能产生的缺陷有以下几方面：

（1）运输过程中引起结构或其构件产生的较大变形和损伤。

（2）吊装过程中引起结构或其构件的较大变形和局部失稳。

（3）安装过程中没有足够的临时支撑或锚固，导致结构或其构件产生较大的变形、丧失稳定性，甚至倾覆等。

（4）施工连接（焊缝、螺栓连接）的质量不满足设计要求。

（5）使用期间由于地基不均匀沉降等原因造成的结构损坏。

（6）没有定期维护使结构出现较重腐蚀，影响结构的可靠性能。

<h2 align="center">第二节　钢结构工程质量控制</h2>

由于钢结构以钢板和型钢为主要材料，必须使用物理、化学性能合格的钢材，并对钢板及型钢间的连接质量加以严格控制。这里主要针对钢柱、梁、屋架及这些构件的连接。

一、钢结构制作时质量控制

（1）应保证钢材的屈服强度、抗拉强度、伸长率、截面收缩率和硫、磷等有害元素的极限含量，对焊接结构还应保证碳的极限含量。必要时，尚应保证冷弯试验合格。

（2）要严格控制钢材切割质量。切割前应清除切割区内铁锈、油污，切割后断口处不得有裂纹和大于 1.0mm 的缺棱，并应清除边缘熔瘤、飞溅物和毛刺等。机械剪切时，剪切线与号料线允许偏差不得大于 2mm。

（3）要观察检查构件外观，以构件正面无明显四面和损伤为合格。

（4）各种结构构件组装时，顶紧面贴紧不少于 75%，且边缘最大间隙不超过 0.8mm。

（5）构件制作允许偏差见《建筑安装工程质量检验评定标准》。

二、钢结构焊接时质量控制

（1）焊条、焊剂、焊丝和施焊用的保护气体等必须符合设计要求和钢结构焊接的专门规定。

焊条型号必须与母材匹配，并注意焊条的药皮类型。严禁使用药皮脱落或焊芯生锈的焊条和受潮结块或焙烧过的焊剂。焊条、焊剂和粉芯焊丝使用前必须按质量证明书规定进行烘焙。

（2）焊工必须经考试合格，取得相应施焊条件的合格证书。

（3）承受拉力或压力且要求与母材等强度的焊缝，必须经超声波、X 射线探伤检验。超声波检验时应符合《锅炉和钢制压力容器对接焊缝超声波探伤》（JB 1152—1981）规定；X 射线检验时应符合《钢焊缝射线照相及底片等级分类法》（GB 3323—1982）的规定。

（4）焊缝表面严禁有裂纹、夹渣、焊瘤、孤坑、针状气孔和熔合性飞溅物等缺陷。气孔、咬边必须符合施工规范规定，检查时按焊缝受载作用的不同分为三个级别：①一级焊缝（指受动荷载或薄荷载受拉的焊缝，应与母材等强度；不允许有气孔、咬边）；②二级焊缝（指受动荷载或静荷载受压的焊缝，应与母材等强度；不允许有气孔；要求修磨的焊缝不允许咬边；不要求修磨的焊缝，允许有深度但不超过 0.5mm，累计总长不超过焊缝长度 10% 咬边）；③三级焊缝（指除上述一、二级焊缝外的贴角缝，允许有直径 <1.0mm 气孔，在 1.0m 以内不超过 5 个；允许有深度不超过 0.5mm，累计总长不超过焊缝长度 20% 的咬边）。

（5）焊缝的外观应进行质量检查，要求焊波较均匀，明显处的焊渣和飞溅物清除干净（按焊缝数抽查 5%，每条焊缝抽查一处，但不少于 5 处）。

（6）焊缝尺寸的允许偏差和检验方法见《建筑安装工程质量检验评定标准》（检查数量按各种不同焊缝各抽查 5%，均不少于 1 条；长度小于 500mm 的焊缝每条查三处，长度500~2000mm 的焊缝每条查两处，长度大于 2000mm 的焊缝每条查 3 处）。

三、钢结构高强螺栓连接时质量控制

（1）高强螺栓的型式、规格和技术条件必须符合设计要求和有关标准规定。高强螺栓必须经试验确定扭矩系数或复验螺栓预拉力。当结果符合钢结构用高强螺栓的专门规定时，方准使用。

（2）构件的高强螺栓连接面的摩擦系数必须符合设计要求。表面严禁有氧化铁皮、毛刺、焊疤、油漆和油污。

（3）高强螺栓必须分两次拧紧，初拧、终拧质量必须符合施工规范和钢结构用高强螺栓的专门规定。

（4）高强螺栓接头外观要求。正面螺栓穿入方向一致，外露长度不少于两扣（检查数量按节点数抽查 5%，但不少于 5 个）。

四、钢结构安装时质量控制

（1）构件必须符合设计要求和施工规范规定。由于运输、堆放和吊装造成的构件变形必须矫正。

（2）垫铁规格、位置要正确，与柱底面和基础接触紧贴平稳，点焊牢固。座浆垫铁的砂浆强度必须符合规定。

（3）构件中心、标高基准点等标记完备。

（4）结构外观表面干净，结构大面无焊疤、油污和泥砂。

（5）磨光顶紧的构件安装面要求顶紧面紧贴不少于 70%，边缘最大间隙不超过 0.8mm（按接点数抽查 10%，但不少于 3 个）。

（6）安装的允许偏差和检验方法见《建筑安装工程质量检验评定标准》。

五、钢结构油漆工程质量控制

（1）油漆、稀释剂和固化剂种类及质量必须符合设计要求。

（2）涂漆基层钢材表面严禁有锈皮，并无焊渣、焊疤、灰尘、油污和水等杂质。用铲刀检查经酸洗和喷丸（砂）工艺处理的钢材表面必须露出金属色泽。

（3）观察检查有无误涂、漏涂、脱皮和反锈。

（4）涂刷均匀，色泽一致，无皱皮和流坠，分色线清楚整齐。

（5）干漆膜厚度要求 125μm（室内钢结构）或 150μm（室外钢结构），允许偏差 -25μm（检查数量按各种构件件数各抽查 10%，但均不少于 3 件。每件测 3 处，每处值为 3 个相距 50mm 测点漆膜厚度平均值）。

第三节　钢结构的质量事故及其原因分析

钢结构按破坏形式大致可分为：钢结构强度和刚度的失效、钢结构的失稳、钢结构的疲劳、钢结构的脆性断裂和钢结构的腐蚀等。同时钢结构的各种破坏形式又是相互联系和相关影响的，在一个事故中有可能发现几种形式的破坏，导致各种形式破坏的原因虽有不同，但大多具有一定的共性。

一、钢结构承载力和刚度的失效

钢结构承载力失效主要指在正常使用状态下结构构件或连接因材料强度被超过而导致破坏，其主要原因为以下几方面：

（1）钢材的强度指标不合格。在钢结构的设计中，有两个重要的强度指标：屈服强度 f_y 和抗拉强度 f_t。另外当结构构件承受较大剪力或扭矩时，钢材的抗剪强度也是一个重要的强度指标。

（2）连接强度不满足要求。钢结构焊接连接的强度主要取决于焊接材料的强度及其与母材的匹配、焊接工艺、焊缝质量和缺陷及其检查和控制、焊接对母材热影响区强度的影响等；螺栓连接强度的影响因素有：螺栓及其附件材料的质量以及热处理效果、螺栓连接的施工技术工艺的控制，特别是高强度螺栓预应力控制和摩擦面的处理、螺栓孔引起被连接构件截面的削弱和应力集中等。

（3）使用荷载和条件的改变。主要包括：计算荷载的超载、部分构件退出工作引起的其他构件荷载的增加、温度荷载、基本不均匀沉降引起的附加荷载、意外的冲击荷载、结构加固过程中引起计算简图的改变等。

钢结构刚度失效主要指结构构件产生影响其继续承载或正常使用的塑性变形或振动，其主要原因为以下几方面：

（1）结构或构件的刚度不满足设计要求。在钢结构构件设计中，轴心受压构件不满足允许长细比的要求；受弯构件不满足允许挠度的要求；压弯构件不满足长细比和挠度的要求等。

（2）结构支撑体系不够。在钢结构中，支撑体系是保证结构整体刚度的重要组成部分，它不仅对抵制水平荷载和抗地震有利，而且会直接影响结构的正常使用。比如有吊车梁的工业厂房，当整体刚度较弱时，在吊车梁运行过程中会产生振动和摇晃。

二、钢结构的失稳

钢结构的失稳主要发生在轴压、压弯和受弯构件。它可分为两类：丧失整体稳定性和丧失局部稳定性。两类失稳都将影响结构构件的正常使用，也可能引发其他形式的破坏。

1. 影响结构构件整体稳定性的主要原因

（1）构件整体稳定不满足要求。影响它的主要参数为长细比（$\lambda = l/r$），其中 l 为构件的计算长度，r 为截面的回转半径。应注意截面两个主轴方向的计算长度可能有所不同，以及构件两端实际支承情况与计算支承间的区别。

（2）构件有各类初始缺陷。在构件的稳定性分析中，各类初始缺陷对其极限承载力的影响比较显著。这些初始缺陷主要包括：初弯曲，初偏心、热轧和冷加工产生的残余应力和残余变形及其分布、焊接残余应力和残余变形等。

（3）构件受力条件的改变。钢结构使用荷载和使用条件的改变，如超载、节点的破坏、温度的变化、基础的不均匀沉降、意外的冲击荷载、结构加固过程中计算简图的改变等，引起受压构件应力增加，或使受拉构件转变为受压构件，从而导致构件整体失稳。

（4）施工临时支撑体系不够。在结构的安装过程中，由于结构并未完全形成一个设计要求的受力整体或其整体刚度较弱，因而需要设置一些临时支撑体系来维持结构或构件的整体稳定。若临时支撑体系不完善，轻则会使部分构件丧失整体稳定，重则造成整个结构的倒塌或倾覆。

2. 影响结构构件局部稳定性的主要原因

（1）构件局部稳定不满足要求。如构件工形、槽形截面翼缘的宽厚比和腹板的高厚比大于限值时，易发生局部失稳现象，在组合截面构件设计中尤应注意。

（2）局部受力部位加劲肋构造措施不合理。在构件的局部受力部位，如支座、较大集中荷载作用点，没有设支承加劲肋，使外力直接传给较薄的腹板而产生局部失稳。构件运输单元的两端以及较长构件的中间如没有设置横隔，截面的几何形状不变难以保证且易丧失局部稳定性。

（3）吊装时吊点位置选择不当。在吊装过程中，由于吊点位置选择不当会造成构件局部较大的压应力，从而导致局部失稳。所以钢结构在设计时，图纸应详细说明正确的起吊方法和吊点位置。

三、钢结构的脆性断裂

钢结构的脆性破坏是其极限状态中最危险的破坏形式之一。它的发生往往很突然，没有明显的塑性变形，而破坏时构件的名义应力很低，一般低于钢材的抗拉强度设计值，有时只有钢材屈服强度的 0.2。影响钢结构脆性破坏的因素很多，归纳起来主要有以下几方面：

（1）所用钢材的抗脆断性能差。钢材的塑性、韧性以及对裂纹的敏感性等都将影响其抗脆性断裂的性能，其中冲击韧性起着决定作用。选择钢材时，应考虑钢材类型和工作环境等条件，做到对冲击韧性的保证。低合金钢材的抗脆断性能比普通碳素钢优越。普通碳素钢系列中，镇静钢、半镇静钢和沸腾钢的抗脆断性能依次降低。另外钢材中某些微量元素的含量，如碳、磷和氮，对钢材抗脆断性能的影响也十分显著。

（2）构件的加工制作缺陷。这类缺陷主要包括：结构构造和工艺缺陷、焊接的残余应力和残余变形、焊缝及其热影响区的裂纹、冷作与变形硬化及其裂纹、构件的热应力等。这些缺陷将严重影响构件局部的塑性和韧性，限制其塑性变形，从而导致结构的脆性断裂。

（3）构件的应力集中和应力状态。构件的高应力集中会使构件在局部产生复杂应力状态，如三向或双向受拉、平面应变状态等。这些复杂的应力状态，严重影响构件局部的塑性和韧性，限制其塑性变形，从而提高了构件产生脆性断裂的可能性。

（4）构件的尺寸。这里构件的尺寸主要是指构件板材的厚度。较薄的构件一般呈现平面应力状态，而在平面应力状态下，除非应力集中系数特别高，一般不会发生脆性破坏。随着构件的厚度增大，应力状态逐渐向平面应变过渡。而在平面应变状态下，构件应力集中区材料处于三向受拉状态，其塑性发展受到限制，极易发生脆性破坏。因此在选择结构钢材时，对可能发生脆性破坏的结构和构件，如焊接结构和低温下工作的结构，应尽量采用较小厚度的钢板。

（5）低温和动载。低温对钢材及其构件的主要力学指标有较大影响。其中，随着温度的降低，钢材的屈服强度和抗拉强度升高，钢材的塑性指标截面收缩率降低，屈服比增加。也就是说，钢材本身变脆。钢构件材料的破坏强度随着温度的降低也逐渐降低。

动载对钢结构脆性破坏的影响为，钢材在循环应力的反复作用下生成疲劳裂纹，而裂纹的扩展直至整个截面的破坏往往是很突然的，没有明显的塑性变形。也就是说，疲劳裂纹的扩展破坏呈现脆性破坏的特征。

四、钢结构疲劳破坏

钢结构疲劳分析时，习惯上当循环次数 $N < 10^5$ 时称为低周疲劳；当 $N > 10^5$ 时称为高周疲劳。经常承受动力荷载的钢结构，如吊车梁、桥梁等在工作期限内经历的循环应力次数往往超过 10^5。如果钢结构构件的实际循环应力特征和实际循环次数超过设计时所采取的参数，就可能发生疲劳破坏。此外影响钢结构疲劳破坏的因素还有以下几方面：

（1）所用钢材的抗疲劳性能差。

（2）结构或构件中的较大应力集中；《钢结构设计规范》（GB 50017—2003）中有关疲劳计算的 8 类结构型式或多或少都含有一定程度的应力集中。

（3）钢结构或构件加工制作缺陷，其中裂纹型缺陷，如焊缝及其热影响区的细裂纹、冲孔和剪切边硬化区的微裂纹等，对钢材的疲劳强度的影响比较大，另外钢材的冷热加工、焊接工艺所产生的残余应力和残余变形等对钢材的疲劳强度也产生较大的影响。

五、钢结构的腐蚀破坏

由于普通钢材的抗腐蚀能力比较差，所以钢结构的腐蚀一直是工程上比较关注的重要问题。据统计全世界每年约有年产量 30% ～40% 的钢铁因腐蚀而失效，除废料回收外，净损失约 10%。钢结构腐蚀结果不单是经济上和资源上的损失，腐蚀使钢结构杆件净截面减损，降低了结构承载能力和可靠度，同时腐蚀形成的"锈坑"使钢结构产生脆性破坏的可能性增大，尤其是抗冷脆性能下降。过去用油漆等涂料来保护钢结构，后来也有以镀锌、喷铝等方法来抗腐蚀的。这种消极地把钢材与大气隔绝的方法不仅增加成本和保养费用，而且效果也不很理想。近年来人们一直在寻求一种积极的提高钢材本身抗腐蚀性能的方法。通常可在低碳钢冶炼时加入适量的磷、铜、铬和镍等合金元素，使之和钢材表面外的大气化合成致密的防锈层，起隔离大气的覆盖层作用，而且不易老化和脱落。

第四节　钢结构质量事故分析

一、屋盖结构质量事故

常用的钢结构屋盖系统包括梁式（屋架）、框架式（刚架）、拱式、网架、悬索等结构形式。钢结构屋盖系统具有如下特点：

（1）钢屋盖承重构件由壁薄、细长杆件组成，截面形状多样，连接节点构造复杂，节点应力集中又有偏心。

（2）钢屋盖结构的计算荷载和计算简图与实际值较接近，屋架经常在接近计算极限状态条件下工作，屋盖系统承载能力安全储备最小，所以屋盖承重构件对超载、温度和腐蚀作用十分敏感，容易因偶然因素而失稳或破坏。

（3）设计、制造、安装和使用中出现各种缺陷，使钢结构屋盖成为钢结构中破坏最严重的构件之一，损坏事故较多。

前苏联统计了 20 个冶金厂 66 个车间的全部钢结构，调查结果证明钢屋架破坏严重。926 榀屋架中的 770 榀有不同程度的破坏，占 83.2%。屋架和托架在安装前即发现损坏的约占 45%，转炉车间的屋架在使用 10～30 年期间平均腐蚀损坏速度为每年 0.10～0.16mm。

我国曾对 220 例各类房屋倒塌事故进行分析，由屋架、梁、板等水平结构破坏引起的倒塌有 96 例，占 43.7%，其中由钢屋架破坏引起的倒塌事故有 38 例，占 17.3%。所以对于屋盖事故的严重后果也应给予足够重视。

1. 屋架事故类型

（1）屋架倒塌。

（2）桁架杆件断裂。

（3）屋架挠曲超标准。

（4）杆件弯曲、桥梁节点板弯曲或开裂。

（5）屋架支撑屈曲。

2. 屋架事故原因

（1）设计方面原因。

1）结构设计方案不合理或计算简图不符合实际、结构构件和连接计算错误。

2）对结构荷载和受力情况估计不足。

3）材料选择不宜或材料性能不满足实际使用要求。

4）结构节点构造不合理。

5）防腐蚀、高温和冷脆措施不足。

（2）制作和安装原因。

1）构件几何尺寸超过允许偏差，由于矫正不够、焊接变形、运输安装中受弯，使杆件有初弯曲，引起杆件内力变化。

2）屋架或托架节点构造处理不当，形成应力集中。

3）腹杆端部与弦杆距离不合要求，使节点板出现裂缝。

4）桁架杆件尤其是受压杆件漏放连接垫板，造成杆件过早丧失稳定。

5）桁架拼接节点质量低劣、焊缝不足，安装焊接不符合质量要求。

6）桁架支座固定不正确，引起杆件附加应力。

7）违反屋面板安装顺序，屋面板搁置面积不够、漏焊。

8）忽视屋盖支撑系统作用，支撑薄弱，有的支撑弯曲。

（3）使用原因。

1）屋面超载，尤其是某些工厂不定期清扫屋面积灰，使屋面超载，发生事故。

2）改变结构的使用功能，而没有对结构进行鉴定复核，造成荷载明显增加。

3）使用过程中高温、低温和腐蚀作用影响屋盖承载能力。

4）重级工作制吊车运行频繁，对屋架的周期性作用造成屋盖损伤破坏。

5）使用中切割或去掉屋盖中杆件，使局部杆件应力急剧变化。

6）结构出现损伤和破坏而没有进行加固和修复等。

3．事故实例分析

【实例 5 - 1】

事故概况：

1990 年 2 月 16 日下午 4 时 20 分许，某市某厂四楼接层会议室屋顶棚 5 榀梭形轻型屋架连同屋面突然倒塌。当时 305 人正在内开会，造成 42 人死亡，179 人受伤的特大事故。经济损失 430 多万元，其中直接经济损失 230 多万元。

该接层会议室南北宽 14.4m，东西长 21.6m，建筑面积 324m²。采用砖墙承重、梭形轻型钢屋架、预制空心屋面板和卷材防水屋面，图 5 - 2 给出该接层会议室的建筑剖面图及屋架示意图。

会议室由该厂基建处设计室（丙级证书单位）自行设计，某市某建筑工程公司施工。1987 年 3 月 5 日开工，同年 5 月 22 日竣工并交付使用，经常举行二、三百人的中型会议。事故发生时会议室顶棚先后发出"嘎嘎嘎，刷拉，刷拉"的响声，顶棚中部偏北方向出现锅底下凸，几秒钟后屋顶全部倒塌。会场除少数靠窗边坐的人外，其余大部分被压在预制空心板底下。图 5 - 3 给出清理后的事故现场复原情况，其中破坏屋架是按原位摆放的。事故发生后，厂方当夜成立事故分析组，该市也成立了调查组。此后的 4 个月时间里厂方经过现场观察，验算分析，屋架结构试验并根据市调查组现场勘查报告和有关原始资料，提交了事故分析报告。

原因分析：

根据事故分析报告，该四楼接层会议室屋顶倒塌是由第三榀屋架北端 14 号腹杆首先失稳造成的。导致这次事故的原因是多方面的，并涉及设计、施工和管理各阶段，归纳起来主要有：设计计算的差错、屋面错误施工、焊接质量低劣和施工管理混乱等方面。

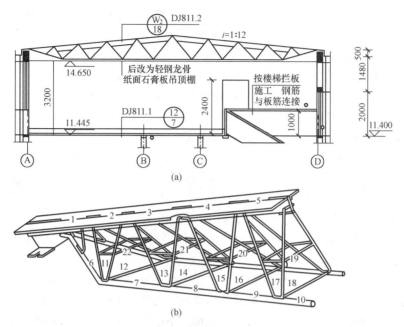

(a)

(b)

图 5-2　某厂四楼接层会议室示意图

(a) 接层会议室剖面图；(b) 屋架立体示意图

1~5—上弦杆；6~10—下弦杆；11~18—腹杆；

19~22—矩形箍

图 5-3　事故现场清理后复原情况

（1）设计计算错误。该楼原为三层，接成四层，为了不使基础荷重增加过多，选用轻钢屋架并采用不上人不保温屋面做法。梭形屋架是广泛使用的一种轻型屋架，它节约钢材，屋面坡度较缓，便于和相邻部分的平屋顶协调，其选型是正确而合理的。

梭形屋架参照中国建筑科学研究院建筑标准设计研究所编写的《轻钢结构设计资料集》设计。该图集要求屋面做法为二毡三油，20mm 厚找平层，10mm 厚泡沫混凝土，槽形板或加气混凝土板。由于该地区材料供应问题，设计者用空心板代替槽形板，并修改了屋面做法，如取消保温层而增加了 10mm 厚的海藻草，变二毡三油为三毡四油等。经核算设计图纸的屋面恒载（简称图纸荷载）为 3.09kN/m²。而按图集中原屋面做法算得屋面恒载为 2.42kN/m²（简称许用荷载），故图纸荷载与许用荷载相比超出 0.67kN/m²。

原设计者在用空心板代替槽形板后所作的计算书中有 4 处计算错误：

1）屋面荷载取值偏大。原设计计算书取计算荷载（简称计算书荷载）为 4.58kN/m²，既不合实际，又不合规范，比核算出来的图纸荷载大 48%。因而累加出来的 4.58kN/m² 的计算书荷载虽然对结构的安全有利，但不能作为分析事故的依据。

2）屋架上弦第 4 杆计算时单位换算错误，所取许用应力偏大。在验算上弦杆强度时，误将第二项中的 0.256t·m 换算成 256kg·cm（应为 25600kg·cm），而得上弦杆应力值为：$\sigma = 37800/24.61 \pm 0.9 (256/64.71) = 1539.6$kg/cm² $< [\sigma] = 170$N/mm²。实际上算得的上弦杆压力应为 189.2 N/mm²。据《轻钢结构设计资料集》，上式许用应力 $[\sigma]$ 也应取 161.5N/mm²，而不应为 170N/mm²。当屋面荷载取值正确时，结构计算分析表明，上弦杆在承载力上符合规范要求，此错误不会导致屋架破坏。

3）屋架下弦杆许用应力偏大。在计算下弦杆截面时 $A = 38000/2400 = 15.83$cm，选用 $2\phi32$，式中分母中的 240N/mm²，为下弦杆许用应力。而根据《轻钢结构设计资料集》，下弦杆的许用应力 $[\sigma]$ 应取 144.5kN/m²。现场观察表明，下弦杆并未屈服，此错误也与事故无关。

4）屋架腹杆 12 计算中，误将截面系数 W 当成回转半径 r。在腹杆 12 的稳定计算中 $\mu L/r$，式中本应取 $r = 0.625$cm，却误将 $W = 1.54$cm³ 代入。计算后并未将参考图上的 $\phi25$ 的 12 号腹杆直径减小，故此计算错误未产生不良后果。

从以上分析可见，本事故主要不是由于这些设计计算错误产生的，如果说设计计算有错误的话，则是以空心板代替槽形板后，在屋面超载 0.67kN/m² 的情况下，没有对受压腹杆进行全面的稳定性验算。

根据屋架试验报告，腹杆失稳的临界荷载为 5.16kN/m²，与施工图的屋面恒载 3.09kN/m² 相比还有 1.67 的安全裕度，说明设计计算的差错并不是事故发生的惟一因素。

（2）屋面施工错误。根据事故调查组现场勘察检测，发现屋面很多地方没有按照图纸和施工规范施工，主要包括以下几方面：

1）图纸中规定屋面找平层为 20mm 厚的 1:3 水泥砂浆，重 0.4kN/m²；而施工中错误地将找平层做成 57.3mm 厚，按勘察组报告，砂浆密度为 21.2kN/m²，则找平层重 12.15kN/m²；比设计值增大了 0.815kN/m²。

2）图纸中屋面不设保温层，而施工中屋面上错误地上了 102.7mm 厚的炉渣保温层。按炉渣容重 1050kg/m³ 计算，荷载比设计值加大 1.07kN/m³。

3）三毡四油防水层应重 0.35kN/m²，而实重为 0.14kN/m²。此项比设计值减少了 0.21kN/m²。

4）施工时没按设计要求放置 100mm 厚海藻草，此项使屋面重量减轻 0.045kN/m²。

事故调查组鉴定核实时，根据规范按一般钢屋架，查出梭形钢屋架重 0.274 kN/m²，轻钢龙骨和石膏板吊顶的荷载取 0.25kN/m²，则屋顶塌落时的荷载（简称竣工荷载）总和为 4.957kN/m²。

如按实际构件称重和计算，梭形钢屋架重 0.165kN/m²，轻钢龙骨莉石膏板吊顶的荷载取 0.13kN/m²，则屋顶塌落时的实际荷载为 4.73kN/m²，这个数值作为竣工荷载比 4.8957kN/m² 更符合塌落的实际情况。它比设计的图纸荷载（3.09kN/m²）超载 1.64kN/m²，相当于在 324m²

的屋面上超重 53.1t。屋面的总超载为竣工荷载减去许用荷载，即 4.73－2.42＝2.31kN/m²。前述的设计超载为 0.67kN/m²，占屋面总超载的 29％；而施工超载为 1.64kN/m²，占屋面总超载 71％。可见，从荷载的角度看，事故的主要原因是施工超载，而不是设计计算差错引起的设计超载。

（3）焊接质量不合格。经市调查组现场勘测，屋架的焊接质量极差，存在大量的气孔、夹渣、未焊透、未熔合现象。从断口可看出油漆都渗到里面去了，甚至整条焊缝漏焊，如第五榀中间顶部节点板东北面长达 25mm 的焊缝整条漏焊。90％焊缝药皮没打掉，说明焊缝的质量没有经过检查。

1）焊接质量不合规范。按照《钢结构工程施工及验收规范》（GBJ 205—1983）的三级标准焊缝的要求检查所有焊缝，发现不合格率如下：第一榀为 29.2％，第二榀为 31.10％，第三榀为 45.2％，第四榀为 30.1％，第五榀为 39.6％。特别是对腹杆稳定起关键作用的矩形箍和腹杆接头焊缝的质量更差。矩形箍焊缝不合格率第一榀为 37.5％，第二榀为 35.90％。第三榀为 56.2％，第四榀为 45.3％，第五榀为 59.3％，其中焊缝脱开 20 处。总之，5 榀屋架，榀榀不合格；32 个矩形箍，个个有质量问题。梭形屋架是焊接构件，焊接质量如此低劣，必然严重影响其承载性能。

2）矩形箍脱焊导致并加速腹杆的失稳。如上所述，矩形箍和腹杆间焊缝质量最差，不合格率最高。仅焊缝脱开就有 20 处。其中第三榀屋架北段矩形箍共 32 个焊点，脱开 8 处，占 25％。矩形箍脱焊，腹杆失去了中间支承点，理论上其长度系数 μ 由 0.5 增大到 1.0，而承载力则降低到 1/4。

在 409-2 型光弹仪上将矩形箍和腹杆焊接接头做成模型进行光弹试验；在 SUN-3 工作站上用 I-DEA 进行计算；以及梭形屋架结构试验时在接头处贴电阻片进行电测。结果都说明，矩形箍接头处存在着应力集中，并有和腹杆相同数量级的应力，其大小和焊接质量有关。而按照通常的桁架理论，矩形箍是零杆，不受力。

屋架结构试验表明，当腹杆有矩形箍支撑时，腹杆失稳荷载为 5.167kN/m²，腹杆失稳后的变形类似"S"型，没有矩形箍支撑（即矩形箍与腹杆接头焊缝裂开时）腹杆失稳荷载降低到 2.496kN/m²，腹杆失稳后的变形类似"C"型。

另外腹杆两端的成型也不符合图纸要求，图纸要求的是直的折线形，实际却弯成大圆弧形。这也明显加大了腹杆的压力偏心量，显著降低了腹杆的稳定性能。同时腹杆两端与上、下弦焊缝的长度和高度不足，使端部固定作用减弱，自然也会降低腹杆的稳定性能，使梭形屋架的承载力降低。

3）第三榀屋架 14 号腹杆的失稳是屋架塌落的事故源。屋面荷载中活载最大的情况发生在 1987 年施工的时候，雪载最大的情况发生在 1990 年 1 月 23 日积雪达 0.3kN/m² 的时候。但是屋架在这两种情况下都没有失稳，而是在活载、雪载都没有的 2 月 16 日破坏。据试验，屋架失稳荷载为 5.167kN/m²，为何实际屋架在低得多的 4.73kN/m² 荷载下失稳呢？

如前所述，矩形箍焊接质量低劣，应力集中严重，在因屋架两端焊死而产生的长期波动的温度应力反复作用下，有缺陷的焊缝难以承受。2 月 16 日时，积雪全部熔化使屋面荷载骤降，屋架回弹，矩形箍接头产生又一次应力大波动，使个别焊缝因裂缝扩展而断开。该复杆失去中间支承，稳定性能骤降，因而在屋面荷载减小后反而失稳破坏。

据事故现场观察，在第三榀屋架北端两根 14 号腹杆间，矩形箍西侧焊缝断开，从断口可看出焊缝缺陷严重，焊肉不连续。经测定，焊缝面积只有理论值的 52.7％。14 号腹杆失稳后弯曲成"C"型,说明该杆大变形弯曲时,矩形箍已不起支撑作用,即失稳是由于矩形箍焊缝断裂后失去中间支撑而引起的。

第三榀屋架 14 号腹杆失稳,引起内应力重新分配而导致连锁失稳,该榀屋架首先塌下,进而带动其他各榀屋架相继塌落。许多焊接质量低劣的矩形箍接头在失稳过程中断裂,又加速了连锁失稳的进程,导致整个屋架瞬时塌落,这是事故发展的全过程。

可见,第三榀屋架北端两个 14 号腹杆间矩形箍焊缝断裂导致腹杆失稳是屋架塌落的事故源。

(4) 施工管理混乱。在检查该工程施工记录和验收文件时,发现施工管理相当混乱,有以下情况:

1) 隐蔽工程记录失真。主要包括以下几个方面:

a. 施工图中屋面无保温层,而施工单位错误地加上了炉渣保温层。对此,施工单位从工区质检员到建设单位甲方代表都没有认真检查,就在隐蔽工程记录上签字。

b. 施工图中屋面找平层为 20mm 厚水泥砂浆,事故现场勘察结果为 57.3mm 厚,加厚到设计的 286.5%,但隐蔽工程记录为"屋面按图施工"。

c. 施工图 87-计-接-4 说明第五条为"钢屋架在完成两榀成品后,要进行一次现场荷载试验,对整体结构制作做鉴定后再行安装使用",施工单位在进行安全技术交底时,也明确要进行试压。但没有任何关于钢屋架试验记录、试验报告和吊装指令。而 1987 年 4 月 25 日隐蔽工程记录为"钢屋架按图施工"。

2) 工程竣工验收违反管理规定。《单位工程质量评定》填写于 1987 年 5 月 25 日,该表只有工区盖章,没有建设单位签字盖章,也没有市质检站的核验意见。

《单位工程竣工报告》填写于 1987 年 5 月 22 日,该表只有建设单位基建处盖章,没有施工单位签字盖章。《工程竣工验收交接(报告)证书》填写日期为 1987 年,没有月份日期,没有建设单位和施工单位签字盖章。而建设单位予以接收并决算付款。

综上所述,这次事故的直接原因是设计计算差错、屋面错误施工和焊接质量低劣,间接原因是施工管理混乱。而屋面错误施工和焊接质量低劣则是导致事故的主要原因。

结论:

(1) 基本建设任务过重,工作量较大,设计缺乏质量保证。

(2) 甲方代表责任心不强,工程质量监督不力。

(3) 没有认真地按基本建设的管理程序,对施工单位的工程进行全面检查验收。

【实例 5-2】

事故概况:

如图 5-4 所示,某县医院会议室为钢屋盖,该会议室总长 54.8m,柱距 3.43m,进深 7.32m,槽口高 3m。结构为砖墙承重,轻钢屋架,屋面为圆木檩条,上铺苇箔两层,抹一层大泥。后院方决定铺瓦,于是在原泥顶面上又铺了 250mm 秫秸和旧草垫子,100mm 厚的炉灰渣子,100mm 厚的黄土,最后铺上厚 20mm 的水泥瓦。1982 年 12 月 15 日盖完最后一间房屋面的瓦时,工程尚未验收医院即启用。当天下午 3:30 左右约 130 人在该会议室开会时,5 间房的屋盖全部倒塌,造成 8 人死亡,7 人重伤,3 人轻伤的重大事故。

原因分析:

事故发生后进行调查分析,得出事故的原因是多方面的:

(1) 屋架的构造不合理。由图 5-4 可见,端部第二节间内未设斜腹杆,BCED 很难成为坚固的不变体系,因而 BC 杆为零杆,很难起到支撑上弦的作用。这样,杆 ABD 在轴力作用下,因计算长度增大而大大地降低其承载力。另外屋架上弦为单角钢L 40×4，在檩条集中力的作用下构件还可能发生扭转，使其受力条件恶化。又单角钢L 40×4 的回转半径为 7.9mm，这样上弦 AD 杆的长细比接近 195，比规范要求的 150 超出很多。经计算 AD 杆的强度及稳定性均严重不足，这是屋架破坏的主要原因。

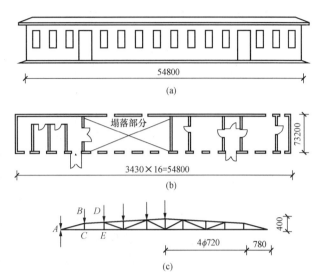

图 5-4　某县医院会议室钢屋架及平、立面示意图

(a) 南立面；(b) 平面及立面示意图；(c) 屋架示意图

（2）屋架之间缺乏可靠的支撑系统。圆木檩条未与屋架上弦锚固，很难起到系杆或支撑的作用。屋架间虽设有 3 道Φ8 钢筋的系杆，但过于柔软，不能起到支撑作用；即便能起支撑作用，由于间距过大，使上弦杆的平面外长细比达 302，和规范要求相差甚远。加之屋架支座处与墙体也无锚固措施，整个屋架的空间稳定性很差，只要有一榀屋架首先失稳则整个屋盖必会大面积倒塌。

（3）屋架制作质量很差。尤其是腰杆与弦杆的焊接，只有点焊接，许多地方焊缝长度达不到规范要求的 8 倍焊缝厚度。

（4）工程管理混乱。设计上审查不严，医院领导盲目指挥，尤其是不考虑屋架的承载力而盲目增加屋盖的重量，终于酿成严重的事故。

【实例 5-3】

事故概况：

台湾省某中学礼堂位于一栋 19.5m×49.5m 的两层长方形建筑的第二层（底层为教室），层高 6m，平面图如图 5-5 所示。屋顶结构由跨度 19.5m、中到中 4.5m 的钢桁架承重。桁架端部高 125cm，次桁架起纵向支承的作用，并与主桁架相连接构成整体。由 40cm×60cm 的钢筋混凝土柱与连系梁组成纵向排架支承。并在⑤～⑧轴线处从连系梁侧面悬挑出一个很大的钢筋混凝土雨棚。屋盖系统如图 5-6 所示。

施工过程中，由于某种原因，在底层教室完工后，曾有 10 个月的停工间隙期，因而在第二层楼面以上的钢筋混凝土立柱中，存在施工缝的处理问题。

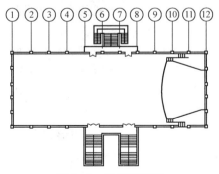

图 5-5　礼堂平面图

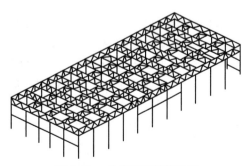

图 5-6　礼堂屋顶结构系统

该建筑于 1975 年 1 月竣工。由于出现严重的渗漏现象，在 1983 年 6 月对屋面进行返修。返修时，为了改善屋面的保温隔热性能，在屋顶上增加了一个蓄水保温系统。

1983 年 8 月 24 日，该礼堂屋顶结构发生坍塌。虽然事故的前一天曾经下过雨，但在事故发生的时候，并未在结构上施加过任何临时额外荷载，坍毁前也没有出现异兆。

原因分析：

（1）焊缝质量差。在废墟上进行的调查表明：下弦的许多焊接点已经严重损坏，甚至裂口、脱落。当然，这可能只是在屋架下塌过程中被摔伤的，也可能是是属于焊接质量本身的问题。在调查过程中，对一些未损坏的焊接点进行过 X 光透视，证明焊接质量确实很差。由此可见，受拉的下弦杆从焊接点拉断是导致事故的主要原因。由于钢桁架体系进行内力重分配的能力不高，局部出了问题，容易出现应力集中，引起连锁反应，最终导致整个结构体系的全面倒塌。另外，桁架的垂直杆与斜杆是依靠螺栓连接的，沿着螺栓孔周围有撕裂现象。这表明，用螺栓连接的杆件也可能因为松动、脱落，从而加剧事故的发生。

（2）桁架支承构造改变。从原设计图可知，钢桁架的端支承应该是一端铰接，一端滚动（滑动）的。然而，从现场考察发现，在实际施工中，桁架两端的支承都被做成了铰接。施加荷载以后，桁架下弦必然要因受拉而伸长。由于受到两端钢筋混凝土柱的制约，柱与桁架两者之间也就产生了水平力，这个水平推力作用在柱脚施工缝处，形成了使柱身外倾的倾覆弯矩，也可能是事故原因之一。

（3）结构超载。结构系统分析表明，在改变桁架的支承条件的情况下，桁架上弦的内力超载为 1.41 倍，下弦的内力超载系数为 1.86 倍，钢筋混凝土立柱弯矩也增大 1.55 倍。但一般情况下，钢材的抗拉安全储备和钢筋混凝土立柱的抗弯能力都较大，所以超载不应该是事故的主要原因当然，超载毕竟是加速事故出现的因素。

（4）结构变形。从原设计看，双向桁架体系的刚度极差，主桁架的高跨比只有 1/14.4。根据经验，一般平板钢网架的高跨比也很少做到 1/14，《蒸压加气混凝土应用技术规程》（JGJ 17—1984）规定平板网架的高跨比为 1/10～1/14，但即使在采用铝合金轻型屋面的情况下，设计者也很少将高跨比做到 1/14，梯形平面钢屋架的高跨比一般只做到 1/9 左右。对于重型屋盖，如果刚度不够，往往引起卷材防水层错动、撕裂、漏雨等返工事故。本礼堂之所以出现渗漏严重，被迫返修的问题，也是由于桁架体系刚度不够。返修以后，荷重进一步增加，变形进一步发展，大大超出允许限量，引起荷载分配不均，带来杆件应力集中现象，再加上有一个潜在的焊接质量差的导火线埋伏着，坍毁事故也就在所难免了。

【实例 5 - 4】

事故概况：

某炼铁厂高炉出铁场厂房建于 1958 年。厂房为 18m 跨度 4m×6m 长的现浇钢筋混凝土结构。屋面为现浇钢筋混凝土双坡屋面（其位置如图 5 - 7 所示的轴线①～⑤。1959 年设计部门对高炉风口平台和出铁场改建时增加了轴线⑥、⑦柱。1967 年出铁场进一步改扩建，对原柱列接长加固，升高屋面，增设 1 台 5t 桥式吊车，檩条用 12 号槽钢。另外在轴线①～⑤增设通风屋脊。原 5200～6000mm 出铁平台保留。这次改造还从轴线①往左接长 8.57m，在此距内设两榀屋架，其中 1 榀距轴线①为 4m。此屋架坐在轴线⑫与轴线①之间柱顶的钢筋混凝土托架梁上。1971 年设计部门对该厂房进一步改建。拔除Ⓑ列轴线⑤及轴线⑥的柱，从而形成 12.8m 大柱距。在轴线④与轴线⑦之间增设钢托架和钢吊车梁，屋面用 2mm 厚铁皮瓦。

1990 年 2 月出铁场厂房附跨因积灰太厚，出现局部坍塌现象。

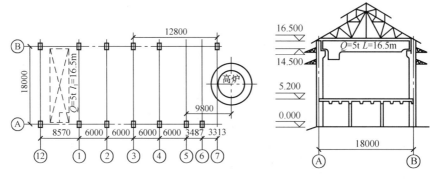

图 5 - 7　厂房平面及剖面图

1990 年 5 月 14 日整天下雨，雨量为 26.4mm。15 日凌晨下大雨直到晚上，雨量为 88.4mm。15 日凌晨 4 点左右整个厂房除轴线⑫的屋架未垮外，其余 7 榀棉钢屋架全部垮塌。靠近高炉的轴线⑤、⑥垮塌尤为严重。垮下来的屋架把高炉的循环水管打破，从而引起高炉停产。停靠在轴线⑫与轴线①之间的吊车大梁也受垮塌屋架的冲击而变形。厂房排架纵向连系梁除轴线⑫～①之间托架梁未拉下来外，其余的均随着屋架和上柱破坏而掉下来。柱顶埋设件因屋架垮塌而使锚筋被连根拔出。上柱靠厂房内侧的主筋被拉出柱外，有几根柱子的上柱完全被拉断。位于轴线④～⑦的托架随屋架一起垮下来并把下面的钢吊车梁打变形。柱牛腿都有不同程度的破坏，其中轴线⑦列柱牛腿在斜面下方断裂。下柱情况较好，只有轴线④、⑤、⑥列柱和轴线④、⑦列柱有明显裂纹，其余柱均未发现异常。事故发生后对厂房轴线、轨道中线测量结果表明，厂房有较大变形。

原因分析：

事故发生以后，经多次现场调查和对原设计图纸复查，同时收集屋面积灰和截取屋架上下弦杆样品送试验室检验。

（1）屋面积灰超负荷。从现场未垮下来的部分屋面以及紧挨高炉的其他建筑屋面上积灰厚度来看，最厚的达 300mm，薄的也有 100 多毫米，积灰相当严重。送检的灰样的重力密度为：原样重力密度是 8.5N/m²，烘干试样重力密度为 9.5N/m²，24h 饱和试样重力密度为 12.9N/m²。

原设计强调对屋面积灰应定期清灰，积灰厚度不得超过 30mm。实际上屋面积灰最薄的也远远超过设计考虑的厚度。以积灰厚度为 100mm 的饱和试样计算，其积灰荷载达到 1290N/m²，这个荷载已是原设计积灰荷载的 3 倍以上。即使原设计按荷载规范《工业与民用建筑结构荷载规范》（TJ 9—1974）表 5 中的规定选用，其设计考虑和积灰荷载也远小于现场的积灰荷载。

（2）灰尘的长期聚集加剧屋盖结构的腐蚀。出铁场厂房离尘源（高炉和烧结厂）很近，每天都有大量的降尘集落在屋面和粘附在厂房结构表面上。这些聚集和粘附的灰尘首先引起钢结构表面防腐涂层的破坏，继而对钢结构直接腐蚀。从对积灰样的化学分析来看，其主要成分为 SiO_2、Al_2O_3、TFe、MgO、CaO 固定碳等。用手捏感觉像砂子一样。通常，砂粒容易使水凝结，从而造成钢结构表面潮湿，水膜增厚，同时砂状灰尘又吸附工业大气中的 SO_2，及其他有害成分溶入钢结构表面水膜中形成弱酸电解质。这样就在钢结构表面形成电化学的腐蚀过程，加剧了钢结构的腐蚀。现场调查时，发现铁皮瓦的腐蚀相当严重，有的铁皮已锈蚀成薄片，有的已完全锈穿。这些铁皮瓦还是 1987 年才换上去的。从屋架上下弦杆角钢送检的显微照片发现：下弦杆件∠63×6 的外表面严重锈蚀，上弦杆件∟75×6 的内表面严重腐蚀，角钢边厚明显减薄 3mm。此外，每榀屋架支座板、柱顶埋件都腐蚀严重。

（3）周期性热源高温对屋架结构的影响。高炉出铁厂的特点是热量集中，温度高，时间短，但它却是周期性地辐射于附近的建筑结构的表面，这种热影响应引起足够的重视。一般来说，钢结构对温度影响适应性较好，钢材在 100℃时其强度和弹性模量只降低 5％左右；温度大于 250℃时，其强度显著降低 25％左右；温度在 350～400℃时钢结构将产生急剧变形。出铁场柱顶标高为 16.500m，屋架距热源（铁水）近，如果出铁时操作不当，就会产生铁水喷溅现象，使钢结构表面突然遭受高温铁水的溅射，出现这种现象对建筑结构是比较不利的。现场发现轴线⑤、⑥、⑦柱靠高炉面有遭喷溅粘附的铁屑，同时发现钢筋混凝土柱有被烧烤而产生疏松现象。还没有屋架下弦在出铁水时的温度实测数据来说明这一影响，但值得注意的是这次事故是在下雨和刚出完铁水后几分钟内发生的，说明有受高温影响的可能性。

（4）使用不当是造成事故的潜在因素。

1）生产单位没有制定严格的定期清灰制度。厂房离尘源这样近，灰尘浓度大，长期集落又不定期清扫，势必造成积灰超负荷。工程设计又不可能把积灰荷载提得很高，这样做不仅增加屋面结构材料，增加工程投资，而且也难以满足长期积落灰尘的要求。所以应制定严格的清灰制度才能保证屋面正常工作。

2）生产单位随意改变结构用途。在现场发现有一根钢丝绳穿在 3 榀屋架的下弦，同时还有一根钢丝绳套在一根柱子的上柱处。这说明生产单位平时利用屋架等构件吊重物，改变了结构设计用途。这是不安全的，而且很容易造成结构损伤。

（5）设计时构造措施不足。对几次改扩建的图纸分析发现屋盖支撑系统有两个不足之处：一是两端横向水平支撑未贯通整个跨间；二是在设有托架的相邻柱间未设纵向水平支撑或设了支撑又未形成封闭的支撑系统。总之原设计屋盖系统空间刚度较弱。

综合以上 5 点分析来看，这次事故的原因较多，但最主要的原因是积灰超负所致。

结论：

（1）工业建筑管理和生产部门应制定严格的清灰制度。要定期定人清扫屋面积灰。

（2）对钢结构应定期更新防腐涂层以确保结构的正常工作。

（3）生产单位在生产过程中不得随意改变建筑结构的用途，以及结构的受力状态。确实需要改变用途的应请设计部门变更设计。

（4）设计部门应努力提高设计质量，在设计工作中推行全面质量管理。要加强设计人员的质量意识。要建立完整的质量保证体系，严格把好设计全过程的各道关口。

二、吊车梁结构事故

吊车梁系统是工业厂房钢结构重要组成部分，吊车梁系统包括吊车梁本身、吊车梁制动结构、吊车轨道和它们之间连接；吊车梁有实腹式和桥梁式两类，吊车梁主要是焊接结构（以前有铆接）和焊缝、高强螺栓的栓焊结构，制动结构也有实腹锚板式和制动椅架式两类。

吊车梁系统施工阶段破坏事故是罕见的，但在使用过程中吊车梁系统又是最多出现局部破坏以至整体破坏的部分，这是由吊车梁系统设计时荷载性质决定的，吊车梁受力极其复杂，吊车的垂直力和侧向力都具有动力特征、冲击和疲劳作用，使吊车梁系统比起屋盖系统、柱子和楼板平台梁等来说，计算与实际情况差异更大，不定性较多，其结构可靠性和耐久性最差。由于吊车梁系统损坏多产生在使用阶段，故在生产中要定期检查、及时维修避免事故发生。

1.吊车梁事故类型

国内外对工厂使用中吊车梁系统进行了大量调查，调查资料表明吊车梁系统大部分破坏发生在下列部位。

（1）实腹式吊车梁。实腹式吊车梁上翼缘与腹板焊缝和上翼缘与加劲肋间焊缝是最常见的损坏部位，然后带连腹板或翼缘板开裂，这些裂缝有明显疲劳特征。

（2）桁架式吊车梁。桁架式吊车梁过去常用铆接和焊接，损坏比实腹式吊车梁严重，上弦有严重应力集中和扭矩作用导致疲劳裂缝开展。

（3）制动梁（制动桁架）。制动结构实际工作状态极复杂，与计算简图不符，故损坏严重，损坏部位如下：

1）制动梁板与吊车梁连接焊缝开裂。

2）制动梁上板开裂。

3）制动桁架节点板裂缝、断裂，节点板连接开裂。

4）垂直支撑斜杆裂缝、断裂。

5）制动桁架杆件扭曲或裂缝。

6）辅助桁架腹杆开裂、断裂。

（4）吊车梁与柱连接处。

1）制动结构与柱连接焊缝开裂或螺栓松动。

2）吊车梁与柱水平连接板焊缝开裂或螺栓松动。

3）吊车梁与柱垂直连接板焊缝开裂或螺栓松动。

4）垂直连接板开裂。

5）吊车梁与吊车梁、吊车梁与柱连接螺栓松动。其中第1）种损坏是最常见的破坏。

（5）吊车轨道及车挡。

1）轨道顶面和侧面磨损。

2）轨道接头处损坏。

3）轨道腹板处裂缝，通常在接头和孔附近。

4）采用弯钩螺栓连接轨道和吊车梁最易损坏，弯钩螺栓自行伸直拉出，使轨道发生位移。

5）采用双螺栓压板连接轨道和吊车梁，基本可靠，少数车间会连接松动、轨道发生横向位移。

6）车挡固定连接松动。

2. 吊车梁事故原因

（1）设计方面。

1）设计荷载及其作用特点考虑不全。吊车荷载以集中轮压形式作用在吊车梁长度方向任意点，轮压大小与许多因素有关。吊车荷载总是偏心地作用于吊车梁上；使吊车梁除承受一组轮压荷载外，还有其产生的动集中扭矩，吊车行驶中产生纵向、横向水平力，尚有卡轨产生的卡轨力，卡轨力在数值上大大超过横向制动力，这类卡轨力很难计算其值。吊车梁中应力状态实际上十分复杂，而在现行钢结构规范中仅考虑了弯曲应力、剪应力和局部挤压应力，而对其他应力没有涉及。吊车梁荷载另一特点是反复的作用使钢材疲劳，形成疲劳特征的损坏，疲劳是细微裂纹扩展的过程，目前疲劳强度验算还比较粗糙。

2）吊车梁系统构造与计算简图不全一致。设计时大多数吊车梁是按实腹简支梁或静定桁架梁计算，但实际上吊车梁与吊车梁，在上翼缘及腹板处用连接板连接，上面尚有连续铺设的钢轨，使简支吊车梁成为一定程度的连续梁；吊车梁与制动系统的连接，使吊车梁与制动系统共同工作，带来计算中未考虑因素；吊车梁与柱子的连接，使梁与柱形成不同程度的嵌固作用，限制了支座处的自由转动，使吊车梁支座处产生负弯矩作用导致此处节点破坏。

（2）施工方面。

1）制作和安装偏差。吊车梁系统位置相对偏移、轨道安装偏心、轨道不平和弯曲，这些使吊车梁带来复杂应力，易使吊车梁疲劳损伤。

2）焊缝缺陷。在焊缝和热影响区金属母材存在微小裂纹；焊缝中有夹渣、气孔、凹槽、咬肉及焊缝厚度不足，这些缺陷是裂纹源，在重复荷载下扩展，导致吊车梁系统疲劳破坏。

对于铆接结构，铆钉填孔不实，在孔处产生应力集中，易导致裂缝。

3）在吊车梁上随便切割缺口和乱焊吊其他部件，使在切口处和焊物处应力集中，在重复荷载下加速疲劳裂缝的形成和发展。

（3）使用管理方面。

1）吊车超载运行、或吊车改换大吨位，使吊车梁超载工作。

2）没有定时检查，及时维修，如轨道偏心、连接螺栓松动、吊车行驶晃动、冲击、卡轨等没有及时纠正。

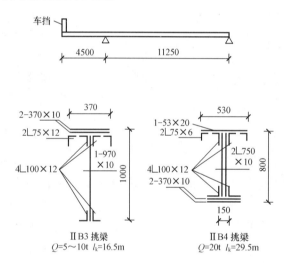

图 5-8　上海汽轮机厂悬挑车梁工作简图和断面

【实例 5-5】

事故概况：

1955 年建成的上海汽轮机厂汽轮机车间为纵横跨运输的方便而设置了四个悬挑吊车梁，其中三个轨高为 8m，另一个轨高为 10m。这些悬挑的钢吊车梁均为铆接结构，其工作简图和断面如图 5-8 所示。

建成后在空载下进行试车时，发现各横跨的空载吊车一旦驶到悬挑吊车梁的外端车挡处，该悬挑梁立即上下抖动，左右摇晃，司机害怕得不敢操作，更不敢满载试车，验收工作只好暂停。检查该挑梁施工质量都属正常，会同设计院研究发现，该梁的下翼缘宽比上翼缘宽要小得多，且从跨内到悬臂端全长的翼缘截面相同。同时厂方反映悬挑梁端的挠度也显得过大。

原因分析：

复核发现 B3 吊车梁下翼缘在悬挑段支承处的平面外的长细比不够，因为当吊车驶到悬挑端时，该支承处下翼缘受压。若按压杆考虑，就不可与其跨中的受拉下翼缘采用同样宽的断面，此外该外悬挑部分的计算长度 l_0 应远大于其构造长度 4500mm。因该支承节点不能达到完全固接，即使把它视作一端嵌固，一端悬臂，至少也得按 2L 考虑，如嵌固条件不足则按 3L 考虑比较稳妥。若按 3L 核算，则 B3 挑梁下翼缘出平面的长细比 $\lambda_y=300$，若按 2L 核算，$\lambda_y=200$，这与当时的《钢结构设计规范》（GB 50017—2003）规定的主要受压构件的 $\lambda<120$ 相距甚远。故吊车空载开到悬臂端时，该挑梁就剧烈抖动，不能正常使用。至于吊车悬臂梁是双腹式，下翼缘 2L 100×12 的角钢已分开排列，所以其出平面外的长细比也较大，若按 3L 考虑，其 $\lambda_y=136.31$。虽然整个断面已组成箱型，抗扭刚度比 B3 梁增强不少，可是按当时的规范 $\lambda<120$ 来

验算，也稍显不足，仍需补强处理。

处理方法：

对铆接结构进行加固非常麻烦，如欲添加杆件还得在原有构件上钻孔打铆钉，而高空作业时补钉很多铆钉是不现实的；如用焊接加固，首先钢结构规范不允许，规范规定铆、焊连接在一个构件上不能同时并用；其次，在铆接构件上再烧焊时，热膨胀影响会引起原铆钉松动。由于主要是下翼缘出平面稳定不够，所以只要加固后保证下翼缘有足够出平面刚度即可。经过反复思考和推敲，决定采用焊接加固。至于施焊时的热膨胀，可采用湿的回丝纱满铺在焊缝附近的铆钉角钢肢上，让烧焊时的热量通过水分的蒸发而被吸收掉，避免焊后铆钉松动。对 B3 的加固是通过在中柱处将两个独立的吊车梁并连起来实现的，即在上翼缘用花纹钢板两边焊连，花纹钢板可兼作走道板；下翼缘加水平桁架式支撑；而在梁端和中间的竖肋平面上间隔一档加设交叉支撑，把这两个单梁组成整体，把内跨简支部分也连成整体。由于 B4 挑梁的下翼缘刚度勉强还可以，所以在靠侧墙一端挑梁设一单角钢 L75×6 作横向支撑，使其在垂直平面可以浮动而在水平方向则加强刚度，加固后检查一次，铆钉毫无松动现象，所以在 1956 年国家正式验收中通过，现在经过 30 多年投产使用情况良好，运行正常。

此外，钢桥结构事故、板式结构事故以及海洋平台等事故也时有发生。

【实例 5 - 6】

事故概况：

1994 年 10 月 21 日，韩国汉城汉江圣水大桥中段 50m 长的桥体，像刀切一样地坠入江中。当时正值交通繁忙时间，多架车辆掉进河里，其中包括一辆满载乘客的巴士，造成多人死亡。圣水大桥是横跨汉江的 17 座桥梁之一，桥长 1000m 以上，宽 19.9m，由韩国最大的建筑公司（东亚建设产业公司）于 1979 年建成。

原因分析：

事故原因调查团经过 5 个多月的各种试验和研究，于次年 4 月 2 日提交了事故报告。

用相同材料进行疲劳试验表明，圣水大桥支撑材料的疲劳寿命仅为 12 年，即在 12 年后就会因疲劳而断裂。大型汽车在类似桥上反复行驶的试验结果也表明，这些支撑材料约 8.5 年后开始损坏。而用这些材料制成的圣水大桥，加上施工缺陷的影响，在建成后 6～9 年就有坍塌的可能。

实际上，圣水大桥的倒塌发生在建成后 15 年，而不是以上所说的 12 年或 8.5 年，一方面是由于桥墩上的覆盖物起着抗疲劳的作用，另一方面是由于桥墩里的 6 个支撑架并没有全部断裂，因此大桥的倒塌时间才得以推迟。

（1）东亚建筑公司没有按图纸施工，在施工中偷工减料，采用疲劳性能很差的劣质钢这是事故的直接原因。

（2）当时韩国"缩短工期第一"的政治、经济和社会环境以及汉城市政当局在交通管理上的疏漏，也是导致大桥倒塌的重要原因。圣水大桥设计负载限量为 32t；建成后随着交通流量的逐年增加，经常超负荷运行，倒塌时负载为 43.2t。

【实例 5 - 7】

北海油田所用的"海宝"号海洋钻机台由长 75m，宽 27.5m，高 3.95m 的矩形浮船构成，安装有钻机、井架、减速箱和调节装置。1965 年 12 月 27 日，在气温为 3℃时发生井架倒塌和下沉。当时船上有 32 人，其中 19 人丧生。到事故发生时为止，海宝号海洋钻机已运转了约 1345h。调查发现，事故由连接杆的脆性破坏引起，该杆破坏时的实际应力低于所用钢材的屈服强度。连接杆的上部圆角半径很小，应力集中系数达 7.0，同时钢材的 Charpy-V 形试件的缺口冲击韧性很低，在 0℃仅为 10.8～31J，并有粗大的晶粒，所有这些导致了连接杆的低温脆性断裂。当一根或几根连接杆发生这种脆性断裂后，就会产生动荷载，从而导致整个结构的倒塌。

第五节　钢结构的加固和修复

钢结构如果有严重缺陷和损伤以及使用条件的改变，经检查和验算结构的强度、刚度及稳定性不能满足要求时，应对钢结构进行加固或修复。需要加固或修复的具体情况如下：

（1）由于设计失误或施工质量不满足要求。比如桁架节点板设计时未考虑施工拼装误差，造成侧焊缝长度不足；制作中桁架杆件不交汇于一点所产生的附加弯矩引起杆件强度不足，或焊缝厚度不够等。

（2）荷载的增加。比如屋面增设保温层、厂房内吊车起重量加大、或屋面积灰等。

（3）工艺操作的改变引起建筑结构的布置和受力状况发生变化，原有结构不能适应。

（4）使用过程中的磨损，严重锈蚀和生产事故造成的损害。

（5）由于地基基础的下沉，引起结构变形和损伤。

（6）意外损害，比如战争破坏，自然灾害，比如地震。

（7）使用的钢材质量不符合要求。

（8）钢材和构件出现裂纹。

（9）构件与连接损伤和缺陷。

（10）结构变形等。

一、钢结构加固的基本要求

1. 钢结构加固的一般规定

（1）钢结构的加固应根据可靠性鉴定所评定的可靠性等级和结论进行。经鉴定评定其承载能力，包括强度、稳定性、疲劳、变形、几何偏差等，不满足或严重不满足现行钢结构设计规范的规定时，则必须进行加固方可继续使用。

（2）加固后的钢结构安全等级应根据结构破坏后果的严重程度、结构的重要性等级和加固后建筑物功能是否改变，结构使用年限确定。

（3）钢结构加固设计应与实际施工方法密切结合，并应采取有效措施保证新增截面、构件和部件与原结构和构件连接可靠、形成整体共同工作。

（4）对于高温、腐蚀、冷脆、振动、地基不均匀沉降等原因造成的结构损坏，提出其相应的处理对策后再进行加固。

（5）钢结构在加固施工过程中，如果发现原结构或相关工程隐蔽部位有未预及损伤或严重缺陷时，应立即停止施工，采取有效措施进行处理后方能继续施工。

（6）对于可能出现倾斜、失稳或倒塌等不安全因素的钢结构，在加固之前，应采取相应的临时安全措施，以防止事故的发生。

2. 钢结构加固的计算原则

（1）在钢结构加固前应对其作用荷载进行实地调查，其荷载取值应符合下列规定：

1）根据使用的实际情况，对符合现行国家规范《建筑结构荷载规范》（GB 50009—2001）的荷载，应按此规定取值。

2）对不符合《建筑结构荷载规范》（GB 50009—2001）规定或未作规定的永久荷载，可根据实际情况进行抽样实测确定。抽样数不得少于 5 个，取其平均值乘以 1.2 的系数。

（2）加固钢结构可按下列原则进行结构承载力和正常使用极限状态的验算：

1）结构计算简图，应根据结构上的实际荷载、构件的支承情况、边界条件、受力状况和传力途径等确定，并应适当考虑结构实际工作中的有利因素，如结构的空间作用、新结构与原结构的共同工作等。

2）结构的验算截面，应考虑结构的损伤、缺陷、裂缝和锈蚀等不利影响，按结构的实际有效截面进行验算。计算中尚应考虑加固部分与原构件协同工作的程度、加固部分可能的应变滞后的情况等，对其总的承载能力予以适当折减。

3）在对结构承载能力进行验算时，应充分考虑结构实际工作中的荷载偏心、结构变形和局部损伤、施工偏差以及温度作用等不利因素使结构产生的附加内力等。

4）对于焊接构件，加固时原有构件或连接的强度设计值应小于（0.6～0.8）f；不得考虑加固构件的塑性变形发展。当现有结构的强度设计值大于 0.8f 时，则不得在负荷状态下进行加固。

5）如加固后使结构重量增加或改变原结构传力路径时，除应验算上部结构的承载能力外，尚应对建筑物的基础进行验算。

（3）结构加固中的计算公式，可根据上述加固计算的基本原则，参照现行《钢结构设计规范》（GB 50017—2003）的有关条件进行计算。

二、钢结构加固的常用方法

1. 结构的卸载方法

结构的卸载要求传力明确、措施合理、确保安全。卸载方法很多，主要有以下几种：

（1）梁式结构。如图 5 - 9 所示，工业厂房的屋架可用在下弦增设临时支柱，或组成撑杆式结构的方法来卸载。当厂房内桥式吊车有足够强度时，也可支承在桥式吊车上。由于屋架从两个支点变为多支点，所以需进行验算，特别应注意应力符号改变的杆件。当个别杆件（如中间斜杆）由于临时支点反力的作用，其承载能力不能满足要求时，应在卸荷之前予以加固。验算时可将临时支座的反力作为外力作用在屋架上，然后对屋架进行内力分析。临时支座反力可近似地按支座的负荷面积求得，并在施工时通过千斤顶的读数加以控制，使其符合计算中采用的数值。临时支承节点处的局部受力情况也应进行核算，该处的构造处理应注意不要妨碍加固施工。施工时尚应根据下弦支撑的布置情况，采取临时措施防止支承点在平面外失稳。

（2）柱子。如图 5 - 10 所示，一般采用设置临时支柱卸去屋架和吊车梁的荷载。临时支柱也可立于厂房外面，这样不影响厂房内的生产，当仅需加固上段柱时，也可利用吊车桥架支托屋架使上段柱卸荷。

当下段柱需要加固甚至截断拆换时，一般采用"托梁换柱"的方法，"托梁换柱"的方法也可用于整柱子的更换。当需要加固柱子基础时，可采用"托柱换基"的方法。

（3）工作平台。因其高度不高，一般都采用临时支柱进行卸载。

2. 改变结构计算简图的加固方法

改变结构计算简图的加固方法是指采用荷载分布状态、传力路径、支座或节点性质，增

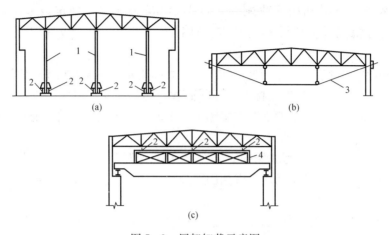

图 5-9 屋架卸载示意图

（a）用临时支柱卸载；（b）用撑杆式构件卸载；（c）用吊车卸载

1—临时支柱；2—千斤顶；3—拉杆；4—支架

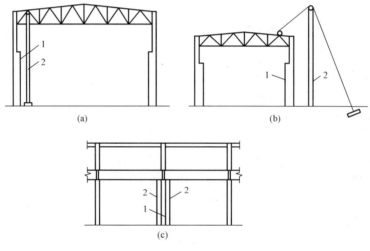

图 5-10 柱子卸载示意图

1—被加固柱；2—临时支柱

设附加杆件和支撑，施加预应力，考虑空间协同工作等措施，对结构进行加固的方法。

采取改变结构计算简图的加固方法时，除应对被直接加固结构进行承载能力和正常使用极限状态的计算外，尚应对相关结构进行必要的补充验算，并采取切实可行的合理的构造措施，保证其安全。采取此种加固方法的主要措施有以下几方面：

（1）增加结构或构件的刚度。具体措施如下：

1）增加屋盖支撑以加强结构的空间刚度，以使结构可以按空间结构进行验算，挖掘结构潜力。

2）加设支撑以增加刚度，或调整结构的自振频率等，以提高结构承载力和改善结构的动力特性。

3）用增设支撑或辅助构件的方法减小构件的长细比，以增强构件刚度和提高其稳定性。

4）在平面框架中集中加强某一列柱的刚度，以承受大部分水平剪力，以减轻其他列柱的负荷。

（2）改变构件的弯矩。具体措施如下：

1）变更荷重的分布情况，比如将一个集中荷载拆分为几个集中荷载。

2）变更构件端部支座的固定情况，比如将铰接变为刚接。

3）增设中间支座，或将两简支构件的端部连接起来使之成为连续结构。

4）调整连续结构的支座位置，改变连续结构的跨度。

5）将构件改变成撑杆式结构。

（3）改变桁架杆件的内力。具体措施如下：

1）增设撑杆，将桁架变为撑杆式结构。

2）加设预应力拉杆。

3）将静定桁架变为超静定桁架。

3. 加大构件截面的加固方法

采取加大构件截面的方法加固钢结构时，会对构件（结构基本单元）甚至结构的受力工作性能产生较大的影响，因而应根据构件缺陷、损伤状况、加固要求，考虑施工可能，经过计算比较选择最有利的截面形式。同时加固可能是在负荷、部分卸荷或全部卸荷的状况下进行，加固前、后结构几何特性和受力状况会有很大不同，因而需要根据结构加固期间及前、后，分阶段考虑结构的截面几何特性、损伤状况、支承条件和作用其上的荷载及其不利组合，确定计算简图，进行受力分析，找出结构的可能最不利受力，设计截面加固，以确保安全可靠。

单体构件截面的补强是钢结构加固中常用的方法，这个方法涉及面窄，施工较为简便。尤其是在满足一定的前提条件下可在负荷状态下补强，这对结构使用功能影响较小。有的构件（如吊车桁架）主要的加固方法就是加强原构件截面。

采取单体构件截面加固补强时，应考虑以下方面：

1）注意加固时的净空限制，使补强零件不与其他杆件或者构件相碰。

2）采用的补强方法应能适应原有构件的几何形状或已发生的变形情况，以便于施工。

3）应尽可能使被补强构件的重心轴位置不变，以减少偏心所产生的弯矩。当偏心较大时，应按压弯或拉弯构件复核补强后的截面。

4）补强方法应考虑补强后的构件便于油漆和维护，避免形成易于积聚灰尘的坑槽而引起锈蚀。

5）焊接补强时应采取措施尽量减小焊接变形。

6）应尽量减少补强施工工作量。

（1）型钢梁的加固补强 。如图 5 - 11 所示，具体做法如下：

1）从加固效果看，宜上下翼缘均补强，但当加固上翼缘有困难时，可仅对下翼缘补强，如图 5 - 11 （c）、（d）、（e）、（f）、（h）所示。

2）就地加固时更要注意方便施工，有利于保证焊缝质量，尽量避免仰焊，如图 5 - 11（a）、（h）所示，施焊比较方便，如图 5 - 11 （k）、（l）、（m）所示，能够保证焊缝质量。

3）当不允许加大梁高或避免影响其他构件时可采取图 5 - 11 （g）、（u）的方法，但图 5 - 11 （u）的加固效果较差，仅在不得已的情况下采用。

4）图 5 - 11 （n）所示用于增强梁的整体稳定，图 5 - 11 （t）所示的上翼缘易积灰、积

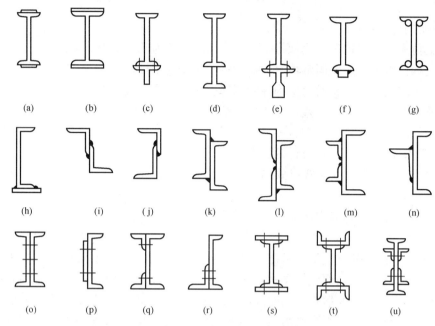

图 5 - 11　型钢梁加固补强示意图

水，不宜用于室外。

5）当仅需要在弯矩较大区间补强时，补强零件可不伸到支座处。

（2）焊接桁架的加固补强。如图 5 - 12 所示，补强方法适用于屋架的弦杆和腹杆的补强。具体做法如下：

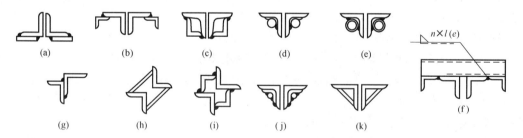

图 5 - 12　焊接桁架加固补强示意图

1）当杆件上有拼接角钢，或者原杆件在平面内、外的扭曲变形不大时，可采取如图 5 - 12（a）所示的加固补强方法。

2）当原杆件在平面外有弯曲变形时，采用如图 5 - 12（b）所示的加固方法，可以减少平面的长细比，还可通过调整补强角钢和原杆件的搭接长度，调整杆件因旁弯而产生的偏心。

3）当被补强杆件扭曲变形很小，而且在加固范围内厚度不变时，采用图 5 - 12（c）、（k）所示的补强方法，可以得到令人满意的加固效果。图 5 - 31（k）所示的补强方法还易于保证其重心线位置不发生变化。

4）如图 5 - 12（d）、（e）所示为用钢管或圆钢来补强桁架杆件，其效果较好。其中按图 5 - 12（d）所示补强后截面的回转半径较小，适用于受拉杆件的补强。图 5 - 12（e）所示的截面回转较大，可用于补强受压杆件。

5）图 5 - 12（f）所示，适用于桁架上弦杆的补强。图 5 - 12（g）、（h）、（i）、（j）所示适用于腹杆的补强。

（3）柱子的加固补强。如图 5 - 13 所示，具体做法如下：

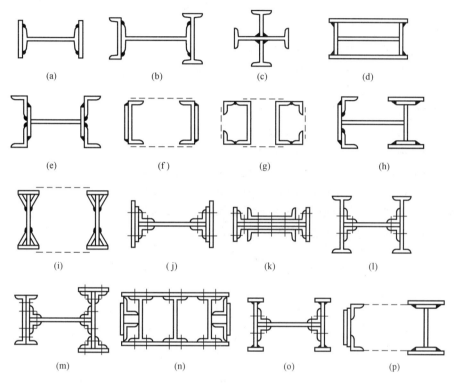

图 5 - 13　柱子的加固补强示意图

1）如图 5 - 13（d）、（i）、（n）所示的补强形式由于形成了封闭空间，不易维护。为防止锈蚀，应在端部用堵板封闭，或用混凝土填塞。

2）如图 5 - 13（j）所示的补强方式由于要将原有翼缘板的铆钉铲除才能铆上补强钢板，因此原有翼缘板将暂时退出工作，故柱子需要卸荷。

3）如图 5 - 32（k）所示的补强形式对轴心受压柱效果较好。

4）柱截面补强时，补强零件在柱长度范围内与横向加劲肋或缀材相碰处，一般应将加劲肋或缀材割去，待补强后再将其恢复。

4. 构件连接和节点的加固方法

构件连接和节点的加固方法较多，选择时应综合考虑结构加固的目的、受力状态、构造及工作条件采用的连接方法等，一般可与原有结构的连接方法一致。但当原有结构为铆钉连接时，可采用高强度螺栓连接方法加固；如果原有结构为焊接，当其连接强度不足时，应该采取焊接，而不宜用螺栓连接等其他连接方法；但当为防止板件疲劳裂纹的扩展，也可采取有盖板的高强度螺栓连接方法加固。

负荷下加固连接，当采用焊接时，会使构件全截面金属的温度升高过大而失去承载力；当采用高强度螺栓加固而需在横截面上增加栓孔，或拆除原有铆钉、螺栓等连接件过多时，常使原有构件连接承载力急剧降低。为避免加固施工中的工程技术事故，需采取必要的合理施工工艺措施，以及进行施工条件下的承载力核算。

加固连接所用材料，如焊条金属等，应与原有结构及其连接材料的性质相匹配，并具有相应的强度、韧性、塑性和可焊性。

复习思考题

1. 钢结构的质量缺陷主要表现在哪些方面？
2. 试述钢结构所用钢材可能出现的缺陷。产生这些缺陷的主要原因是什么？
3. 试述钢结构在制作过程中可能出现的缺陷。
4. 试述钢结构在焊接过程中可能出现的缺陷。
5. 试述钢结构在用高强螺栓连接的过程中可能出现的缺陷。
6. 试述钢结构在运输、安装过程中，可能出现的缺陷。
7. 试述稳定性问题在钢结构设计和钢结构安装中的重要性。
8. 为什么连接问题在钢结构设计和加工制作过程中占有特殊的地位？
9. 何谓轻型钢结构？在轻型钢结构的设计和制造以及安装过程中要注意哪些质量问题？
10. 为什么钢结构在使用过程中产生缺陷的可能性要比钢筋混凝土结构大？

第六章　地基与基础工程

第一节　概　　述

在建筑物和构筑物的建造和使用过程中，直接由于地基和基础的质量问题而倒塌的实例为数不多，但为此使得建筑物的墙体和楼盖开裂、影响使用和耐久性、有碍观看并使人有不安全感的则屡见不鲜。在建筑结构的设计和施工过程中，普遍认为最难驾驭的，并不是上部结构，而是该工程的地基和基础问题。其中设计时地基持力层的选择、地基承载力的确定、基础方案的落实、结构不均匀沉降的估算，以及施工时基槽的钎探、人工地基的处理、高层建筑基坑边坡的稳定、地下水的排除等，都不是容易解决的事。建筑物的上部结构可以千变万化，复杂万分，它们基本上在设计和施工中可以被预知和掌握的。对于建筑物所在场地的地下土层分布则不然。设计人员只能在设计前通过《工程勘察报告》了解少量信息，或在施工后槽底的钎探结果了解其表层信息。至于更深层、更全面的情况却不可能完整地掌握，只能凭经验加以处理。这就会产生误差，甚至错误，造成对建成后建筑物的损伤。地基和基础都是地下隐蔽工程，工程竣工后难以检查，使用期间出现事故的苗头不易察觉。一旦发生事故，难以补救，甚至造成灾难性后果。

国内外建筑工程事故调查表明多数工程事故源于地基问题，特别是在软弱地基或不良地基地区，地基问题更为突出。建筑场地地基不能满足建筑物对地基的要求，造成地基基础工程事故。建筑工程对地基的要求可归纳为以下方面：

1. 地基承载力或稳定性方面

在建（构）筑物的各类荷载组合作用下，作用在地基上的荷载应小于地基承载力的特征值（修正后），以保证地基不会产生破坏。各类土坡应满足整体稳定的要求，不会产生滑动破坏。若地基承载力或稳定性不能满足要求，地基将产生局部剪切破坏、整体剪切破坏或冲切破坏。地基破坏将导致建（构）筑物的结构破坏，甚至倒塌。

2. 变形方面

在建（构）筑物各类荷载组合作用下（包括静荷载和动荷载），建筑物沉降和不均匀沉降不能超过允许值。沉降和不均匀沉降值较大时，将导致建（构）筑物产生裂缝、倾斜，影响正常使用和安全。不均匀沉降严重的可能导致结构破坏，甚至倒塌。

3. 渗流方面

地基中渗流可能造成两类问题：一类是因渗流引起水量流失，另一类是在渗透力作用下产生流土、管涌。流土和管涌可导致土体局部破坏，严重的可导致地基整体破坏。不是所有的建筑工程都会遇到这方面的问题，对渗流问题要求较严格的是蓄水构筑物和基坑工程。渗流引起的问题往往通过土质改良，减小土的渗透性，或在地基中设置止水帷幕阻截渗流来解决。

建筑工程对地基的要求可以概括为上述三个方面。每项建筑工程都会遇到地基承载力和地基沉降、不均匀沉降问题。由于建筑工程类型不同，以及建筑场地工程地质条件不同，对地基要求的重点也是不同的。对房屋建筑不仅要重视地基承载力是否满足要求，而且还要重视沉降是否满足要求。对软粘土地基上的建筑工程则更要重视沉降量的控制，因此采用变形控制设计可能更为科学合理。

第二节　地基与基础工程质量控制

一、地基的质量控制

1. 该工程的工程地质勘察报告

(1) 符合布孔要求的勘探点平面布置图、钻孔柱状图和地质剖面图。

(2) 多于 1/3~2/3 钻孔数的所取土样的物理力学性能参数。

(3) 地下水埋藏情况、侵蚀性、地区土层冰冻深度。

(4) 勘察单位对本场地地质情况的综述，关于地基持力层、地基承载力和不良地基处理的建议等。

2. 基槽开挖后由勘察、设计、施工、监理和建设单位技术负责人共同验槽

(1) 核对基槽尺寸、位置和槽底标高。

(2) 验证详细勘察报告，保证柱基、基槽底的土质符合设计要求，并严禁扰动。

(3) 了解地下水实际情况，确定进行基础工程施工时的技术措施。

(4) 确定基础下的地基持力层。如发现与勘察报告不符的薄弱土层或异物，应采取措施处理。

3. 建筑工程对地基的基本要求

(1) 建筑结构基础底面对地基的压力，应满足地基承载力的要求，保证地基不会产生整体的或局部的剪切破坏，保证各类土坡不会发生稳定破坏。

(2) 建筑结构的沉降量、不均匀沉降和倾斜不能超过《建筑地基基础设计规范》(GB 50007—2002)的允许值（表 6 - 1）。

表 6 - 1　　　　　　　　　　　建筑物的地基变形允许值

变 形 特 征	地基土类别	
	中、低压缩性土	高压缩性土
砌体承重结构基础的局部倾斜	0.002	0.003
工业与民用建筑相邻柱基的沉降差 (1) 框架结构 (2) 砌体墙填充的边排柱 (3) 当基础不均匀沉降时不产生附加应力的结构	$0.002l$ $0.0007l$ $0.005l$	$0.003l$ $0.001l$ $0.005l$
单层排架结构（柱距为 6m）柱基的沉降量（mm）	(120)	200
桥式吊车轨面的倾斜（按不调整轨道考虑） 纵向 横向	0.004 0.003	
多层和高层建筑的整体倾斜 $H_g \leqslant 24$ $24 < H_g \leqslant 60$ $60 < H_g \leqslant 100$ $H_g > 100$	0.004 0.003 0.0025 0.002	

变 形 特 征	地基土类别	
	中、低压缩性土	高压缩性土
体型简单的高层建筑基础的平均沉降量（mm）	200	
高耸结构基础的倾斜 $H_g \leqslant 20$	0.008	
$20 < H_g \leqslant 50$	0.006	
$50 < H_g \leqslant 100$	0.005	
$100 < H_g \leqslant 150$	0.004	
$150 < H_g \leqslant 200$	0.003	
$200 < H_g \leqslant 250$	0.002	
高耸结构基础的沉降量（mm） $H_g \leqslant 100$	400	
$100 < H_g \leqslant 200$	300	
$200 < H_g \leqslant 250$	200	

注 1. 有括号者仅适用于中压缩性土。

2. l 为相邻柱基的中心距离，mm；H_g 为自室外地面起算的建筑物高度，m。

3. 倾斜指基础倾斜方向两端点的沉降差与其距离的比值。

4. 局部倾斜指砌体承重结构沿纵向 6~10m 内基础两点的沉降差与其距离的比值。

（3）不至因渗流引起的水量流失，加大地基土的附加压力；也不致因渗流渗透力作用所产生的流土、管涌现象，导致地基土体局部或整体破坏。

（4）使建筑结构基础埋置在冻胀线以下。

二、土方工程中的质量控制

1. 土方开挖标高控制

土方开挖要求从上至下分层分段进行，且根据土质和开挖深度随时做成一定斜坡，便于泄水和保证边坡稳定。若用机械开挖，深度在 5m 以内可一次开挖，但在接近坑底标高或边坡边界时要预留 20~30cm 厚土层，以便人工挖至设计标高或修坡。如有超挖，不允许用松土回填，应用级配砂石、灰土或低强度混凝土填至设计标高。

2. 土方开挖边坡值

为保证土方边坡稳定、施工安全和减少土方开挖量，土方的边坡值应根据土的内摩擦角、粘聚力、密度、湿度和开挖深度等方面按土坡稳定计算加以确定；也可参照表 6-2 或表 6-3 确定。

表 6-2　　　　　　　　使用时间较长、高 10m 以内的临时性挖方边坡坡度值

土 的 类 别		边坡坡高（高:宽）
砂土（不包含细砂、粉砂）		1:1.25~1:1.5
一般粘性土	坚硬	1:0.75~1:1
	硬塑	1:1~1:1.15
碎石类土	充填坚硬、硬塑粘性土	1:0.5~1:1
	充填砂土	1:1~1:1.5

表 6-3　　　　　**深度在 5m 内的基坑（槽）、管沟边坡的最陡坡度（不加支撑）**

土 的 类 别	边坡坡高（高∶宽）		
	坡顶无荷载	坡顶静荷载	坡顶动荷载
中密的砂土	1∶1.00	1∶1.25	1∶1.50
中密的碎石类土（充填物为砂土）	1∶0.75	1∶1.00	1∶1.25
硬塑的粉土	1∶0.67	1∶0.75	1∶1.00
中密的碎石类土（充填物为粘性土）	1∶0.50	1∶0.67	1∶0.75
硬塑的粉质粘土、粘土	1∶0.33	1∶0.50	1∶0.67
老黄土	1∶0.10	1∶0.25	1∶0.33
软土（经井点降水后）	1∶1.00	—	—

3. 土方开挖时的排水

为保证土方开挖后基底不受水浸泡，应做好排水工作。

（1）基坑排水。适用于浅基础或水量不大的基坑。在基坑底部做成一定的排水坡度，并在基坑边一侧及二侧、四侧设置排水沟，在四周或每 30～40m 设一个直径为 0.7～0.8m 的集水井。排水沟和集水井应设在基坑轮廓线以外，排水沟的边缘应离开坡脚不小于 0.3m，排水沟的底宽不小于 0.3m，沟底坡度为 0.1%～0.5%，排水沟应比挖土面低 0.3～0.5m。集水井底比排水沟低 0.5～1.0m。

（2）地面截水。它是利用挖出的土，沿基坑四周或迎水面筑高 0.5～0.8m 的土堤截水，同时也将地面水通过场地排水沟排泄。

（3）井点降水。本方法适用于地下水位较高的施工区域。采用这种方法可在无水干燥状态下进行挖土，同时亦可以防止流砂现象和增加边坡稳定。但这种方法施工会影响邻近建筑物的沉降和安全，因此应采取一切措施，对邻近建筑物或构筑物加以保护。

4. 填方和柱基、基坑、基槽、管沟回填土质量要求

（1）填方和回填的土料必须符合设计要求。

（2）填方和回填必须根据填土的性质和压实机具分层夯实密实。要取样测定压实后的土的最佳含水量和最大干密度（表 6-4）；其合格率不应小于 90%，不合格干土质量密度的最低值与设计值的差不应大于 $0.08t/m^3$，且不应集中。

表 6-4　　　　　　**土的最佳含水量和最大干密度参考表**

项次	土的种类	变 动 范 围		项次	土的种类	变 动 范 围	
		最佳含水量（%）（重量比）	最大干密度（g/cm³）			最佳含水量（%）（重量比）	最大干密度（g/cm³）
1	砂土	8～12	1.80～1.88	3	粉质粘土	12～15	1.85～1.95
2	粘土	19～23	1.58～1.70	4	粉土	16～22	1.61～1.80

（3）填土施工应按设计要求预留一定沉降量，一般不超过填方高度的 3%。铺土的平整度可用小皮数杆控制，要求每 10～20m 或 100～200m² 设置一杆。

三、基础工程的质量控制

1. 预制桩工程的质量控制

（1）打桩顺序控制。按标高先深后浅；按规格先大后小、先长后短；按密集程度宜自中

间向两个方向（或四周）对称进行。

（2）桩位准确度控制。桩基和板桩的轴线偏差控制在 20mm 以内（单排桩则控制在 10mm 以内）。打桩过程中应及时对每根桩位复验，以防打完桩后发现过大位移。待桩打至地平面时，须对每根桩轴线验收后方可送桩到位。

（3）桩的垂直度控制。要求场地平整并能保证打桩机稳定垂直；桩插入时垂直度偏差 0.5％以内；用两台经纬仪在构成 90°的两面控制。

（4）标高和贯入度控制。桩尖必须达到设计标高，桩顶偏差－50～＋100mm；贯入度已达到规定但桩尖未达设计标高时，应连击 3 阵，每阵 10 击的平均贯入度不大于规定值；如遇到下列情况应暂停：贯入度巨变；桩身倾斜、移位、下沉或严重回弹；桩顶或桩身严重开裂破碎。

（5）接桩。钢材和螺栓宜用低碳钢，焊缝饱满，控制焊缝变形，焊死螺帽。

（6）施工后的允许偏差见表 6 - 5、表 6 - 6。

表 6 - 5　　　　　　　　　　打 桩 工 程 允 许 偏 差

项　　目			允 许 偏 差 （mm）
方管、圆桩中心位置偏移	有基础梁的桩	垂直基础梁的中心线方向	100
		沿基础梁的中心线方向	150
	桩数为 1～2 根或单排桩		100
	桩数为 3～20 根		d_2
	桩数多于 20 根	边缘桩	d
		中间桩	d
	位置偏移		100
	垂直度		$H/100$

表 6 - 6　　　　　　　　　　灌 注 桩 工 程 允 许 偏 差

项　　目			允 许 偏 差 （mm）
钢筋笼	主筋间距		±10
	箍筋间距		±20
	直径		±10
	长度		±100
桩的位置偏移	泥浆护壁成孔、干成孔、爆扩成孔灌注桩	垂直于桩基中心线 1～2 根桩、单排桩、裙桩基础的边桩	$d/6$ 且不大于 200
		沿桩基中心线 条形基础的桩、群桩基础的中间桩	$d/4$ 且不大于 300
	套管成孔灌注桩	1～2 根或单排桩	70
		3～20 根桩基的桩	$d/2$
	桩数多于 20 根	边缘桩	$d/2$
		中间桩	d
	垂直度		$H/100$

2. 灌注桩工程质量控制

（1）干成孔灌注桩。孔径 200～300mm、孔深 3～4m，可用人工摇钻成孔，否则用螺旋钻机成孔；0.5～1.0m 为一施工段；成孔深度必须符合设计要求；钻至预定深度后需清孔并加覆盖保护；浇混凝土前应对孔内虚土厚度进行检查，要求沉渣厚度不超过 100～300mm；钢筋定位后 4h 内必须浇筑完混凝土，要分层浇筑并振捣密实，每层厚 500～600mm，强度必须符合设计要求，浇筑后桩顶标高必须符合设计要求。

（2）沉管灌注桩。预制桩靴就位后安置钢套管，连接处垫以麻草绳防止地下水渗入；套管垂直度偏差小于等于 0.5%，套管任一段平均直径与设计直径之比不小于 1；套管必须深入至设计标高；拔管前套管内混凝土应保持不小于 2m 的高度，混凝土强度必须符合设计要求；拔管时注意管内混凝土略高于地面，一直到全管拔出为止，浇筑后桩顶标高必须符合设计要求。

第三节　地基与基础工程事故分类及原因

一、工程事故分类

1. 地基变形造成工程事故

地基在建筑物荷载作用下产生沉降，包括瞬时沉降、固结沉降和蠕变沉降三部分。当总沉降量或不均匀沉降超过建筑物允许沉降值时，影响建筑物正常使用造成工程事故。特别是不均匀沉降，将导致建筑物上部结构产生裂缝，整体倾斜，严重的造成结构破坏。建筑物倾斜导致荷载偏心将改变荷载分布，严重的可导致地基失稳破坏。

2. 地基失稳造成工程事故

建筑物作用在地基上的荷载密度超过地基承载力，地基将产生剪切破坏（包括整体剪切破坏、局部剪切破坏和冲切剪切破坏三种形式）。地基产生剪切破坏将导致建筑物破坏甚至倒塌。

3. 土坡滑动造成工程事故

建在土坡顶、土坡上和土坡坡趾附近的建筑物会因土坡滑动产生破坏。造成土坡滑动的原因很多，除坡上加载、坡脚取土等人为因素外，土中渗流改变土的性质，特别是降低土层界面强度。

4. 地基渗流造成工程事故

土中渗流导致地基破坏造成工程事故，主要有以下方面：

（1）渗流造成潜蚀，在地基中形成土洞、溶洞及土体结构改变，导致地基破坏。

（2）渗流形成流土、管涌导致地基破坏。

（3）地下水位下降引起地基中有效应力改变，导致地基沉降，严重的可造成工程事故。

5. 特殊土地基工程事故

特殊土地基通常指湿陷性黄土地基、膨胀土地基、冻土地基、以及盐渍土地基等。特殊土的工程性质与一般土不同，特殊土地基工程事故也有其特殊性。湿陷性黄土在天然状态下具有较高强度和较低的压缩性，但受水浸湿后结构迅速破坏，强度降低，产生显著附加下沉。在湿陷性黄土地基上建造建筑物前，如果没有采取措施消除地基的湿陷性，则地基受水浸湿后往往发生事故，影响建筑物正常使用和安全，严重的甚至破坏倒塌。冻土地基，土中水冻结时，其体积增大。土体在冻结时，产生冻胀，在融化时，产生收缩。土体冻结后，抗压强度提高，压缩性显著减小，土体导热系数增大并具有较好的截水性能。土体融化时具有较大的流变性。冻土地基因环境条件改变，地基土体产生冻胀和融化，地基土体的冻胀和融化导致建筑物开裂、甚至破坏。盐渍土含盐量高，固相中有结晶盐，液相中有盐溶液。盐渍土地基浸水后，因盐溶解而产生地基溶陷。另外盐渍土中盐溶液将导致建筑物材料腐蚀。地基溶陷和对建筑物材料腐蚀都可能影响建筑物的正常使用和安全，严重的将导致建筑物破坏倒塌。

6. 地震造成工程事故

地震对建筑物的影响不仅与地震烈度有关，还与建筑场地效应、地基土动力特性有关。对同一类土，因地形不同，可以出现不同的场地效应，房屋的震害因而不同。在同样的场地条件下，粘土地基和砂土地基、饱和土和非饱和土地基上房屋的震害差别也很大。地震对建筑物的破坏还与基础型式、上部结构、体型、结构型式及刚度有关。

7. 其他地基工程事故

除了上述情形外，例如，地下铁道、地下商场、地下车库和人防工程等地下工程的兴建，地下采矿造成的采空区，以及地下水位的变化，均可能导致影响范围内地面下沉造成地基工程事故。

8. 基础工程事故

除地基工程事故外，基础工程事故也将影响建筑物的正常使用和安全。基础工程事故可分为基础错位事故、基础施工质量事故以及其他基础工程事故。基础错位事故是指因设计、或施工放线造成基础位置与上部结构要求位置不符合。例如，柱基础偏位，基础标高错误等。基础施工质量事故类型很多，基础类型不同，质量事故也不同。例如，桩基础，发生缩颈、断桩、桩端未达设计要求、桩身混凝土强度不够等。扩展基础，混凝土强度未达到设计要求，钢筋混凝土表面出现蜂窝、露筋或孔洞等。除此以外还有基础型式不合理、设计错误造成的工程事故等。

二、工程事故原因

造成地基与基础工程事故的原因主要有以下方面：

1. 对场地工程地质情况缺乏全面、正确地了解

许多事故的发生，是由于没有正确了解建筑场地土层分布、各土层物理力学性质，错误地估算地基承载力和地基变形特性，从而导致地基与基础工程事故。其原因如下：

（1）勘察工作不符合要求。没有按照规定要求进行工程勘察工作，如勘察布孔间距偏大、钻孔取土深度太浅，造成勘察取土不能全面正确地反映建筑场地地基土层实际情况。此外，在取土、试样运输和土工试验过程发生质量事故，致使提供的工程地质勘察报告不能反映实际情况。

（2）工程地质和水文地质情况非常复杂。有些工程地质情况变化很大，虽然已按规范有关规定布孔进行勘察，但还不能全面反映地基土层变化情况。如地基中存在尚未发现的暗流、古河道、古墓等。这种情况导致的地基与基础工程事故的事例也不少。

2. 设计错误

（1）设计方案不合理。设计人员不能根据建筑物上部结构荷载、平面布置、高度、体型以及场地工程地质条件，合理选用基础型式，造成地基不能满足建筑物的要求，导致工程事故。

（2）设计计算错误。荷载计算不正确，低估实际荷载，导致地基超载造成地基承载力或变形不能满足要求。基础设计的底面积偏小造成承载力不能满足要求，或基础底平面布置不

合理，造成不均匀沉降偏大。地基沉降计算不正确致使不均匀沉降超过允许值。

产生设计错误的原因多数是设计者不具备相应的设计水平，设计计算又没有经过认真复核审查，使错误不能得到及时纠正造成的。有些设计计算的错误是认识水平问题造成的。

3. 施工质量不合格

在地基与基础工程事故中，因为施工质量造成的事故有很多。

(1) 未按操作规程施工。施工人员在施工过程中未按操作规程施工，甚至偷工减料，造成施工质量事故。

(2) 未按施工图施工。基础平面位置、基础尺寸、标高等未按设计要求进行施工。施工所用材料的规格不符合设计要求等。

4. 环境条件改变

(1) 建筑物周围地基中施工振动或挤压对建筑物地基的影响。

(2) 地下工程或深基坑工程施工对邻近建筑物地基与基础的影响。

(3) 建筑物周围地面堆载引起建筑物地基附加应力增加导致建筑物施工后沉降和不均匀沉降进一步发展。

(4) 地下水位变化对建筑物地基的影响。

5. 其他方面原因

上述原因造成的工程事故是可以避免的，但有些地基与基础工程事故是难以避免的。例如，超过设防标准的地震造成的事故；按五十年一遇标准修建的防洪堤，遇到了百年一遇的洪水造成的基础冲刷破坏；地质情况特别复杂而造成地基与基础工程事故。

某些工程事故是由工程问题的随机性、模糊性，以及未知性造成的。随着人类认识水平的提高，可减少该类事故的发生。

第四节　地基变形过大造成的工程事故

一、概述

一般来说，地基发生变形，建筑物出现沉降是必然的。但是，过量的地基变形将使建筑物损坏，特别是不均匀沉降超过允许值，影响建筑物正常使用造成工程事故，在地基与基础工程事故中占多数。

建筑物均匀沉降量过大，可能造成室内地坪低于室外地坪，引起雨水倒灌、管道断裂，以及污水不易排出等问题。不均匀沉降过大是造成建筑物倾斜和产生裂缝的主要原因。造成建筑物不均匀沉降的原因很多，如地基土层分布不均匀起伏过大、建筑物体型复杂、上部结构荷载不均匀、相邻建筑物的影响等。建筑物不均匀沉降过大对上部结构的影响主要有以下方面：

1. 墙体产生裂缝

不均匀沉降使砖砌体承受弯曲，导致砌体因受拉应力过大而产生裂缝，如图 6-1 所示，长高比较大的砖混结构，若中部沉降比两端沉降大可能产生八字裂缝，若两端沉降比中部沉降大则产生倒八字裂缝，如图 6-2 所示。

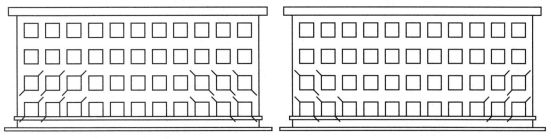

图6-1　不均匀沉降引起八字裂缝　　　　　图6-2　不均匀沉降引起倒八字裂缝

2. 柱体断裂或压碎

不均匀沉降将使中心受压柱体产生纵向弯曲而导致拉裂，严重的可造成压碎。例如，某建筑物一层为商店，二~四层为住宅，框架结构，基础为独立桩基础，整体刚度很好。由于在建筑物一侧，市政挖沟铺设管道，导致建筑物产生不均匀沉降。不均匀沉降致使3根钢筋混凝土柱子被压碎。

3. 建筑物产生倾斜

长高比较小的建筑物，特别是高耸建筑物，不均匀沉降将引起建筑物倾斜。若倾斜较大，则影响正常使用。若倾斜不断发展，重心不断偏移，严重的将引起建筑物倒塌破坏。

控制建筑物沉降和不均匀沉降在允许范围内是很重要的。特别在深厚软粘土地区，按变形控制设计逐渐引起人们重视。

当发现建筑物产生不均匀沉降导致建筑物倾斜或产生裂缝时，首先要搞清不均匀沉降发展的情况，然后再决定是否需要采取加固措施。若必须采取加固措施，再确定处理方法。若不均匀沉降尚在继续发展，首先要通过地基基础加固遏制沉降继续发展，如采用锚杆静压桩托换、或采用地基加固方法。沉降基本稳定后再根据倾斜情况决定是否需要纠偏。倾斜未影响安全使用可不进行纠偏。对需要纠偏的建筑物视具体情况可采用顶升纠偏法、迫降纠偏法、或综合纠偏法。

二、工程事故实例分析

【实例6-1】

事故概况：

杭州某住宅楼位于杭州市文三路西端西部开发区内，土层厚度及各土层静力触探指标见表6-7。住宅楼为七层砖混结构，地基采用 ϕ377 振动灌注桩基础。在施工过程中对沉降进行监测，测点位置如图6-3所示。当上部结构施工至第五层时，测点21、24、26、28累计沉降分别为 3mm、3mm、1mm、1mm。当施工至屋顶楼面时，上述4点累计沉降分别达48mm、42mm、11mm、23mm，产生了不均匀沉降。室内装饰工程及

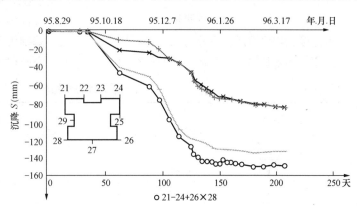

图6-3　某住宅沉降—时间曲线

竣工后沉降与不均匀沉降继续发展，21、24、26 和 28 点沉降分别达到 120mm、112mm、38mm、46mm。最大不均匀沉降达 84mm，沉降发展趋势如图 6-3 所示，此时沉降与不均匀沉降还在继续发展。

表 6-7　　　　　　　　　　　　　　地基土层静力触探指标

层　序	土层名称	厚度（m）	重度 γ（kN/m³）	压缩模量 E_s（MPa）	锥尖阻力 q_c（kPa）	侧壁摩擦力 f_s（kPa）	摩阻比 α（%）
1	杂填土	2.00～2.70			803	20	2.5
2	淤泥质粉质粘土	6.00～8.10	17.7	1.6	330	6	1.8
3-1	粉质粘土	1.40～2.30	18.8	8.0	1846	57	3.1
3-2	粘土	1.80～4.20	19.7	10.0	2755	83	3.0
4-1	粘土	2.40～4.40	20.0	12.0	3860	112	2.9
4-2	粉质粘土	未穿	19.9	10.0	2913	85	2.9

加固处理：

为制止沉降与不均匀沉降进一步发展，在沉降较大一侧采用锚杆静压桩加固地基。桩位布置如图 6-4 所示。桩截面为 200mm×200mm，桩长取 16.0m，桩段长 2.0m、1.5m 和 1.0m 不等。采用硫磺胶泥接桩。设计单桩承载力 200kN。锚杆采用 $\phi8$ 螺纹钢制作，锚固长度为 300mm。锚杆静压桩自 1996 年 1 月 12 日开始压桩，2 月 12 日压桩结束，共压桩 65 根。由图 6-3 可以看出压桩结束后沉降与不均匀沉降得到控制，加固效果较好。

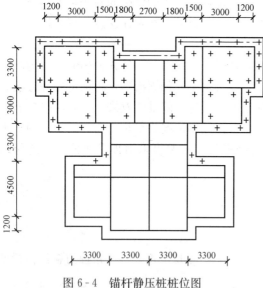

图 6-4　锚杆静压桩桩位图

【实例 6-2】
事故概况：

某综合楼地处长江三角洲，经地质勘探得知，场地在埋深 50m 深度以内地层主要为填土、粉质粘土、粉砂、粘质粉土、淤泥质粘土等，各土层物理力学性质见表 6-8。综合楼由主楼和裙房组成，主楼为地上 17 层，地下二层。基础为天然地基上的箱形基础，底平面尺寸为 25.8m×17.4m，基础外尺寸为 27.8m×19.4m，底面积为 539.32m²。

表 6-8　　　　　　　　　　　　　　各土层物理力学指标

层　次	土　层	深度（m）	含水量（%）	孔隙比 e	压缩模量 E_s（MPa）	桩周土摩擦力标准值 q_s（kPa）	f_k（kPa）
1a	黄填土	0.80				2.50	
1b	黄填土	2.00	39.50	1.152	2.68	1.00	
2	褐黄粉质粘土	1.50	29.9	0.84	4.64	5.00	85

续表

层　　次	土　　层	深度（m）	含水量（%）	孔隙比 e	压缩模量 E_s（MPa）	桩周土摩擦力标准值 q_s（kPa）	f_k（kPa）
3	灰粉质粘土	2.60	34.70	0.991	4.39	4.20	80
4	灰粉砂夹粘土	3.90	31.60	0.863	10.58	12.50	120
5	灰砂质粉土夹粘土	4.80	33.8	0.942	8.56	4.00	80
6a	灰粉砂	5.60	33.70	0.934	11.37	16.00	136
6b	黄灰粉砂	8.70	26.90	0.778	15.83	27.00	185
7	灰粘质质土	10.10	36.40	1.042	5.53	7.80	95
8	灰粉砂夹粘质粉土	12.60	31.90	0.918	9.88	14.00	127
9	灰粉砂夹粘质粘土	13.70	33.00	0.944	8.61	10.00	115
10	灰粉砂夹砂质粘土	16.70	31.50	0.933	8.03	15.00	130
11-1	灰粉质粘土	18.90	36.90	1.054	3.44	7.00	110
11-2	灰淤质粘土	22.30	49.50	1.411	2.64	7.00	85
11-3	灰砂质粘土	23.70	34.80	1.011	4.90	11.00	110
11-4	灰淤质粘土夹粉砂	41.50	40.80	1.192	3.71	9.00	100
11-5	灰砂质粉土	44.60	35.60	1.068	6.33	10.00	116
11-6	灰粉质粘土	50.00				8.50	130

　　主楼西部与南部连有两幢二层裙房，框架结构，建筑面积一幢为 $544m^2$，另一幢为 $514m^2$。裙房为半地下室，地上 1.2m，地下 4.5m，筏板基础，综合楼总荷载为 152869kN。主楼以土层第 6a 层为持力层，设计取 $f=190kPa$，埋深为 4.73m，箱形基础基底相对标高为 -5.930m，附房以土层第四层为持力层，设计取 $f=120kPa$，埋深为 2.43m，基底相对标高为 -3.63m，±0.000 相当于标高 1.40m，主楼箱形基础混凝土等级为 C25。

　　对综合楼进行沉降观测，了解沉降发展情况。综合楼在建设过程中沉降观测表明：主体结构完成后，1996 年 6 月 21 日最大沉降点为东南角 2 号测点，沉降量为 314.87mm，最小沉降点为西北角 1 号测点，沉降量为 256.43mm。二点不均匀沉降为 97.81mm，综合楼已产生明显倾斜，并呈发展趋势，各观测点的沉降速率尚未减小，还在发展中。

　　加固处理：

　　为了有效制止沉降和不均匀沉降进一步发展，经研究决定进行加固纠编。加固纠偏方案，主要包括以下方面：

　　（1）采用锚杆静压桩加固，以形成复合地基，提高承载力，减小沉降。桩断面取 200mm×200mm，桩长计划取 26m，单桩承载力取 220kN。布桩密度视各区沉降量确定，沉降较大一侧多布桩，沉降较小一侧少布桩。沉降较大一侧先压桩，并立即封桩，沉降较小一侧后压桩，并在掏土纠偏后再封桩。原计划采用钢筋混凝土方桩，后因施工困难，部分采用无缝钢管桩。共压桩 117 根。

　　（2）在沉降量较大、沉降速率较快的东南角外围基础 20m 范围内加宽底板，与原基坑水泥土围护墙连成一体，减少底板接触压力。

　　（3）在沉降量相对较小、沉降速率较慢的西南角、西北角，采用钢管内冲水掏土，在地基深部掏土,适当加大沉降速率。掏土量根据每天的沉降观测资料决定,掏土过程中有专人负责,沉降量每天控制在 2.0mm 以内,详细记录定期分析。

在地基加固过程中,附加沉降作为重点观测。在施工初期不均匀沉降发展趋势加快;在加固和纠偏后期,沉降发展趋势有效控制,不均匀沉降明显减小,原先沉降较大的东南角,沉降已稳定。加固纠偏完成后,不均匀沉降进一步减小,沉降观测资料表明所采用综合加固纠偏方案是合理有效的。

【实例 6-3】

事故概况:

某水塔坐落在软土地基上,场地地质情况如下:

(1) 耕植土,灰褐色,很湿,饱和,松软,见植物根茎,含有机质及植物残腐质,厚 0.5m 左右。

(2a) 粉质粘土,灰黄色,饱和,含少量云母,含有机质,偶见植物残腐质,近底部粉粒含量较高,厚 1.0m 左右。

(2b) 淤泥质粘土,灰色,饱和,流塑状态,多含有机质及植物残腐质,厚 1.5m 左右。

(2c) 粉质粘土,灰色,饱和,稍密状态,含有机质,偶见植物残质及少量云母,厚 1.0m 左右。

(3a) 淤泥质粉质粘土,灰色,饱和,流塑状态,多含有机质及植物残腐质,厚 2m 左右。

(3b) 淤泥质粉土,灰色,饱和,流塑状态,含有机质及植物残腐质,其厚度由南向北逐渐增厚可达 11.2m。

(4a) 粘土,绿色,饱和,可塑状态,含半硫化植物残骸色体,厚 3.0m 左右。

(4b) 粉质粘土混碎石,褐黄色,饱和,中密状态,含碎石砂砾。

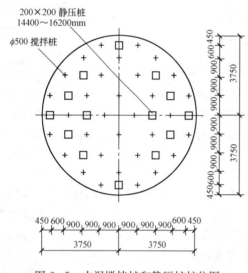

图 6-5 水泥搅拌桩和静压桩桩位图

水塔上部结构采用标准图,基础采用水泥搅拌桩复合地基。水塔容量为 100t,高达 29m 多。水泥搅拌桩平面布置如图 6-5 所示,桩长 15.0m,桩径 50cm,水泥掺合比 15%,竣工后水塔工作正常。1 年左右后,水塔东侧距水塔 5m 处建一幢五层住宅;在该住宅荷载作用下,水塔产生倾斜。倾斜位移随时间发展过程如图 6-6 所示。由图可知,倾斜尚未稳定,还在发展。

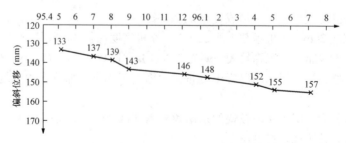

图 6-6 水塔偏斜位移—时间曲线 (+24.0m 高程测点)

加固处理：

根据分析，采用锚杆静压桩加固及抬升纠偏法进行地基加固和抬升纠偏。

首先在水塔基础上开设 250mm×250mm 的孔 11 个，具体位置如图 6-5 所示。在每个孔压入截面为 200mm×200mm 的钢筋混凝土预制桩。压桩结束后，沉降较少一侧的 3 根桩孔先封孔，其他桩孔先不封。通过安装于沉降较大一侧基础底板上的 6 个桩架，同时压桩施加反力，将水塔沉降大的一侧慢慢抬起。待倾斜纠正后，向基础底部地基注浆，并封好其他桩孔。当浆液达到一定强度后，撤除反力架，即达到地基加固和抬升纠偏目的。抬升偏纠分 4 天 39 次进行，第 1 天抬升 7 次共 3.4mm，第 2 天抬升 16 次共 18.5mm，第 3 天抬升 9 次共 16.5mm，第 4 天抬升 7 次共 8.0mm，共抬升 46.3mm。抬升纠偏结束时水塔＋24.0mm 高程测点处向西方向倾斜位移 17mm，向南位移 6mm。注浆封底、拆除压桩架后，水塔偏斜有所恢复，稳定后水塔向西倾斜 15mm，达到了预期效果。

【实例 6-4】

事故概况：

上海锦江饭店位于上海中心淮海中路以北，瑞金路以西，长乐路南侧。此饭店高 15 层，是上海市早期的高层建筑。地基是深厚的淤泥质土，压缩性大。解放初期，锦江饭店大门朝北，由长乐路进入饭店要上几个台阶。至 1979 年 9 月饭店一层的室内地坪比长乐路室外地面反而低 5 个台阶，建筑物沉降量达 150cm。

分析处理：

由于锦江饭店上部结构采用钢结构，整体刚度较好，对不均匀沉降有较好的适应能力，虽然地基严重下沉，未发现墙体开裂事故。但是一层的门窗约一半沉入地面下，一层房间变成半地下室，无法正常使用。因此将原来的饭店大门废除关闭，在饭店西侧院墙新开一扇大门，小卧车可以直接驶入饭店院内。

【实例 6-5】

事故概况：

上海展览馆位于上海市区延安中路北侧，由前苏联专家设计，展览馆中央大厅为框架结构，箱形基础，展览馆两翼采用条形基础。箱形基础为两层，埋深 7.27m。箱基顶面至中央大厅上面的塔尖。总高 96.63m。地基为淤泥质软土，压缩性很大。展览馆于 1956 年 5 月开工，当年年底实测基础平均沉降量为 60cm。1957 年 6 月，展览馆中央大厅四角的沉降量最大达 146.55cm，最小沉降量为 122.80cm，此时馆内产生裂缝。

分析处理：

专家论证后，将裂缝进行修补，继续使用，未作地基加固处理。

【实例 6-6】

事故概况：

塘沽新港位于海河入渤海湾的河口地区，新港地基为海河淤积土和新填土，压缩量大。在新填土荷载作用下固结尚未完成。位于新港某码头有三个仓库，为了赶工期地基未作处理，采用桩基础。建成后，仓库房屋结构沉降很小，而仓库四周道路和仓库地面沉降很大，致使门坎内、外均比门坎低 500mm 之多，使货车驶入仓库内装卸货物有困难。

处理措施：

在仓库地面下沉后，适当铺填砂石抬高地面，并在柱基四周用砌筑砌件加以保护。在仓库内、外设斜坡使汽车顺利驶入仓库装卸货。

第五节　地基失稳造成的工程事故

一、概述

地基失稳破坏往往引起建筑物的破坏，甚至倒塌，后果十分严重，应加以重视。建筑物不均匀沉降不断发展，日趋严重，也将导致地基失稳破坏。地基承载力是基础设计中一个重要的指标，在荷载作用下，当地基承载力不能满足要求时。地基可能产生整体剪切破坏、局部剪切破坏和冲切剪切破坏等破坏形式。地基破坏形式与地基土层分布、土体性质、基础形状、埋深、加荷速率等因素有关。一般紧密的砂土、硬粘性土地基常发生整体剪切破坏；中等密实的砂土地基常发生局部剪切破坏；松砂及软土地基常发生冲切破坏。发生整体剪切破坏时，在基础周围地面有明显隆起现象；发生局部剪切破坏或冲切破坏时，在基础周围地面没有明显隆起现象。

地基失稳造成工程事故在工业与民用建筑工程中较为少见，在交通和水利工程中的道路和堤坝工程中较多，这与设计中安全度控制有关。在工业与民用建筑工程中对地基变形控制较严，地基稳定安全储备较大，因此地基失稳事故较少；在路堤工程中对地基变形要求较低，地基稳定安全储备较小，地基失稳事故也就较多。地基失稳事故在工业与民用建筑工程中虽较为少见，但也时有发生。加拿大特朗斯康谷仓地基破坏是整体剪切破坏的典型例子（图 6-7）。1996 年，我国某市一幢 18 层住宅，坐落在软土地基上，采用夯扩桩基础，以砂层作为持力层。因设计、施工和管理等方面

图 6-7　加拿大特朗斯康谷仓地基事故

原因，竣工后不均匀沉降不断发展。经分析不均匀沉降将导致地基失稳破坏，避免对周围产生不良影响，决定将其炸毁。

地基失稳破坏往往是灾难性的，地基失稳造成的工程事故补救比较困难，建筑物地基失稳破坏将导致建筑物倒塌破坏，造成人员伤亡，对周围环境产生不良影响。对地基失稳造成的工程事故重在预防。除在工程勘察、设计、施工、监理各方面做好工作外，进行必要的监测也是重要的，对地基失稳预兆（如沉降速率过大）应非常重视。若发现沉降速率或不均匀沉降速率较大时，应及时采取措施，进行地基基础加固或卸载，以确保安全。在进行地基基础加固时，应注意某些加固施工过程中可能产生附加沉降的不良影响。

二、工程事故实例分析

【实例 6-7】

事故概况：

美国某水泥筒仓地基土层如图 6-8 中所示，共分 4 层：地表第 1 层为黄色粘土，厚 5.5m 左右；第 2 层为青色粘土，标准贯入试验 $N=8$ 击，厚 1.70m 左右；第 3 层为碎石夹粘土，厚 1.8m 左右；第 4 层为岩石。水泥筒仓上部结构为圆筒形结构，直径 13.0m，基础为整板基础，基础埋深 2.8m，位于第 1 层黄色粘土层中部。1914 年因水泥筒仓严重超载，引起地基整体剪切

破坏。地基失稳破坏使一侧地基土体隆起高达 5.1m，并使净距 23m 以外的办公楼受地基土体剪切滑动影响产生倾斜。地基失稳破坏引起水泥筒仓倾倒成 45°左右。地基失稳破坏示意图如图 6-8 所示。

当水泥筒仓发生地基失稳破坏预兆（发生较大沉降速率）时，未及时采取任何措施，结果造成地基整体剪切滑动，筒仓倒塌破坏。

【实例 6-8】

事故概况：

某高速公路路堤，该路段属沼湖和丘陵交界地段，工程地质勘察报告表明

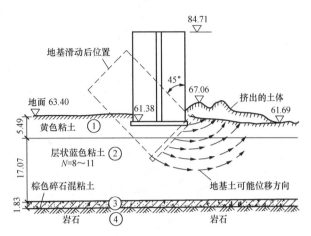

图 6-8　某水泥筒仓地基失稳破坏示意图

硬壳层下有 16～20m 的淤泥、淤泥质粘土，含水率为 58.9%～59.7%，孔隙比为 1.42～1.66，塑性指数为 24.3～24.5。天然地基标高 2.1～2.2m，路面设计标高 7.05m，加上地基沉降后的补填量，路堤需填筑 6.5m 左右。原设计路堤采用粉煤灰填筑，地基处理采用排水固结法，排水系统采用塑料排水带，埋深 16m，平面正方形布置，间距 1.2m。控制路堤填筑速度，利用路堤自重堆载预压，达到提高地基承载力、减小工后沉降的目的。考虑到粉煤来源及运输费用，经比较分析决定路堤改用石渣填筑。石渣路堤比粉煤灰路堤作用在软土地基上荷载大，经论证在原排水固结法处理的地基基础上，增加铺设两层土工布，并加强观测以保证路堤填筑时地基稳定。路堤剖面形状及观测点示意如图 6-9 所示。

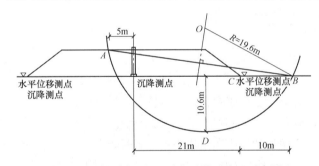

图 6-9　路堤剖面、观测点及滑弧位置示意图

路堤填筑从 1993 年 3 月 19 开始，至 1995 年 1 月 20 日分 21 层填筑至设计标高。该路段共设 8 块沉降板和 16 个侧向位移桩。填筑前一天观测，固结沉降合格后再填筑下一层。路堤填筑至天然地基路堤填筑临界高度以上时，每天都进行观测。从 1994 年 1 月 5 日至 1995 年 1 月 20 日的沉降位移资料分析，1995 年 1 月 16 日前两侧的沉降和位移都属正常。在 1995 年 1 月 20 日填筑完最后一层后，1 月 21 日上午观测资料在当天晚上计算时，发现侧向位移达 63mm 和 71mm，严重超过控制值。观测人员以为观测错误，准备第二天复测，没有及时报告，失去抢救时间。路堤于 1995 年 1 月 22 日凌晨 6 时发生整体剪切破坏。

路堤剪切破坏滑弧面示意如图 6-9 所示，整体剪切破坏平面位置示意图如图 6-10 所示，从 K125+355～K125+453 共 98m 范围内，由北向南方向的左侧半幅路堤发生了整体剪切破坏，路堤从中线开裂，宽度 0.5～1.0m 左右，左半幅下沉，最大达 1.5m；左侧坡脚外 10m 范围内地面上拱，附近民房墙体多处开裂。路堤 K125+453 临某河处，向河中滑塌，河底上升，淤泥露出水面。1995 年 1 月 24 日应急卸载处理，至 1995 年 1 月 25 日下午 4 时止，卸载全部结束，并做好路坡以防雨水淤积。卸载范围为全部滑塌路段，K125+355 处卸载 1.0m，K125+453 处卸载 2.0m，平均卸载约 1.5m，卸载量约为 350m³，重量为 8600 余吨，并在离 K125+453 较远一面

河道上挖除部分淤泥，以利流水。1995 年 1 月 26 日上午没有发现新的险象，附近民房险情也已稳定，以后路堤没有变化。

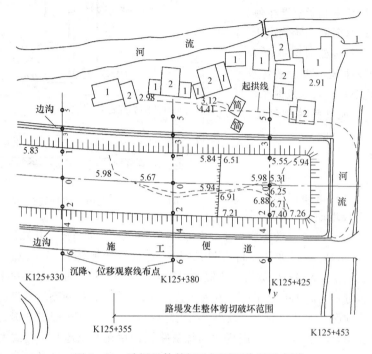

图 6 - 10 　路堤整体剪切破坏平面位置示意图

原因分析：

经分析事故原因可能是排水固结法与土工布垫层联合作用效果不好。

当路堤填筑高度较小时，土工布垫层变形很小，压力扩散效果较好。当土工布垫层破坏时，软粘土地基难以承担路堤荷载，地基发生整体滑动。由于存在土工布垫层，起初压力扩散效果较好，与无土工布垫层情况相比，地基中附加应力较小，土体固结引起抗剪强度提高也较小。因此，在土工布垫层产生脆性破坏的情况下，土工布垫层和排水固结法改良土体两者不仅不能联合作用提高地基稳定性，而且土工布垫层的存在可能减少地基土体由于排水固结抗剪强度提高的幅度。

事故处理：

处理方案为路改桥，采用延长桥长跨越整体剪切破坏路段。

第六节　暗沟、古墓、渗流及相邻建筑物造成的质量事故

一、概述

随着城市膨胀及建筑密度的增加，在地基中遇到暗沟、古井、古墓、防空洞等空虚土体或旧建筑物等局部异常情况的机会增多。这些洞室全部进行回填，一般来说成分复杂，回填不均匀，时间有长有短，部分洞体内有地下水和有害气体分布，和周围的土体相比，差异性很大，严重影响场地的稳定性。这些空虚土体及旧构筑物，在地基土质勘察、基槽开挖、基底钎探过程中较难发现，故常引起工程事故。如在古河道、深坑、古井内往往因充填土质疏散，形成局部松软部位而能引起基础局部严重下沉，导致上部墙体或结构开裂；在古墓、防

空洞等中空构筑物上建造房屋则可能引起地基塌陷事故。

土是有连续孔隙的介质，当在水头差作用下，地下水在土体中渗透流动的现象称为渗流。渗流不仅对土体有压力或浮力作用，当它在土体孔隙中流动时，还对土颗粒产生渗透力，由于渗透力的作用，渗透水流可能将土体中的细颗粒冲走或使颗粒同时浮起而流失，导致渗透变形。渗透变形开始都是局部的，若不及时加以防治，将会引起工程事故。当渗流速度较大时会引起下述变化。

（1）地下水位变化。当地下水位下降时，原来处于地下水位以下的地基土的有效重度将因失去浮力而增加，从而使地基土附加应力增加，导致建筑物产生超量沉降或不均匀沉降。相反，当地下水位上升时，会使地基土的含水量增加，强度降低而压缩性增大，同样可能使建筑物产生过大沉降或不均匀沉降。

（2）管涌。当细土粒被渗流冲走，因土质级配不良产生地下水大量流动的现象。

（3）潜蚀。当细土粒被渗流冲走，留下粗土粒导致土体结构破坏的现象，严重时还可能产生土洞，引起地表面塌陷。

（4）流砂。当渗流自下而上，可使砂粒间的压力减小，当砂粒间压力消失，砂粒处于悬浮状态时，土体随水流动的现象，严重时可使正在施工或已建成的建筑物倾斜或开裂。

建筑地基一般为正常固结土，地基土在自重压力下，土体压缩变形已经稳定。当建造建筑物后，在地基中产生附加应力，由于附加应力使土层产生压缩，引起建筑物的沉降。经过一段时间后，沉降稳定，地基处于新的固结状态。若在已有建筑物相邻处建造新的建筑物或在室内外大面积堆载，这些荷载在地基土中又会产生附加应力，新产生附加应力会扩散到已有建筑物的地基上，使已有建筑物产生新的局部附加沉降。在软土地基的区域，相邻新建建筑或在室内、外大面积堆载对已有房屋部分基础引起的附加沉降量会很大，且很不均匀，以致会引起已有建筑物的墙体开裂，或者使已有建筑物的筏片基础或箱形基础整体倾斜，导致整幢房屋发生倾斜。

二、工程事故实例分析

【实例 6-9】

事故概况：

某教学楼建于 1960 年，建筑面积约 5000m²，平面为 L 形，门厅部分为五层，两翼三～四层，混合结构，条形基础。地基土为坡积砾质土，胶结良好，设计采用地基承载力为 200kPa。建成后正常使用 16 年，未出现任何不良情况。1976 年由于在该楼附近开挖沉井，过量抽取地下水，引起地基不均匀沉降，导致墙体开裂，最大裂缝宽度达 30mm 左右，东侧墙身倾斜。

原因分析：

为了解沉降原因，于 1976 年 8～10 月在室内外钻了 8 个勘探孔，钻探查明，建筑物中部，在 5～8m 砾质土下埋藏有老池塘淤泥质软粘土沉积体，软土体底部与石灰岩泉口相通，在平面上呈椭圆形，东西向长轴 32m，南北向短轴 23m。该楼建成后，由于原来有承压水浮托作用，上覆 5～8m 的砾质土又形成硬壳层，能承担一定外荷，所以该楼能安全使用 16 年。1976 年 5 月在该楼东北方 200m 处有一深井，每昼夜抽水约 2000m³，另一深井在该楼东南方 300m 处，每昼夜抽水约 1000m³，深井水位从原来高出地表 0.2m，下降到距地表 25.0m。因深井过量抽水，地下水位急剧下降，土中有效应力增加而引起池塘粘性土沉积体的固结，另外还由于承压水对上覆硬壳层的浮托力的消失引起池塘沉积区范围内土体的变形。抽水还造成淤泥质粘土流失。由于以上原因，因而导致地基不均匀沉降，造成建筑物开裂。

加固处理：

经各种方案比较，采用旋喷桩加固。该楼为砂浆砌块石条形基础，抵抗不均匀变形能力较差，而基础下持力层是砾质土，强度很高，压缩性甚小，又有 5～8m 厚度，有一定的整体性。但是，由于高压缩性的淤泥质粘土的固结变形和承压水浮托作用消失而引起的不均匀沉降，并不因抽水停止而停止，而且在缓慢地发展，因此必须加固淤泥质粘土层。

在旋喷桩施工中，因安装钻机需要，旋喷桩中心至少距离墙面 0.85m，墙体厚 0.4m，而墙基宽仅 1.5m，旋喷桩无法直接支承墙基。该工程的基础底面的附加压力经砾质土扩散，若按扩散角 22°计算，到砾质土底面应力影响范围约有 10～13m，而墙基内外侧旋喷桩的桩心距仅 2.1m，完全在应力传递范围以内。另外，在旋喷桩布置较密的情况下，砾质土厚度与桩距之比为 2.5～4.0 倍，不可能产生冲切破坏。因此本工程中砾质土层实际起到桩基承台作用，旋喷桩顶部要嵌入砾质土硬壳层 1～3m，而不直接支承墙基，可简化施工和降低造价。旋喷桩桩长按穿过淤泥质粘土进入坚实的凝灰岩风化残积土或石灰岩来设计，控制了砾质土与凝灰岩风化残积土之间高压缩性淤泥质粘土的变形。旋喷桩实际起支承桩的作用，所以在设计计算中，按支撑桩估计，共用 104 根旋喷桩，实际有成效 92 根，旋喷桩直径 0.6m，单桩承载力为 424.5kN。

该工程地基经旋喷桩加固处理后，效果较好。对原有的墙面裂缝灌浆处理后，两年来未再出现任何裂缝，说明沉降已趋于稳定。

【实例 6 - 10】

事故概况：

某变压器房间长 15m，宽 4m，由 5 个开间构成，混合结构，毛石条形基础。近年来因基础不均匀下沉，致使纵横墙交接处附近墙体严重开裂。

原因分析：

对该楼房地基进行开挖和钻探取样试验，查明在基础底面以上为松软杂填土，基底以下 1.5～3.0m 范围内为黄色粘土，孔隙比和含水量都比较大，黄色粘土以下为风化破碎的石灰岩。由于该楼房地处山坡，房屋周围没有排水沟，地表水渗透较严重，同时地下水的主要流向是从楼房基底通过，使房屋一侧抽水井与基底形成水头差，造成基底土颗粒流失形成空洞，引起该房屋基础不均匀下沉和墙体开裂。

加固处理：

采用硅化法加固地基土，加固浆液采用水泥和水玻璃混合液，可不中断泵房抽水，不影响生产。该楼房系不均匀下沉，在下沉量较大的南面和东面布孔，梅花形分布，如图 6 - 11（a）所

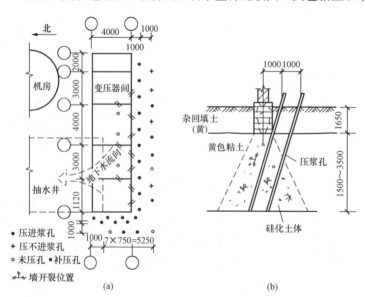

图 6 - 11 某变压器房间灌浆加固示意

(a) 平面和灌浆孔位置；(b) 灌浆剖面示意

示，灌浆半径为 0.87m，每层灌浆深度为 0.5m，并采用 1∶0.4 左右的斜孔，如图 6-11 (b) 所示，以使浆液渗入基底以下土层中。为了不使浆液流到抽水井中，灌浆时先灌内排后灌外排。因为被加固的黄色粘土空隙较大，容易进浆，施工时采用自下向上的灌注方法，使基底下的土能均匀硅化。

1982 年冬经硅化加固地基后，该楼房沉降基本稳定。与拆除重建方案比较，当时节约投资 8183 元，有较好的经济效益，而且施工中照常保证水源供给，不影响使用。

【实例 6-11】

事故概况：

如图 6-12 所示，某营业楼东西向长 28.0m，南北向宽 8.0m，高 24.0m，为六层框架结构，建筑面积 1600m²。营业楼采用天然地基，钢筋混凝土筏板基础，基础埋深 1.40m。标准跨基底压力为 63kPa。营业楼于 1977 年开工，1978 年 11 月竣工后使用不久，发现楼房向北倾斜。1980 年 6 月 19 日观测结果为，楼顶部向北倾斜达 259～289mm。其中与自来水公司五层楼房相邻处，倾斜量最大。两楼之间的沉降缝，在房屋顶部已闭合。若继续发生倾斜，则两楼顶部将发生碰撞挤压，墙体将发生开裂破坏。

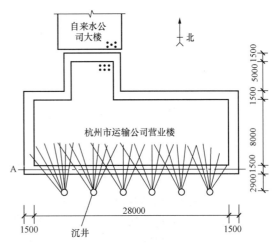

图 6-12 某营业楼纠倾示意图

原因分析：

(1) 建筑场地不良。场地西北角有暗塘，人工填土层厚达 4.75m，基础埋在杂填土上。尤其是在人工填土层下，存在泥炭质土、有机质土和淤泥质土以及流塑状态软弱粘性土，深达 12.50m，均为高压缩性，这是楼房发生倾斜事故的根本原因。

(2) 新建自来水公司五层大楼，紧靠运输公司营业楼北侧，仅以沉降缝分开。新建大楼附加应力向外扩散，使运输公司营业楼北侧地基中附加应力显著增大，引起高压缩土层压缩，地基进一步沉降，这是导致事故的重要原因。

事故处理：

1980 年初，由浙江省建筑设计院勘察分院进行沉降观测。该运输公司营业楼沉降速率：南面 0.1mm/d，北面达 0.3mm/d，同时屋顶以 0.3mm/d 的速率继续向北倾斜。为了解决大楼倾斜事故，采取冲孔挤土法和井点降水法措施。

(1) 冲孔挤土法。在 6 个沉井底部各打两个水平孔，钻进营业楼下泥炭质土中，孔径 146mm，孔深 4m。结果，营业楼南侧沉降速率增大为 0.6～0.7mm/d，效果明显。接着增加水平孔和用压力水冲孔，使南侧沉降速率保持在 2.0～3.0mm/d。冲孔挤土法从 1983 年 11 月 18 日开始，至 1984 年 1 月 27 日结束。累计冲孔进尺 1500m，重复冲孔约 80%，总计排泥量约 18m，使营业楼南侧 A 轴的人工沉降量达 140.5～144.6mm。纠回屋顶倾斜量 242mm，圆满完成纠倾任务。

(2) 井点降水法。1984 年 2 月 13～27 日，在 6 个沉井中连续抽水，营业楼南侧沉降速率又上升为 0.8～1.0mm/d。抽水停止后，沉降速率即降低为 0.1～0.3mm/d。此方法也是有效的。

至 1986 年 8 月，该运输公司和自来水公司两幢大楼已分离，沉降情况已经稳定，因而可以确认上述冲孔挤土法与井点降水法是成功的。

事故教训：

相邻建筑物对基础沉降的影响，是设计和施工中一个不可忽视的问题。其影响因素，包括两个相邻建筑物的间距、荷载的大小、地基土的性质以及施工时间先后等。

第七节　基坑工程事故

一、概述

近半个世纪来，随着科学技术的进步和建设事业的发展，大型工业、企业和市政设施的地下工程系统日益增多，在水利电力、交通运输、矿山开采、城市建设以及军事等方面修建了大量的、规模巨大的地下工程。随着大量高层、超高层建筑以及地下工程的不断涌现，对基坑工程要求越来越高。基坑工程的特点如下：

（1）一般情况下，基坑围护体系是临时结构。地下工程完成后即失去效用。基坑围护体系安全储备较小，具有较大的风险性。

（2）不同工程地质和水文地质条件下基坑工程差异很大，基坑工程具有很强的区域性。

（3）基坑工程不仅与工程地质和水文地质条件有关，还与相邻建（构）筑物、地下管线等环境条件有关，因此具有很强的个性。

（4）基坑工程涉及地基土稳定、变形和渗流三个方面，而且不仅需要岩土工程知识，还需要结构工程知识。基坑工程具有很强的综合性。

（5）作用在围护体系上的土压力大小与围护体系变形有关。土体具有蠕变性，土压力还与作用时间有关。目前尚无成熟理论精确计算土压力。

（6）基坑工程包括围护体系设计与施工和土方开挖两部分。土方开挖顺序、速度直接影响围护体系安全，基坑工程是系统工程。

（7）基坑工程具有重要的环境效益。围护体系的变形、地下水位的下降可能影响周围建筑物和地下管线的安全。

基坑工程事故形式与围护结构形式有关。主要的围护结构形式如下：

（1）放坡开挖及简易围护。

（2）悬臂式围护结构。

（3）重力式围护结构。

（4）内撑式围护结构。

（5）拉锚式围护结构。

（6）土钉墙围护结构等。

围护结构形式繁多，工程地质和水文地质条件各地差异也很大，产生基坑工程事故的原因很复杂，一般包括围护体系变形过大和围护体系破坏两方面。围护体系破坏又包括墙体折断、整体失稳、基坑隆起、踢脚破坏、管涌破坏和锚撑失稳等。

围护体系变形较大，引起周围地面沉降和水平位移较大。若对周围建筑物及市政设施不造成危害，也不影响地下结构施工，围护体系变形大一点是允许的。造成工程事故是指变形过大造成影响相邻建筑物或市政设施安全使用。除围护体系变形过大外，地下水位下降，以及渗流带走地基土体中细颗粒过多也会造成周围地面沉降过大。

围护体系破坏形式很多，破坏原因往往是几方面因素综合造成的。当围护墙不足以抵抗土压力形成的弯矩时，墙体折断造成基坑边坡倒塌，如图6-13（a）所示。对撑锚围护结构，支撑或锚拉系统失稳，围护墙体承受弯矩变大，也要产生墙体折断破坏。当围护结构插入深度不够，或撑锚系统失效造成基坑边坡整体滑动破坏，称为整体失稳破坏，如图6-13（b）所示。在软土地基中，当基坑内土体不断挖去，坑内外土体的高差使围护结构外侧土体向坑内方向挤压。造成基坑土体隆起，导致基坑外地面沉降，坑内侧被动土压力减小，引起围护体系失稳破坏，称为基坑隆起破坏，如图6-13（c）所示。对内撑式和拉锚式围护结构，插入深度不够或坑底土质差，被动土压力很小，造成围护结构踢脚失稳破坏，如图6-13（d）所示。当基坑渗流发生管涌，使被动土压力减小或丧失，造成围护体系破坏，称为管涌破坏，如图6-13（e）所示。对支撑式围护结构，支撑体系强度或稳定性不够，对拉锚式围护结构，拉锚力不够，均将造成围护体系破坏。称为锚撑失稳破坏。支撑体系失稳破坏如图6-13（f）所示。诱发围护体系破坏的主要原因可能是一种，也可能同时有几种，但破坏形式往往是综合的。整体失稳造成破坏也产生基坑隆起、墙体折断和撑锚系统失稳；撑锚系统失稳造成破坏也产生墙体折断，有时也产生基坑隆起、踢脚破坏形式；踢脚破坏也产生基坑隆起、撑锚系统失稳现象。造成破坏的原因不同，其破坏形式也略有不同。

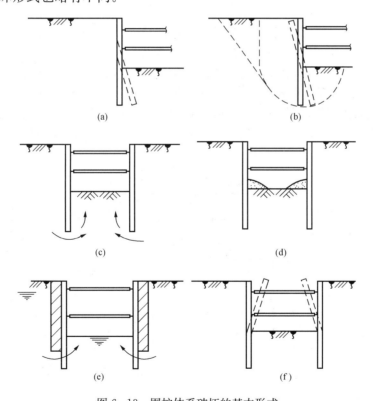

图6-13 围护体系破坏的基本形式
（a）墙体折断破坏；（b）整体失稳破坏；（c）基坑隆起破坏；（d）踢脚失稳破坏；
（e）管涌破坏；（f）支撑体系失稳破坏

基坑工程事故危害较大，往往造成较大的经济损失，并可能破坏市政设施，造成较大的社会影响。基坑工程事故重在防治，除对围护体系进行精心设计外，实行信息化施工，加强监测，动态管理，非常重要。发现险情，及时采取措施，避免事故的发展。

　　二、工程事故实例分析

【实例 6 - 12】

事故概况：

　　某过江水底隧道北岸引道工程，采用内撑式地下连续墙作为围护体系，全长 268m，沿隧道轴线分为 10 个墙段，每单元槽段长 4m，厚 0.8m，在路面以下Ⅰ～Ⅳ墙段设两道钢筋混凝土支撑，Ⅴ～Ⅶ墙段设一道钢筋混凝土支撑，路基中Ⅰ～Ⅵ墙段增设一道钢筋混凝土底支撑。如图 6 - 14 所示。引道净宽 10.2m。基坑开挖时增设临时钢支撑，开挖后墙面现浇 0.2m 钢筋混凝土复合壁。

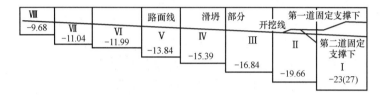

图 6 - 14　路槽开挖情况

　　地下连续墙埋深，最深的为Ⅰ墙段 27m，最浅的墙段 10.39m，随着引道坡度按 3.8％～3.5％下降，由南向北以阶梯式递减。路槽挖土深度为 6.3～17.5m。

　　该工程位于东南沿海某江入海口，属于海相冲积场地，土层物理力学特性指标见表 6 - 9，Ⅰ槽段墙底位于第⑦层淤泥质粘土中，Ⅱ槽段墙底位于第⑧层上部，竖井底位于第⑦层中，部分钢筋混凝土钻孔排桩桩尖也位于第⑦层。场区中第⑧层为粉细砂与粉质粘土互层，含有承压水，其隔水顶板标高介于-19.84～-32.84m，⑦层淤泥质粘土为承压含水层顶板，承压水头高度为20.65m，承压水稳定水位标高为-0.74m。

表 6 - 9　　　　　　　　　　　　　　基坑土体物理力学特性

层次	土层名称	层厚（m）	W（%）	γ（kN/m³）	e	φ（°）	c（kPa）	k（cm/s）
1	杂填土	1.1～3.40						
2	淤泥质粉质粘土	1.9～3.4	41.4	18.3	1.106	2.3	3.5	
3	粉质粘土	1～2.3	29.1	19.3	0.826	6.8	19.0	
4	淤泥质粘土	1.7～2.9	41.6	18.8	0.983	2.3	11.0	
5	粉质粘土	0.3～2	36.9	18.5	1.013			2.41～10⁻⁶
6	淤泥质粉质粘土	5.2～8.8	40.4	18.1	1.116	10.2	12.0	2.64×10⁻⁶
7	淤泥质粘土	11～13.5	47.9	17.5	1.324	6.8	13.0	7.16×10⁻⁶

　　1992 年 1 月 29 日凌晨，Ⅲ至Ⅳ段土方开挖深度为地面以下 9.5～10.5m，距设计路面标高线以上 0.2m 左右，正当施工人员计划设置第三道临时支撑时，西侧地下连续墙第Ⅲ至Ⅳ段37 幅至 48 幅，共 12 幅长达 48m，发生整体失稳破坏。地下连续墙顶面外倾，坑底产生踢脚位移，坑底土体隆起，最大隆起高度约 3m 左右，墙体最大倾斜达 14.4°，墙体最大下沉量为2.5m，第一排钢筋混凝土支撑大部分端部拉脱、跌落，第二排钢筋混凝土支撑压剪断裂。基

坑外塌陷区南北长达 60m，东西宽 12～15m，原地面下沉，最低处达 2.5m，地面产生多条拉裂缝，形成一个较典型的整体剪切破坏，其示意图如图 6-15 所示。事故造成了很大的经济损失，并延长了工期。

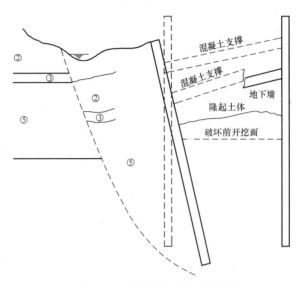

图 6-15　整体剪切破坏示意图

原因分析：

经专家分析，造成该工程整体失稳破坏的原因很多。主要原因有以下几方面：

（1）原勘察报告所提供的土体强度指标，c 值取 12kPa，φ 值取 15°，而事故后补勘资料提出的土体强度指标 c 值为 13kPa，φ 值为 6.5°，因而设计计算时土体强度指标取值偏大，不安全。

（2）原勘探时没有摸清古河道及高达 20.65m 的承压水头压力，基坑开挖时没有任何降水措施，致使开挖到一定深度后，承压水产生作用，基坑底部土体顶脱，是造成工程事故的重要原因之一。

（3）地下连续墙墙体混凝土局部疏松、露筋、接缝夹泥。一幅墙一道支撑也不合理。墙体整体性差。

（4）临进支撑架设不及时。

（5）缺少必要的施工监测，施工组织管理不善。

事故处理：

（1）在发生整体剪切破坏地段，在墙后重新设置一道地下连续墙。为利于成槽，在地下连续墙施工前先采用深层搅拌法对地基土体进行土质改良。

（2）为减少墙体主动土压力，在墙外挖土卸载，挖土宽 9.0m，深 1.0m。

（3）采用深井降水，降低地下水位。

（4）对基坑底部 5.0m 厚土层土体采用高压喷射注浆法和深层搅拌法进行土质改良。水泥土起到封底和支撑作用。

（5）加强监测，实行信息化施工。在土方开挖过程中对土体深层水平位移，地面沉降进行监测。

【实例 6-13】

事故概况：

某过江隧道竖井作为隧道集水井与通风口，位于隧道沉管与北岸引道连接处。竖井上口尺寸为 15m×18m，下口尺寸为 16.2m×18m，深度为 28.5m，竖井纵剖面如图 6-16 所示。

竖井采用沉井法施工。地质柱状图和各土层主要物理力学指标如图 6-17 和表 6-10 所示。图 6-18 所示为竖井封底设计图。竖井刃脚设计标高为 -23.250m，坐落在含淤泥粉细砂层或中细砂层上。从图 6-18 可以看到原设计竖井封底采用 M-250 的钢筋混凝土底板。但在抽出沉井内积水时，由于沉井封底没有成功，致使由抽水造成沉井内、外水头差使刃脚处砂层液化，在底板混凝土部位出现冒水涌砂现象，并使沉井产生不均匀沉降、倾斜与位移。停止抽水后，井内、外

水位趋于相同，沉井保持平衡与稳定，但后期工程难于继续。超沉后的竖井刃脚标高为
-23.460～-23.840m。各角点标高如图 6-19 所示。比设计标高超沉了 0.21～0.59m，对角线最
大不均匀沉降为 0.38m，相对沉降为 1.57%。井内水位为 +2.5m，井内水下封底混凝土厚度各
处不一，按实际刃脚标高计算，混凝土厚度为 3.26～4.87m，超过设计厚度 0.96～2.57m，混凝
土顶面标高相差达 1.95m。

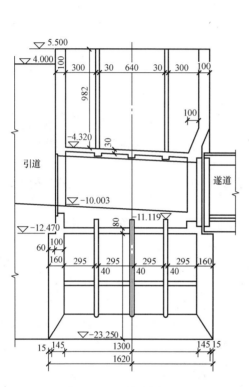

图 6-16 竖井纵剖面图

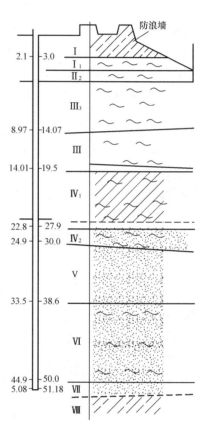

图 6-17 地质柱状图

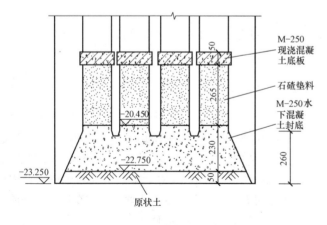

图 6-18 竖井封底设计图

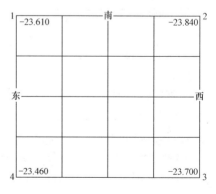

图 6-19 超沉后竖井刃脚各角点高程

表 6 - 10　　　　　　　　　　　　　各土层主要物理力学指标

土层编号	土层名称	天然含水量(%)	孔隙比	液限(%)	塑限(%)	塑性指数	压缩系数(MPa⁻¹)	压缩模量(MPa)	固结快剪		快剪		承载力推荐值	
									C(kPa)	$\varphi(°)$	C(kPa)	$\varphi(°)$	σ(kPa)	τ(kPa)
I	亚粘土	30.5	0.856	32.1	21.2	10.9	0.29	5.91	25	25			100	30
II₁	淤泥	41.4	1.125	34.3	21.3	13.0	0.65	3.12					70	20
II₂	淤泥	46.5	1.249	39.9	23.5	16.4	0.98	2.46	16	13	18	5.6	70	10
II₃	淤泥	48.8	1.552	44.5	25.0	19.5	0.91	2.43	21	12.9	17	19	70	10
III	砂、粉砂夹薄层淤泥	38.5	1.070	33.1	20.2	12.9	0.59	3.27	20	15.5			90	40
IV₁	淤泥质粘土	44.7	1.243	49.5	26.0	23.5	0.75	2.85			25	28	80	15
IV₂	含淤泥粉细砂	26.6	0.79	26.4	16.3	10.1	0.27	6.59			23	16.7	100	40
V	中细砂	28.0	0.79	27.8	17.1	10.7	0.37	6.10			20	18.5	200	50
VI	含泥粉细砂	31.4	0.92	29.1	18.3	10.8	0.59	5.34			23	16.8	100	40
VII	中细砂	24.1	0.88	29.7	19.6	10.1	0.50	5.91			28	26.5	200	55
VIII	亚粘土	28.4		34.5	20.0	14.5							100	40

原因分析：

封底失败的原因是多方面的，通常在沉井封底时，应先抛石形成一定厚度的块石垫层再浇注水下混凝土。此外，根据沉井底面积的大小，应采用足够数量的混凝土导管，浇注混凝土应连续作业。为了使封底混凝土不出现夹泥层，在浇捣封底混凝土时导管应逐渐上提，但管口不应脱离混凝土。上述两方面在设计施工时均考虑欠周。

事故处理：

通过高压喷射注浆旋喷和定喷在竖井外围设置围封墙，然后在竖井封底混凝土底部通过静压注浆封底。注浆封底完成后抽水，然后凿去多余封底混凝土，并进行混凝土找平。最后再现浇钢筋混凝土底板。竖井四周地基中围封墙有两个作用：一作为防渗墙，隔断河水与地下水渗入沉井底部；二可以限制静压注浆的范围，保证注浆封底取得较好效果。为了使围封墙具有防渗墙的作用，要求围封墙插入相对不透水层中。完成钢筋混凝土底板后，再通过在深井底板进行静压注浆进行竖井纠偏。

围封墙通过高压喷射注浆旋喷和定喷形成。其高压喷射注浆孔孔位布置及围封墙位置如图6-20所示。围封墙底部插入土层中VI中2m，高程为 -35.5m，从地面起算围封墙深度为

40.6m，围封顶面与地面平。旋喷桩直径 1.0m，围封墙厚度为 300mm。水泥土强度大于 5MPa。这样利用水泥土围封墙防渗性能及围封体下部的含泥或薄粘土夹砂层透水性较差的特点，形成了第一道防水系统。围封墙也为采用静压注浆封底创造了良好的条件。

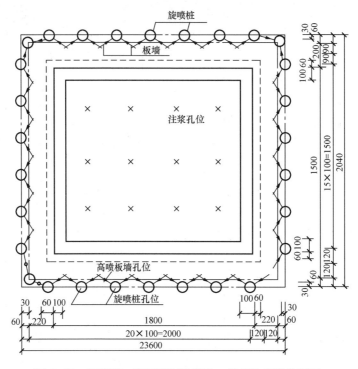

图 6-20　围封墙、高压喷射注浆孔、静压注浆孔位置图

围封墙施工完成后，再采用静压注浆封底。注浆孔布置如图 6-20 所示。每个注浆孔均进行多次注浆，直至完成封底为止。完成灌浆封底后，再排出沉井内积水，清底，凿去多余封底混凝土，找平，浇注钢筋混凝土底板。钢筋混凝土底板养护期后再通过静压注浆纠偏，直至满足后续工程要求为止。

按照上述加固方案施工，基本上达到预期目的。在围封体施工过程中，竖井稍有超沉。围封体完成后，在静压注浆封底过程中，竖井稍有抬升。静压注浆封底后，沉井抽除积水一次成功，围封墙和注浆封底达到预期效果。在抽水过程中竖井进一步抬升。抽水完毕清底时，发现原封底混凝土高低相差很大，说明原水下浇注混凝土未满足要求。找平原封底混凝土后，浇筑钢筋混凝土底板。待底板达到一定强度，在竖井底部注浆纠偏，基本满足了后续工程的要求。

第八节　边坡滑动造成的工程事故

一、概述

边坡失稳产生滑动破坏不仅危及边坡上的建筑物，而且危及坡上和坡下方附近建筑物的安全。边坡在形成过程中，内部岩、土体应力状态会发生改变，边坡形成后，在各种自然和人为因素的影响下，岩、土体内部应力状态也会发生变化。当变化达到一定程度时，将影响边坡的稳定，造成边坡的破坏，这对工程的危害往往非常严重。在山坡地基和江边、湖边地基上进行建设一定要重视土坡稳定问题。

　　在边坡上或土坡上方建造建筑物，或堆放重物，往往要增加土坡上的作用荷载；土坡排水不畅，或地下水位上升，往往会减小土坡土体抗剪强度，并增加渗流力作用；疏浚河道，在坡脚挖土等，要减小土坡稳定性，以及土体蠕变造成土体强度降低等，上述各种情况均可能诱发土坡滑动。在土木工程建设中遇到上述情况，需要进行土坡稳定分析，安全度不够时应进行土坡治理。土坡治理可采用减小荷载、放缓坡度、支挡、护坡、排水、土质改良、加固等措施综合处理。

二、工程事故实例分析

【实例 6 - 14】

事故概况：

　　香港宝城大厦由于土坡滑动被冲毁。香港地区人口稠密，市区建筑密集，有的地方没有平地可供建筑新的住宅，因此只好在山坡上兴建新楼房。由于地价昂贵，通常新建住宅楼为 10 层以上的高层建筑，且两楼间距小，难以满足日照要求。

　　1972 年 7 月，香港地区发生一次大滑坡。数万立方米的残积土，从山坡上下滑，巨大的滑动土体正巧通过一幢高层住宅，即宝城大厦。顷刻之间，宝城大厦被冲毁倒塌。由于建筑之间净距太小，在宝城大厦冲倒之际，砸毁邻近一幢大楼一角，约五层住宅。

　　宝城大厦住户为金城银行等银行界人士。大厦冲毁时为早晨 7 点钟，人们还在睡梦中，大厦倒塌，当场死亡 120 人。这一起重大伤亡事故，引起西方世界极大的震惊。

原因分析：

　　1972 年香港大滑坡发生的原因归纳为：

　　(1) 山坡土质差。当地为花岗岩的残积土，强度低，土粒粗细不均匀，渗透性大。

　　(2) 罕见大暴雨。1972 年 5～6 月香港下特大暴雨，6 月雨量竟高达 1658.6mm，历史上罕见。

　　(3) 暴雨持续时间长。暴雨持续下，雨水渗入残积土内部相当深，使残积土的强度大大降低，以致土体滑动力超过土的抗剪强度，因而导致山坡土体发生滑动。

　　雨水渗入残积土需一段时间，大滑坡是在 1972 年 7 月 18 日早晨 7 点发生的。

事故处理：

　　为了防止使该段山坡滑动扩展，在山坡滑动范围内做了护坡工程。

【实例 6 - 15】

事故概况：

　　上海某研究所在徐家汇地区新建一幢 18 层科研楼。该楼采用箱基加桩基方案，设置一层地下室。基槽开挖的南北向长 37m，东西向宽 26m，深度 5.4m。用灌注桩护坡，在槽底进行承重桩基的施工。

　　因场地狭窄，在基槽西侧拆除了部分四层旧楼；尚存三幢辅楼（图 6 - 21），其中北辅楼离基槽边仅为 2.5m，南辅楼净距约 5m。基槽东侧相距 6～7m 处为一多层办公楼正在施工，已完成底层。基槽南侧约 10m 处，为一个大型车间。

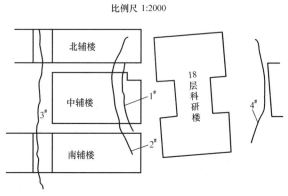

图 6 - 21　基槽两侧裂缝平面

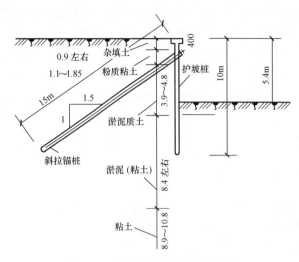

图 6-22　护坡桩构造做法示意图

护坡灌注桩采用三种规格：

（1）竖向灌注桩，直径 650mm，长 10m，配筋 10 Φ 14，箍筋Φ 8，桩中心距 950mm；整个基槽共 148 根桩，相邻桩间隙 30mm。

（2）树根桩，直径 200mm，长 10m，位于竖向灌注桩间隙中。

（3）斜拉锚桩，长 15m，坡度 1.5∶1，直径Φ 180，配筋 1 Φ 32，采用二次压浆工艺以形成锚固体，间距 1.5m，位于竖向灌注桩后。桩顶设一道截面为 600mm × 400mm 的钢筋混凝土圈梁。护坡桩构造如图 6-22 所示。

1988 年 10 月，科研楼基槽开挖后不久，发现护坡桩向基槽内倾斜，随着西侧三幢辅楼内地坪产生三道裂缝（图 6-21）其中 1# 裂缝距基槽约 11m；2# 裂缝距基槽 13m，这两道裂缝宽 30～50mm，下错 50～100mm。3# 裂缝距基槽约 40m，裂缝宽 5～10mm，长约 50m。4# 裂缝在基槽东侧，距槽边 6～7m，沿正施工的办公楼墙基外侧，呈弧形，长约 15m，下错 30～50mm。

基槽西侧三幢辅楼墙体严重开裂。南北两辅楼门洞以上沿楼梯间隔墙，有一条竖直裂缝，裂缝上部宽达 70～80mm，往下变窄。门洞上方有一条斜裂缝，贯穿上、下层窗间墙体。中辅楼东端单层厂房与四层楼房拉开，严重向基槽倾斜，裂缝宽达 100～150mm。此外，三幢辅楼屋面开裂，严重漏雨，影响正常工作。楼房内 $d=152.4$mm 的上水管也被拉断。

原因分析：

科研楼基槽失稳，造成地面滑动与三幢楼房严重开裂的事故原因有以下几方面：

（1）地基土质软弱。总的说来浅层地基中软弱的淤泥质土层太厚（＞12m），且呈高压缩性流塑状态，是发生事故的重要因素。具体土层分布如下：

表层为杂填土，主要为建筑垃圾，厚 0.9m 左右；

第二层粉质粘土，接近淤泥质土，软塑，$e=1.02$，$I_L=0.99$，厚 1.10～1.85m；

第三层淤泥质土，$e=1.18$，$I_L>1.0$，流塑，厚 3.9～4.0m；

第四层淤泥（粘土），$e=1.52$，$I_L>1.0$，流塑，$a_{1-2}=1.38$MPa^{-1}，高压缩性，厚 8.40m 左右；

第五层粘土，$e=1.16$，$I_L=0.83$，软塑，厚 8.9～10.8m。

（2）护坡桩深度太浅。原设计竖直灌注桩长 15m，斜拉锚桩长 20m。为节约资金，这两种桩都缩短了 5m。实际施工竖直灌注桩长 11.5m，桩端位于第四层淤泥中间。滑动圆弧从护坡桩底下通过，使护坡桩失去护坡作用。

（3）基槽边缘距楼房仅 2.5～5.0m，这个距离太近。楼房荷重促使基槽土坡滑动。经圆弧法计算，边坡稳定安全系数 $K=(0.32\sim0.50)<1$，必然发生土坡滑动。

（4）护坡桩顶部圈梁尺寸小、质量差。原设计圈梁为 1000mm×800mm，后改小为 600mm× 400mm；混凝土标号原为 C30 改为 C15。而且施工质量差，基槽西侧圈梁未封闭。在护坡桩发生倾斜与位移时，斜拉桩、护坡桩与圈梁互相脱开，没有形成整体共同作用。

（5）施工管理不严。斜拉桩尚未施工完毕，即动工挖基槽。施工时间长，质量监测差。事故发生后，又未采取有效措施。如护坡桩发生倾斜后，只在滑坡体上打了长 2m 的钢管桩，企图拉住护坡桩，结果无济于事。

事故处理：

（1）护坡桩与科研楼地下室之间回填土压实，对滑坡起支挡作用。

（2）中辅楼位于滑坡的主轴线上，破坏严重。把滑坡体东端一跨全部拆除，新砌山墙，山墙两端房角处做钢筋混凝土柱加强。

（3）南北两幢辅楼位于滑坡主轴线两侧，破坏不严重，进行结构加强处理。靠东端四跨做圈梁，柱间加支撑，墙体裂缝修补。

经处理后，未出现新的问题。

【实例 6 - 16】

事故概况：

某市在运河边建一新客运站，并在客运站河边建码头和疏浚河道。客运站大楼坐落在软土地基上，采用天然地基，建成后半年内未产生不均匀沉降。为建码头疏浚河道后发现客运大楼产生不均匀沉降，靠近河边一侧沉降大，另一侧沉降小，不均匀沉降使墙体产生裂缝。如图 6 - 23 所示。

原因分析：

经分析岸坡产生微小滑动可能是客运大楼产生不均匀沉降的原因，造成岸坡产生微小滑动可能与疏浚河道在坡脚取土有关。

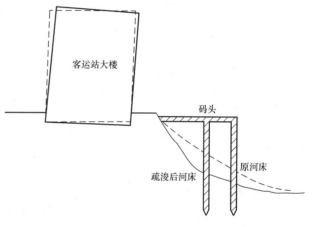

图 6 - 23　河道疏浚引起岸坡滑动示意

处理措施：

清除岸坡上不必要堆积物；在岸坡上打设抗滑桩；设立观测点，监测岸坡滑动趋势。

设置钢筋混凝土抗滑桩后，岸坡滑动趋势得到阻止，几年来岸坡稳定，客运大楼不均匀沉降不再发展。客运大楼和码头正常使用。

第九节　特殊土地基工程事故

我国幅员辽阔，地质条件复杂，分布土类繁多，工程性质各异。其中一些土类，由于地质、地理环境、气候条件、物质成分及次生变化等原因而各具有与一般土类显著不同的特殊工程性质，当其作为建筑场地、地基及建筑环境时，如果不注意其特点，也不采取相应的治理措施，就会造成工程事故。

一、湿陷性黄土地基工程事故

我国黄土分布区域广、面积大，面积约 63 万 km^2，其中湿陷性黄土约占 3/4，遍及甘、陕、晋的大部分地区以及豫、宁、冀等部分地区。此外，新疆、山东、辽宁等地也有局部分布。在这些地区，一般气候干燥，降雨量少，蒸发量大，属于干旱、半干旱气候类型。黄土在一定压力作用下受水浸湿，土体结构迅速破坏而发生显著附加下沉称为湿陷性。黄土可分为湿陷性黄土和非湿陷性黄土两大类。非湿陷性黄土可按一般粘性土处理。湿陷性黄土在其自重压力下受水浸湿发生湿陷的称为自重湿陷性黄土，在其自重压力下受水浸湿不发生湿陷的称为非自重湿陷性黄土。

湿陷性黄土地基受水浸湿后，土体结构迅速破坏而发生显著附加沉降导致建筑物破坏是常见的湿陷性黄土地基工程事故。

要防止因黄土湿陷产生工程事故，就要弄清黄土湿陷的特点，采取合理有效的措施。有效措施主要包括：通过地基处理消除建筑物地基的全部湿陷量和部分湿陷量；防止水浸入地基，避免地基土体发生湿陷；加强上部结构刚度，采用合理体型，使建筑物对地基湿陷变形有较大的适应性。

湿陷性黄土地基处理主要有以下几种方法：

（1）换土垫层法。

（2）土桩或灰土桩法。

（3）强夯法。

（4）碎石桩法。

（5）深层搅拌法。

（6）排水固结法。

（7）化学固化法。

（8）灌浆法。

（9）桩基础。

对湿陷性黄土地基上已有建筑物地基加固和纠偏主要采用以下方法：

（1）桩式托换。

（2）灌浆法。

（3）石灰桩法和灰土桩法。

（4）加载促沉法和浸水促沉法。

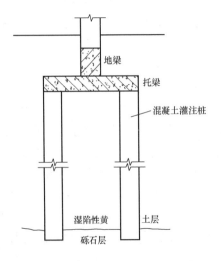

图 6-24　混凝土灌注桩托换示意图

【实例6-17】

事故概况：

某厂房位于自重湿陷性黄土地基上，湿陷性黄土层厚约12m，其下为砾石层。厂房为二层现浇钢筋混凝土结构，外墙为砖承重墙，条形基础，埋深为2.0～2.5m，基础设有300mm高的钢筋混凝土地梁，基础下为1.0m厚的土垫层。建成两年后因水管漏水引起地基土湿陷，外墙产生多条裂缝，最大缝宽达30mm左右，地梁也产生断裂。

加固处理：

加固方法采用桩式托换。在基础两侧人工挖孔，采用混凝土灌注桩托换。上部荷载通过地梁、托梁传递给桩基，桩支承在砾石层上。加固示意图如图6-24所示。取得了较好的加固效果。

【实例 6 - 18】

事故概况：

如图 6-25 所示，西北地区某水塔为现浇钢筋混凝土结构，建于Ⅲ级非自重湿陷性黄土地基上，由于 C 柱附近给水管漏水，地基局部湿陷使水塔顶部向南倾斜 244mm，向东倾斜 95mm。

事故处理：

原水塔地基的黄土层总厚度超过 20m，地下水位在 20m 深度以下。原设计地基容许承载力为 150kPa。浸水后，基底下 1.5m 处黄土的含水量在东南面为 18%，西北面为 10.8%。决定在西北面浸水，进行水塔的矫正。矫正前，对 A、B、D 3 柱用 4 根钢丝索拉紧，注水孔的平面布置如图 6-26 所示，注水孔的直径和深度见表 6-11，注水量、各柱下沉量、水塔矫正倾斜值与时间关系曲线如图 6-27 所示。

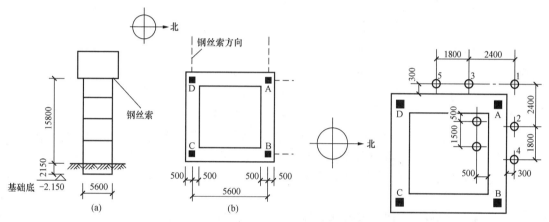

图 6-25　水塔构造及钢丝索布置示意　　　　图 6-26　矫正注水孔的平面布置

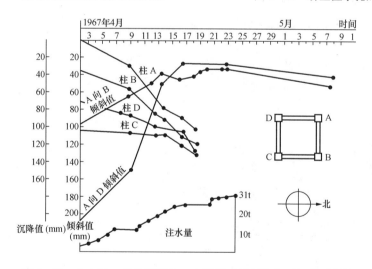

图 6-27　注水量、各柱沉降量、水塔矫正倾斜值与时间关系曲线

表 6-11　　　　　　　　　　　　　　　　**注水孔的直径和深度**

注水孔号	1	2	3	4	5	6	7
直径（mm）	150	100	100	100	100	100	100
深度（mm）	1000	800	500	500	500	500	

由于地基含水量小，湿陷性较大，因此用浸水法矫正，同时调节注水孔的水量控制矫正速率和方向。处理后水塔可以正常使用。

二、膨胀土地基工程事故

膨胀土地基在我国分布范围很广，主要分布在云南、广西、河北、河南、山东、安徽、四川、湖北等地。

膨胀土是含有大量的强亲水性粘土矿物成分，具有较大的吸水膨胀和失水收缩、且胀缩变形往复可逆的高塑性粘性土。它一般强度高，压缩性低，易被误认为工程性能较好的土，但由于具有膨胀和收缩特性，在膨胀土地区进行工程建筑，如果不采取必要的设计和施工措施，会导致建筑物的开裂和损坏。

预防和治理膨胀土地基吸水膨胀、失水收缩造成的地基工程事故要根据膨胀土的特点，采取合理、有效的措施。膨胀土地基处理应根据当地的气候条件、建筑物结构类型、地基工程地质和水文地质条件等情况因地制宜采取治理措施。主要措施为排水或保湿措施、换土、加深基础埋深、采用桩基础等。

【实例 6 - 19】

事故概况：

国外某学校教学楼建于 1962 年，采用嵌岩桩基础，基岩主要由风化砂岩组成。桩长约 6.0m，嵌岩 1.2m，桩基承载力只考虑基岩部分的摩擦端阻力。教学楼建成后不久就产生损坏。墙体产生裂缝，桩承台处发生混凝土挤碎。

原因分析：

经全面调查分析，造成事故的原因是地面排水未处理好，水渗入建筑物地基，造成地基土产生膨胀，造成桩的抬升，钻孔调查及分析表明，地基土吸水膨胀产生的上抬力使桩产生抬升，其上举压力足以挤碎桩顶上的混凝土承台，补救施工期间发现至少有 5 根桩有明显剪切破坏现象。

加固处理：

加固措施主要设法消除作用在桩上的上举压力和防止水进入地基。

（1）采用非膨胀性土换填建筑物周围回填土，并保证地表水不进入地基土。

（2）采用人工挖填置换桩侧膨胀土并对损坏桩体进行加固。

（3）在承台梁下形成空隙层，使建筑物重量全部作用在桩基础上。

（4）改进四周排水系统，确保水不进入地基。

加固处理后，可正常使用。

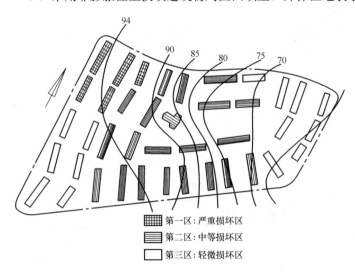

图 6-28　建筑物平面位置和地下水等高线图

【实例 6 - 20】

事故概况：

国外某镇 39 栋 251 单元住宅楼，因地下水位上升引起膨胀土地基工程事故。建筑物平面位置和地下水等高线如图 6 - 28 所示。场地土层条件为 2.1～6.7m 厚的硬到中硬粘土覆盖在粘土岩上。事故发生后取土进行的实验室试验得知，硬到中硬粘土层具有低膨胀性，粘土岩具有高膨胀性。

该住宅区于 1995 年 9 月开始建设，建筑物采用桩基础，桩体嵌进粘土岩中 1.2m。建成不久就发现建筑物有损坏现象。大多数房屋损坏现象如下：

（1）墙体裂缝，从下层窗上角伸展至上层窗下角的斜裂缝，裂缝宽度由发丝大小到 30mm 不等。

（2）室内地板隆起，并产生开裂。

（3）地板隆起上抬间隔墙使楼板系统变形，影响房门开启。

（4）混凝土散水大部分开裂。

原因分析：

经分析，事故原因是地下水位上升引起粘土层和粘土岩浸水膨胀，地下水位上升主要来自地表水，包括降水、草地灌溉和管道漏水三方面。

处理措施：

将桩与基础系统割开，以解决基岩膨胀对上部结构的直接影响。将桩基础转换成可以调整标高的独立垫块基础，置换完成 6 个月后再调整一次。所有地板采取有效的伸缩缝与承重墙隔开。设置有效的地下排水系统，确保了给水和排水管线不漏水。

三、盐渍土地基工程事故

盐渍土主要分布在西北干旱地区的新疆、青海、甘肃、宁夏、内蒙古等地势低洼的盆地和平原。在华北平原、松辽平原、大同盆地、青藏高原的一些湖盆洼地，以及在滨海地区的辽东湾、渤海湾、莱州湾、海州湾、杭州湾以及海岛沿岸也有分布。因含盐类成分、组成成分及结构不同，盐渍土的性质不仅地区之间差别很大，即使在同一地区也可能有很大差异。如盐湖地区的盐渍土没有溶陷性，而且也很少有盐胀性。又如滨海地区的盐渍土以腐蚀性为主，溶陷和盐胀问题并不明显。在地下水位较深的干旱地区，盐渍土的溶陷和盐胀问题应引起重视。

预防盐渍土地基工程事故，就要弄清膨胀土的特点，盐渍土具有如下特点：

（1）盐渍土中液相含有盐溶液，固相含有结晶盐。土体含水量增加，盐渍土中结晶盐减少；含水量减小，结晶盐增多。盐渍土中含盐量对土的物理力学性质影响较大。

（2）盐渍土地基浸水后，土中盐溶解产生地基溶陷，某些盐渍土（如含硫酸钠的土）在环境温度或湿度变化时可能产生土体体积膨胀。

（3）盐渍土中的盐溶液会导致建筑物和市政设施材料的腐蚀。

盐渍土地基工程事故主要由地基浸水溶陷、含硫酸盐地基的盐胀和盐渍土的地基对建筑物腐蚀等造成。盐渍土地基浸水后，土中可溶盐溶解，土体结构破坏，地基产生溶陷，降低甚至丧失地基承载力，使建筑物产生很大沉降和不均匀沉降，导致建筑物开裂和破坏。含硫酸盐地基在土体的温度或湿度变化大的情况下，盐胀对基础埋深小于 1.2m 的建筑物损坏比较严重，尤其对道路工程、机场、跑道、停机坪、挡土墙、围墙等损害严重。盐渍土中含盐水分侵蚀基础、管、沟等地下设施材料孔隙中，通过物理化学作用使之腐蚀破坏。如基础中未设防潮层或防潮层质量有问题则含盐水分还能通过毛细管作用，侵入地面以上的柱或墙体中，使之腐蚀破坏。

减小地基盐胀的主要处理方法有以下几种：

（1）化学方法。如掺入氯盐抑制硫酸盐渍土的盐胀。

（2）换土法。挖除盐渍土，换填非盐渍土。

（3）设地面隔热层，使地基地温变化幅度小。为使隔热层持久，一般在其顶面铺设防水层，防止大气或地面水渗入隔热层。

减小地基溶陷的主要处理方法有以下几种：

（1）浸水预溶法。一般适用于厚度较大，渗透性较好的砂、砾石土，粉土和粘性土盐渍土。对渗透性小的粘性土地基不宜采用。通过预浸水可消除地基溶陷性。

（2）换土法。挖除盐渍土，换填非盐渍土，作为建筑物基础的持力层。

（3）强夯法。适用于结构松散，密度小，孔隙大，含结晶盐不多，非饱和的低塑性盐渍土地基。

（4）采用桩基础。

盐渍土地基防腐蚀工作要抓好设计和施工两个环节，要根据防腐蚀要求进行设计，采用合适的材料、合理的选型以及正确的防腐措施，并要确保施工质量。

我国《盐渍土地区建筑规定》认为地基土中易溶盐含量超过 0.3%，就应按盐渍土地基进行勘察、设计和施工。

四、冻土地基工程事故

我国东北、华北、西北等地广泛分布着季节性冻土，其中在大小兴安岭、青藏高原及西部高山区还分布着多年冻土。这些地区地表层存在着一层冬冻夏融的冻结-融化层，其变化直接影响上部建筑物的稳定性。

土中水冻结时，体积约增加原水体积的 9%，从而使土体体积膨胀，融化后土体体积变小。土体冻结使原来土体矿物颗粒间的水分连接变为冰晶胶结，使土体具有较高的抗剪强度和较小的压缩性。

冻土地基根据冻土时间可以分为：多年冻土（冻结状态持续三年以上）；季节性冻土（每年冬季冻结，夏季全部融化）；瞬时冻土（冬季冻结状态仅维持几个小时至数日）。

地基土冻胀及融化引起的房屋裂缝、倾斜，路基下沉、桥梁破坏，涵洞错位等工程事故，在冻土地区时有发生。如图 6-29 所示，为桩基冻拔破坏示意图。

防治建筑物冻害的方法有多种，可分为两类：一类是通过地基处理消除或减小冻胀和融沉的影响；另一类是增强结构对地基冻胀和融沉的适应能力。第一类起主导作用，第二类起辅助作用。

冻土地基处理的主要方法如下：

（1）换土法。通过用粗砂、砾石等非（弱）冻胀性材料置换

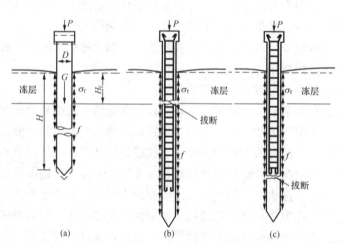

图 6-29　桩基冻拔破坏示意图

（a）整体冻拔；（b）最大冻深处拔断；（c）断筋处拔断

天然地基的冻胀性土，以削弱或基本消除地基土的冻胀。

（2）排水隔水法。采取措施降低地下水位，隔断外水补给和排除地表水，防止地基土致湿，减小冻胀程度。

（3）保温法。在建筑物基础底部或四周设置隔热层，增大热阻，以推迟地基土冻结，提高土中温度，减小冻结深度。

（4）采用物理、化学方法改良土质。如向土体内加入一定量的可溶性无机盐类，如 $NaCl$、$CaCl_2$、KCl 等使之形成人工盐渍土，或向土中掺入石油产品或副产品及其他化学表面活性剂，形成憎水土等。

【实例 6-21】

事故概况：

某建筑物采用筏板基础，板厚 0.8m，埋深 1.2m，接近当地冻深。竣工使用后，在地基冻胀力作用下筏板基础未产生强度破坏，但不均匀沉降使上部结构产生裂缝。

事故处理：

在基础四周挖除原冻胀土，换填砂砾石，换填宽度为 4.0m，深度为 1.5m。

在建筑物四周砂砾石层中设置直径为 200mm 的无砂混凝土排水暗管，使地基下水位降低 1.2～1.3m。

采取综合措施处理，冻害得到根治。

第十节　基础工程事故

一、概述

基础工程事故指建筑物基础部分强度不足、变形过大，或基础错位等造成的建筑工程事故。

造成基础工程事故的原因有地质勘察报告对地基评价不准、设计计算有误、未能按图施工和施工质量欠佳等方面。过高估计地基的承载力、设计计算有误造成选用基础型式、断面不合理，以及所用材料强度偏低等均会导致基础工程事故。

1. 基础错位

基础错位主要有以下几种情况：

（1）基础平面错位，上部结构与基础在平面上相互错位，有的甚至方向有误，上部结构与基础南北方向颠倒。

（2）基础标高有误。

（3）基础上预留洞口和预埋件的标高和位置有误。

基础错位大都是设计或施工放线有误造成的，也有的是施工工艺不当引起的。

2. 基础孔洞

钢筋混凝土基础工程表面出现严重蜂窝、露筋或孔洞，称为基础孔洞事故。钢筋混凝土基础孔洞事故产生的原因与上部结构钢筋混凝土孔洞事故相同，处理方法也类似。

若基础混凝土质量仅在表面出现孔洞，可采用局部修补的方法修补；若在基础内部也有孔洞，可采用压力灌浆法处理。基础强度不够也可采用扩大基础尺寸来补救。采用上述方法均难以补救时只能拆除重做。

3. 桩基事故

（1）沉管灌注桩常见质量事故。

1）桩身缩颈、夹泥。主要原因是提管速度过快、混凝土配合比不良、和易性、流动性差。混凝土浇筑时间过快也会造成桩身缩颈或夹泥。

2）桩身蜂窝、空洞。主要原因是混凝土级配不良，粗骨料粒径过大，和易性差，以及粘土层中夹砂层影响等。

3）桩身裂缝或断桩。沉管灌注桩是挤土桩。施工过程中挤土使地基中产生超静孔隙水压力。桩间距过小，地基土中过高的超静孔隙水压力，以及邻近桩沉管挤压等原因可能使桩身产生裂缝甚至断桩。

针对产生事故的原因，可以采取以下措施预防：

1）通过试桩核对勘察报告所提供的工程地质资料，检验打桩设备，成桩工艺以及保证质量的技术措施是否合适。

2）选用合理的混凝土配合比。

3）采用合适的沉、拔管工艺，根据土层情况控制拔管速度。

4）确定合理打桩程序，减小相邻影响。必要时可设置砂井或塑性排水带加速地基中超静孔隙水压力的消散。

（2）钻孔灌注桩常见质量事故。

1）塌孔或缩孔造成桩身断面减小，甚至造成断桩。

2）钻孔灌注桩沉渣过厚。清孔不彻底，下钢筋笼和导管碰撞孔壁等原因引起坍孔等造成桩底沉渣过厚，影响桩的承载力。

3）桩身混凝土质量差，出现蜂窝、孔洞。由混凝土配合比不良，流动性差，在运输过程中混凝土严重离析等原因造成。

预防措施主要有根据土质条件采用合理的施工工艺和优质的护壁泥浆，采用合适的混凝土配合比。若发现桩身质量欠佳和沉渣过厚，可采用在桩身混凝土中钻孔、压力灌浆加固，严重时可采用补桩处理。

（3）预制桩常见质量事故。打入桩较易发生桩顶破碎现象。其原因为：混凝土强度不够、桩顶钢筋构造不妥、桩顶不平整、锤重选择不当、桩顶垫层不良等。

打入桩和静压桩会产生挤土效应，可能引起桩身侧移、倾斜，甚至断桩。

根据产生桩顶破碎的原因采取相应措施，避免桩顶破碎现象发生。若桩顶破坏，可凿去破碎层，制作高强混凝土柱头，养护后再锤击沉桩。

减小挤土效应的措施有：合理安排打桩顺序，控制打桩速度，如需要可先钻孔取土再沉桩，有时也可在桩侧设置砂井或减压孔。

（4）桩基变位事故。对先打桩后挖土的工程，由于打桩的挤土和动力波的作用，使原处于静平衡状态的地基土体遭到破坏。对砂土甚至会产生液化，地下水大量上升到地表面，原来的地基土体强度遭到严重破坏。对粘性土由于形成很大的挤压应力，孔隙水压力升高，形成超静孔隙水压力，土体的抗剪强度明显降低。如果打桩后紧接着开挖基坑，由于开挖时的应力释放，再加上挖土高差形成一侧卸荷和侧向推力，土体易产生一定的水平位移，使先打设的桩产生水平位移，致使桩身产生裂缝，甚至折断。软土地区施工，桩基变位事故较多，应加以重视。

二、工程事故实例分析

【实例 6 - 22】

事故概况：

某厂房加工车间扩建工程，其边柱截面尺寸为 400mm×600mm。基础施工时，柱基坑分段开挖，在挖完 5 个基坑后即浇垫层、绑扎钢筋、支模板、浇混凝土。基础完成后，检查发现 5 个基础都错位 300mm。

事故原因：

施工放线时，误把柱截面中心线作厂房边柱的轴线，因而错位 300mm，即厂房跨度大了 300mm。

事故处理：

根据现场当时的设备条件，采用局部拆除后，扩大基础的方法进行处理。

(1) 将基础杯口一侧短边混凝土凿除。

(2) 凿除部分基础混凝土，露出底板钢筋。

(3) 将基础与扩大部分连接面全部凿毛。

(4) 扩大基础混凝土垫层，接长底板钢筋。

(5) 对原有基础连接面清洗并充分湿润后，浇筑扩大部分的混凝土。

【实例 6 - 23】

事故概况：

某住宅楼，为七层砖混结构，基础采用锤击沉管灌注桩。桩径 0.4m，桩长 11.5m，总布桩 418 根。采用锤击式沉管灌注桩，桩径为 377mm。该工程的地质条件为：表层厚 1～4m 为杂填土、素填土；下层为厚 2.7m 的饱和粉土层；最底下为软可塑的粉质粘土层。场地地下水丰富，地下水位距地表为 1.5m 左右。施工完成 180 根桩后挖桩检查，发现多数桩在地表下 1～3m 范围内严重缩颈，甚至有断桩的情况。

事故原因：

在锤击振动沉管过程中，高含水量的粉土层产生超静孔隙水压力，粉土被液化。当拔管速度过快时，在管底会产生真空负压，使液化土体产生的挤压力超过管内混凝土的自重压力。当拔管到离地面大约 3m 时，管内混凝土严重不足，自重压力减少，管内混凝土不易流出管外，而造成缩颈与断桩。其次是施工程序不妥，采用不跳打的连续成桩工艺，每天成桩数量较多（在 10 根以上）。相邻桩的施工振动和挤压也是产生缩颈、断桩的原因之一。

事故处理：

(1) 对用预制混凝土桩尖的锤击沉管灌注桩的打桩机械进行技术改造。在模管外增加一根钢套管，上下用管箍与模管连接。在拔管过程中钢套管暂不拔出，待混凝土流出模管外，才逐步用卡箍拔移钢套管。

(2) 改善施工工艺流程。采用间隔跳打，并采用慢拔、少振等措施。

(3) 改善混凝土的配合比，改用小粒径骨料，减少混凝土的用水量，掺用高效减水剂，增加混凝土和易性和坍落度。

(4) 控制沉桩速率，每台桩机每天成桩数不超过 6 根，而且采取停停打打，打打停停的成桩方法。

(5) 对已缩颈与断桩的桩，进行挖开加固处理。

【实例 6 - 24】

事故概况：

某大厦地上 23 层，地下一层，总面积 3.2 万 m³。上部结构为内筒和框架结构。内筒基础为一厚度为 2m 的整板，框架柱下为独立承台，厚度为 1.5～1.8m，其下为预制方桩。桩断面 450mm×450mm，桩长 38m 左右，桩距为 1.8～2.25m。桩总数为 372 根。单桩承载力为 1800～2000kN。采用 300t 静压压入，压入桩 5m 左右桩尖持力层为砾石层，基坑开挖深度为 6.5m 左右，中心承台加深 1.5m 左右。考虑到开挖基坑时，其支护结构侧移变形较大和周围房屋发生开裂的严重情况，采取先施工中心筒承台，然后在承台上加钢管支撑四周支护结构的方法。待中心筒施工完成后，施工四周独立承台时，发现周围桩身侧移，倾斜很大，最大水平位移达 1m，经测检发现，断桩共 13 根，其竖向容许承载力仅 1300kN 左右，不能满足设计要求。

加固处理：

(1) 根据每个独立承台的断桩与桩身水平位移情况，施工冲孔灌注桩。桩身直径为 700mm，嵌岩深度为 2～3m，单桩容许承载力 2000kN。每个承台补桩数量为 2～4 根；共补桩 17 根。

(2) 加强独立承台之间的连接，合并独立承台，以增加基础的整体性。

(3) 修改地下室外壁与支护结构的回填方案。采用素混凝土回填，以增强基础的水平抗力。

(4) 加强沉降观察，逐层进行。采用 II 级水平测量建筑物沉降量和沉降差。

【实例 6 - 25】

事故概况：

某高层住宅楼采用打入式预制桩，打桩过程中，场地地面隆起量达 1.13m，桩位侧移最大达 0.45m，产生位移的桩数占总桩数的 40％左右。

事故处理：

(1) 改进打桩工艺，采用先钻孔后沉桩的方法。预钻孔长度为桩长的 1/3，钻孔应垂直，垂直度误差不超过 1/1000，预钻孔直径比桩的直径小约 150mm。

(2) 在桩间设置塑料排水板和袋装砂井或普通砂井，深度为桩长的 1/3 左右，以此作为排水通道，以减小超静孔隙水压力。

(3) 在场地四周挖防挤沟（深度为 2m 左右，宽度 1～1.5m）以解决表层的挤土效应。

(4) 合理安排打桩程序。采取背向保护对象的程序打桩。

(5) 控制沉桩速率。根据地面变形情况确定每天沉桩数量，也可以采取停停打打，隔日沉桩的方式。

上述处理方法宜综合使用，并应针对所造成的危害采取复打、补桩、加大承台宽度等措施，确保桩基工程质量。

第十一节　地基与基础的加固方法

当天然地基不能满足建筑物对它的要求时，需要进行地基处理，形成人工地基以满足建筑物对它的要求。若已有建筑物地基与基础发生工程事故，需要对已有建筑物地基与基础进行加固，以保证其正常使用和安全。地基与基础加固方法很多，按加固原理可分为以下几种。

1. 置换法

置换是用物理力学性质较好的岩土材料置换天然地基中的部分或全部软弱土体或不良土体，形成双层地基或复合地基，以达到提高地基承载力、减少沉降的目的。主要包括换土垫层法、挤淤置换法、褥垫法、振冲置换法（或称振冲碎石桩法）、沉管碎石桩法、强夯置换法、砂桩（置换）法、石灰桩法，以及 EPS 超轻质料填土法等。

2. 排水固结法

排水固结是指土体在一定荷载作用下固结，孔隙比减小，强度提高，以达到提高地基承载力，减少工后沉降的目的。主要包括堆载预压法、超载预压法、砂井法（包括普通砂井、袋装砂井和塑料排水带法）、真空预压法、真空预压与堆载预压联合作用，以及降低地下水位等。

3. 灌入固化物法

灌入固化物是向土体中灌入或拌入水泥或石灰或其他化学固化浆材，在地基中形成增强体，以达到地基处理的目的。主要包括深层搅拌法（包括浆体喷射和粉体喷射深层搅拌法）、高压喷射注浆法、渗入性灌浆法、劈裂灌浆法、挤密灌浆法和电动化学灌浆法等。

4. 振密、挤密法

振密、挤密是采用振动或挤密的方法使未饱和土密实，土体孔隙比减小，以达到提高地基承载力和减少沉降的目的。主要包括表层原位压实法、强夯法、振冲密实法、挤密砂桩法、爆破挤密法、土桩、灰土桩法等。

5. 加筋法

加筋是在地基中设置强度高、模量大的筋材，以达到提高地基承载力、减少沉降的目的。强度高、模量大的筋材，可以是钢筋混凝土也可以是土工格栅、土工织物等。主要包括加筋土法、土钉墙法、锚固法、树根桩法、低强度混凝土桩复合地基和钢筋混凝土桩复合地基法等。

6. 冷热处理法

冷热处理是通过冻结土体，或焙烧、加热地基土体改变主体物理力学性质以达到地基处理的目的。它主要包括冻结法和烧结法两种。

7. 托换法

托换是指对原有建筑物地基和基础进行处理和加固或改建。主要包括基础加宽法、墩式托换法、桩式托换法以及综合托换法等。

对地基处理方法进行严格的统一分类是很困难的。不少地基处理方法具有多种效用，例如，土桩和灰土桩法既有挤密作用又有置换作用。另外，还有一些地基处理方法的加固机理以及计算方法目前还不是十分明确，尚需进一步研究。

各种地基处理方法的原理和适用范围见表 6-12。

表 6-12　　　　　　　　　　　地基处理方法及其适用范围

类别	方　法	简　要　原　理	适用范围
置换法	换土垫层法	将软弱土或不良土开挖至一定深度，回填抗剪强度较大、压缩性较小的土，如砂、砾、石渣等，并分层夯实，形成双层地基。垫层能有效扩散基底压力，可提高地基承载力、减少沉降	各种软弱土地基
	挤淤置换法	通过抛石或夯击回填碎石置换淤泥达到加固地基的目的	厚度较小的淤泥地基
	褥垫法	建筑物的地基一部分压缩性很小，而另一部分压缩性较大时，为了避免不均匀沉降，在压缩性很小的区域，通过换填法铺设一定厚度可压缩性的土料形成褥垫，以减少沉降差	建（构）筑物部分坐落在基岩上，部分坐落在土上，以及类似情况

续表

类别	方 法	简 要 原 理	适用范围
置换法	振冲置换法	利用振冲器在高压水流作用下边振边冲在地基中成孔，在孔内填入碎石、卵石等粗粒料且振密成碎石桩。碎石材与桩间土形成复合地基，以提高承载力，减小沉降	不排水抗剪强度不小于20kPa的粘性土、粉土、饱和黄土和人工填土等地基
	沉管碎石桩法	采用沉管法在地基中成孔，在孔内填入碎石、卵石等粗粒料形成碎石桩。碎石桩与桩间土形成复合地基，以提高承载力，减小沉降	同上
	强夯置换法	采用边填碎石边强夯的强夯置换法在地基中形成碎石墩体，由碎石墩、墩间土以及碎石垫层形成复合地基，以提高承载力，减小沉降	人工填土、砂土、粘性土和黄土、淤泥和淤泥质土地基
	砂桩（置换）法	在软粘土地基中设置密实的砂桩，以置换同体积的粘性土形成砂桩复合地基，以提高地基承载力。同时砂桩还可以同砂井一样起排水作用，以加速地基土固结	软粘土地基
	石灰桩法	通过机械或人工成孔，在软弱地基中填入生石灰块或生石灰块加其他掺合料，通过石灰的吸水膨胀、放热以及离子交换作用改善桩周土的物理力学性质，并形成石灰桩复合地基，可提高地基承载力，减少沉降	杂填土、软粘土地基
	EPS超轻质料填土法	发泡聚苯乙烯（EPS）重度只有土重度的1/50~1/100，并具有较好的强度和压缩性能，用于填土料，可有效减少作用在地基上的荷载，需要时也可置换部分地基土，以达到更好的效果	软弱地基上的填方工程
排水固结法	堆载预压法	在建造建（构）筑物以前，天然地基在预压荷载作用下，压密、固结，地基产生变形，地基土强度提高，卸去预压荷载后再建造建（构）筑物，工后沉降小，地基承载力也得到提高，堆载预压有时也利用建筑物自重进行	软粘土、粉土、杂填土、泥炭土地基等
	超载预压法	原理基本上与堆载预压法相同，不同之处是其预压荷载大于建（构）筑物的实际荷载；超载预压不仅可减少建（构）筑物工后固结沉降，还可消除部分工后次固结沉降	同上
	砂井法（含普通砂井、袋装砂井、塑料排水带法）	在软粘土地基中设置竖向排水通道——砂井，以缩短土体固结排水距离，加速地基土固结；在预压荷载作用下，地基土排水固结，抗剪强度提高，可提高地基承载力，减少工后沉降	淤泥、淤泥质土、粘性土、冲填粘性土地基等
	真空预压法	在饱和软粘土地基中设置砂片和砂垫层，在其上覆盖不透气密封膜。通过埋设于砂垫层的抽气管进行长时间不断抽气，在砂垫层和砂井中造成负气压，而使软粘土层排水固结。负气压形成的当量预压荷载可达85kPa	同上
	真空预压与堆载预压联合作用	当真空预压达不到要求的预压荷载时，可与堆载预压联合使用。其预压荷载可叠加计算	同上
	降低地下水位法	通过降低地下水位，改变地基受力状态，其效果如堆载预压，使地基土固结。在基坑开挖支护建（构）筑物设计中，可减小建（构）筑物上的作用力	砂性土或透水性较好的软粘土层
	电渗法	在地基中设置阴极、阳极，通以直流电，形成电场。土中水流向阴极。采用抽水设备抽走，达到地基土体排水固结效果	软粘土地基

续表

类别	方 法	简 要 原 理	适用范围
灌入固化物法	深层搅拌法	利用深层搅拌机将水泥或石灰和地基土原位搅拌形成圆柱状、格栅状或连续墙水泥土增强体，形成复合地基以提高地基承载力，减小沉降。深层搅拌法分喷浆搅拌法和喷粉搅拌法两种。也常用它形成防渗帷幕	淤泥、淤泥质土和含水量较高，地基承载力标准值不大于 120kPa 的粘性土、粉土等软土地基，用于处理泥炭土，地下水具有侵蚀性时宜通过试验确定其适用性
	高压喷射注浆法	利用钻机将带有喷嘴的注浆管钻进预定位置，然后用20MPa 左右的浆液或水的高压流冲切土体，用浆液置换部分土体，形成水泥土增强体，高压喷射注浆法有单管法、二重管法、三重管法。在喷射浆液的同时通过旋转、提升可形成定喷，摆喷和旋喷。高压喷射注浆法可形成复合地基以提高承载力，减少沉降，也常用它形成防渗帷幕	淤泥、淤泥质土、粘性土、粉土、黄土、砂土、人工填土地基和碎石土等地基，当土中含有较多的大块石，或有机质含量较高时应通过试验确定其适用性
	渗入性灌浆法	在灌浆压力作用下，将浆液灌入土中填充天然孔隙，改善土体的物理力学性质	砂、粗砂、砾石地基
	劈裂灌浆法	在灌浆压力作用下，浆液克服地基土中初始应力和抗拉强度，使地基中原有的孔隙或裂隙扩张，或形成新的裂缝和孔隙，用浆液填充，改善土体的物理力学性质。与渗入性灌浆相比，其所需灌浆压力较高	岩基或砂、砂砾石、粘性土地基
	挤密灌浆法	通过钻孔向土层中压入浓浆液，随着土体压密将在压浆点周围形成浆泡。通过压密和置换改善地基性能。在灌浆过程中因浆液的挤压作用可产生辐射状上抬力，可引起地面局部隆起。利用这一原理可以纠正建筑物不均匀沉降	常用于中砂地基，排水条件好的粘性土地基
	电动化学灌浆法	当在粘性土中插入金属电极并通以直流电后，在土中引起电渗、电泳和离子交换等作用，在通电区含水量降低，从而在土中形成浆液"通道"。若在通电同时向土中灌注化学浆液，就能达到改善土体物理力学性质的目的	粘性土地基
振密、挤密法	表层原位压实法	采用人工或机械夯实、碾压或振动，使土密实。密实范围较浅	杂填土、疏松无粘性土、非饱和粘性土、湿陷性黄土等地基的浅层处理
	强夯法	采用重量为 10~40t 的夯锤从高处自由落下，地基土在强夯的冲击力和振动力作用下密实，可提高承载力，减少沉降	碎石土、砂土、低饱和度的粉土与粘性土，湿陷性黄土、杂填土和素填土等地基
	振冲密实法	一方面依靠振冲器的强力振动使饱和砂层发生液化，砂颗粒重新排列孔隙减小，另一方面依靠振冲器的水平振动力，加回填料使砂层挤密，从而达到提高地基承载力，减小沉降，并提高地基主体抗液化能力	粘粒含量小于 10% 的疏松性土地基
	挤密砂桩法	在采用锤击法或振动法制桩过程中，对周围砂层产生挤密作用，被挤密间土和密实的砂柱形成砂桩复合地基	疏松砂性土、杂填土、非饱粘性土地基

续表

类别	方 法	简 要 原 理	适用范围
振密、挤密法	爆破挤密法	在地基中爆破产生挤压力和振动力使地基土密实以提高土体的抗剪强度，提高承载力和减小沉降	饱和净砂、非饱和但经灌水的砂、粉土、湿陷性黄土地基
	土桩、灰土桩法	采用沉管法、爆扩法和冲击法在地基中设置土桩或灰土桩；在成桩过程中挤密桩间土，由挤密的桩间土和密实的土桩或灰土桩形成复合地基	地下水位以上的湿陷性黄、杂填土、素填土等地基
加筋法	加筋土法	在土体中置土工合成材料（土工织物、土工格栅）、金属板条等形成加筋土垫层，增大压力扩散角，提高地基承载力，减少沉降	筋条间用无粘土，加筋土法可适用各种软弱地基
	锚固法	锚杆一端锚固于地基土中，或岩石，或其他构筑物，另一端与构筑物连结，以减少或承受构筑物受到的水平向作用力	有可以锚固的土层、岩层或构筑物的地基
	树根桩法	在地基中设置如树根状的微型灌注桩（直径 70～250），提高地基或土坡的稳定性	各类地基
	低强度混凝土桩复合地基	在地基中设置低强度混凝土桩，与桩间土形成复合地基	各类深厚软弱地基
	钢筋混凝土桩复合地基	在地基中设置钢筋混凝土桩，与桩间土形成复合地基	各类深厚软弱地基
冷热处理法	冻结法	冻结土体，改善地基土截水性能，提高土体抗剪强度	饱和砂土或软粘土，作施工临时措施
	烧结法	钻孔加热或焙烧，减少土体含水量，减少压缩性，提高土体强度	软粘土，湿陷性黄土，适用于有富余热源的地区
托换法	基础加宽法	通过加宽原建筑物基础，减小基底接触压力，使原地基满足要求，达到加固目的	原地地基承载力较高
	墩式托换法	通过置换，在原基础下设置混凝土墩，使荷载传至较好土层，达到加固目的	地基不深处有较好持力层
	桩式托换法	在原建筑物基础下设置钢筋混凝土桩以提高承载力，减小沉降达到加固目的，按设置桩的方法分静压桩法、树根桩法和其他桩式托换法。静压桩法又可分为锚杆静压桩法和其他静压桩法	原地基承载力较低
	综合托换法	将两种或两种以上托换方法综合应用达到加固目的	

第十二节　建　筑　物　纠　偏

已有建筑（构筑）物由于各种原因，产生倾斜、偏移，影响正常使用或危及安全，必须采取措施进行纠偏，防止事故扩大。

常用的纠偏方法主要有：

一、顶升纠偏

顶升纠偏是将建筑物基础和上部结构沿某一特定位置进行分离，在分离区设置若干个支承点，通过安装在支承点的顶升设备，使建筑物沿某一直线或点作平面转动，使倾斜建筑物得以纠正。为了保证上部分离体的整体性和刚度，采用钢筋混凝土加固，通过分级托换，形成全封闭的顶升支承梁（柱）体系。

二、迫降纠偏

1. 加载纠偏

通过在建筑物沉降较少的一侧加载，迫使地基土变形产生沉降，达到纠偏目的称为加载纠偏。最常用的加载手段是堆载，在沉降较少一侧堆放重物，如钢锭、砂石及其他重物，如图 6-30 所示。堆载纠偏又称为堆载加压纠偏法。该法较适用于建筑物刚度较好，跨度不大，地基为深厚软粘土的地基情况。对于由于相邻建筑物荷载影响产生不均匀沉降（图 6-31）和由于加载速度偏快，土体侧向位移过大造成沉降偏大的情况具有较好的效果。堆载加压纠偏过程中应加强监测，严格控制加载速率。

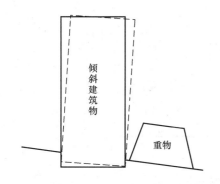

图 6-30　堆载加压纠偏示意图

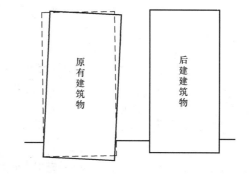

图 6-31　相邻建筑物引起附加沉降产生倾斜示意图

加载纠偏也可通过锚桩加压实现，在沉降较小的一侧地基中设置锚桩，修建与建筑物基础相连接的钢筋混凝土悬臂梁，通过千斤顶加荷系统加载，促使基础纠偏，如图 6-32 所示。锚桩加压纠偏一般可多次加荷。施加一次荷载后，地基变形应力松弛，荷载减小，变形稳定后，再施加第二次荷载，如此重复，荷载可一次一次增大。当一次荷载保持不变，变形稳定后，再增加下一次荷载，直至达到纠偏目的。

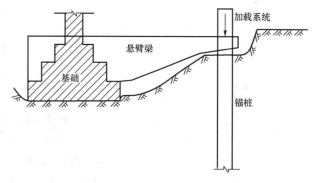

图 6-32　锚桩加压纠偏示意图

【实例 6-26】

事故概况：

某炼钢厂钢锭模具库，全长 135m，柱距 9m，跨度 28.5m，吊车轨道标高 10m。基础和地坪坐落在厚度为 6.2～9.4m 的填土上。由于地坪长期堆积钢锭模，荷载较大，发生较大沉降，致使桩基倾斜，柱顶最大水平位移达 127mm，造成吊车卡轨，影响使用。

纠偏处理：

采用锚桩加压纠偏，第一次加荷 450kN，纠偏 25～35mm；第二次加荷 375kN，纠偏 13mm。

经纠偏后，吊车可正常运行。

2. 基础下地基中掏土纠偏

直接在基础下地基中掏土对建筑物沉降反映敏感，一定要严密监测，利用监测结果及时调整掏土施工顺序及掏土数量。掏土又可分为钻孔取土、人工直接掏挖和水冲掏土方法。一般砂性土地基采用水冲法较适宜，粘性土及碎卵石地基采用人工掏挖与水冲相结合的方法。一般可在建筑物沉降小的一侧设置若干个沉井，在沉井壁留孔，沉至设计标高后，通过沉井预留孔，将高压水枪伸入基础下进行深层射水，使泥浆流出完成掏土，达到纠偏目的，如图6-33所示。若建筑物底面积较大，可在基础底板上钻孔埋套管取土，如图6-34所示。取土可采用人工掏土和钻孔取土两种。人工掏土套管深度即为掏土深度，钻孔取土套管深度为开始取土深度，取土深度由钻孔深度决定。

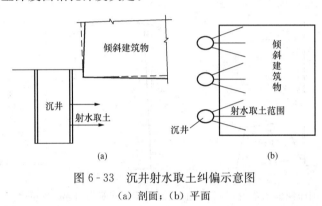

图6-33 沉井射水取土纠偏示意图
(a) 剖面；(b) 平面

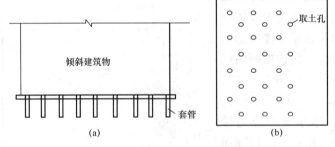

图6-34 基础底板下钻孔取土纠偏示意图
(a) 剖面；(b) 平面

3. 基础侧地基中掏土纠偏

在建筑物沉降较小的一面外侧地基中设置一排密集的钻孔，如图6-35所示，在靠近地面处用套管保护，在适当深度通过钻孔取土，使地基土发生侧向位移，增大该侧沉降量，达到纠偏目的。如需要，也可加密钻孔，使之形成深沟。基础外侧地基中掏土纠偏施工过程大致可分为定孔位、钻孔、下套管、掏土、孔内作必要排水和最终拔管回填等阶段。孔位（孔距）按楼房平面形式、倾斜方向和倾斜率、房屋结构特点以及地基土层情况确定。钻孔直径一般采用4400mm，孔深和套管长度根据掏土部位确定。掏土使用大型麻花钻或大锅锥。掏土顺序、深度、次数、间隔时间根据监测资料和倾斜情况分析确定。孔内排水采用潜水泵，通过降水可促进土体倾向移动。拔管也应间隔进行，并及时回填土料。

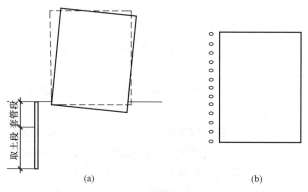

图 6-35 基础侧地基中掏土纠偏示意图

(a) 剖面；(b) 平面

三、其他纠偏

除顶升纠偏、加载纠偏和掏土纠偏外，还有注浆顶升纠偏、降低地下水位促沉纠偏和湿陷性黄土浸水纠偏等。

1. 注浆顶升纠偏

压密注浆是向地基中注入浓浆，在注浆孔附近形成浆泡。随着注浆压力的提高，浆泡对建筑物的上抬力增大。通过合理布置注浆孔，控制各点注浆压力和注浆量，可以使建筑物得到顶升，达到纠偏的目的。但注浆顶升纠偏较难定量控制。

2. 降低地下水位促沉纠偏

通过局部区域降低地下水位促沉可得到纠偏效果。降低地下水位促沉往往与其他纠偏技术合用。

3. 湿陷性黄土浸水纠偏

对湿陷性黄土地基上建筑物因地基局部浸水湿陷产生不均匀沉降，导致建筑物倾斜的情况，可利用湿陷性黄土遇水湿陷的特性，采用浸水纠偏技术进行纠偏。采用浸水纠偏与加载纠偏相结合效果更好。

四、综合纠偏加固

在对原有建筑物进行纠偏加固时，有时需要运用多种技术进行纠偏加固。例如，在采用顶升纠偏时，往往先进行地基加固；如先采用锚杆静压桩托换，在建筑物沉降稳定后再进行顶升纠偏；又如对地基软土层厚薄不均产生不均匀沉降的建筑物，往往在沉降发生较小的一侧进行掏土促沉，在沉降发生较大的一侧进行地基加固，这样既可达到纠偏的目的，又可通过局部地区地基加固使不均匀沉降不再继续发展。

运用多种技术既可以取得较好的纠偏加固效果，又能取得良好的经济效益，因此应充分考虑综合运用。

复 习 思 考 题

1. 建筑工程对地基有哪几方面的基本要求？

2. 为什么说建筑物总会有不均匀沉降，但又不允许有过大的不均匀沉降？建筑物若有过大不均匀沉降会发生哪些问题？

3. 何谓不良地基？何谓软弱土层？两者是否是一回事？如不是，它们之间有何区别？

4. 以软弱土层作为地基时，有哪些处理手段？

5. 为什么说砂土和碎石土地基的沉降在施工期间已大体完成，而粘土地基的沉降却要延续多年？

6. 地下水对建筑工程有哪些不利影响？为什么说地下水位下降或上升都会对建筑物的不均匀沉降有重要影响？

7. 预制混凝土桩和灌注混凝土桩的质量问题有何区别？应采取什么方法预防？

8. 为什么新建建筑要与已建建筑之间相隔一段距离？若要两者贴近，应采取哪些措施？

9. 在分析因地基问题造成的建筑工程事故时，应收集哪些资料？

10. 边坡失稳的基本机理是什么？产生边坡失稳的原因有哪些？

第七章　防水工程的质量缺陷与处理

第一节　概　　述

防水工程可按设防部位、设防材料性能和设防材料品种分类。按设防部位不同，可分为屋面防水、地下室防水、厕浴室室内防水、外墙防水和其他防水工程。按设防材料性能不同，可分为柔性防水和刚性防水。按设防材料做法不同，可分为卷材防水、涂膜防水、密封材料防水、混凝土或砂浆防水、粉状憎水材料防水、渗透剂防水等。

防水工程的质量，直接影响建筑物的使用功能和寿命。《建设工程质量管理条例》规定："屋面防水工程、有防水要求的卫生间、房间和外墙面的防渗漏，为五年。"这不仅明确了防水工程的重要性，更明确了"在正常使用条件下，建设工程最低保修期限"内，施工单位应承担的责任。

近几年来，房屋建筑向高层、超高层发展，对防水提出了更高的要求。与此同时，大量新型防水材料的应用，新的防水技术的推广，也取得了质的飞跃。

如屋面防水重点推广中、高挡 SBS（APP）高聚物改性沥青防水卷材、合成高分子防水卷材、氯化聚乙烯—橡胶共混防水卷材、三元乙丙橡胶防水卷材；地下建筑防水重点推广自防水混凝土。在防水技术方面，改变了传统的靠单一材料防水，采用卷材与涂料、刚性与柔性相结合的多道设防综合防治的方法。

防水工程是综合性较强的系统应用工程。造成防水工程质量通病的原因，更具有复杂性。多数是设计、施工、材料和维护等过程质量失控所造成的。

一、设计方面

（1）设计部门比较重视建筑造型、平面布置和结构设计计算，对防水设计往往重视不够，对建筑所处环境，对防水工程的影响往往考虑不周。

（2）设计人员的防水专业知识不足，对新型防水材料的性能、使用条件、适用范围了解不多。

（3）防水层做法往往层次众多、工序复杂，容易导致质量缺陷。

（4）对防水材料的耐久性考虑得较少。

（5）缺乏研究防治渗漏通病的新措施。

二、施工方面

（1）防水工程的施工队伍不专业。

（2）防水施工的技术设备较为简陋，并且不完备。

（3）违反作业程序，不顾气候条件赶进度。只重视面层不重视基体、垫层、隔离层；只重视大面积的质量，不重视节点、接口处的质量。

（4）竣工验收不认真，标准过低等。

三、使用方面

（1）只顾使用，忽视清理、疏通，造成流水管道堵塞、防水层腐烂、异物滋生。

（2）非正常使用，比如屋面搭棚、架广告牌等，造成防水层局部破损。

（3）不及时维修，造成已有的缺陷范围扩大。

四、材料方面

（1）材料品种繁多，有沥青类、合成高分子类、改性沥青类、粉状材料类、防水混凝土砂浆类等；做法也各不相同，有卷材、涂膜、刚性层以及与之配套的接缝密封、止水堵漏等。它们的类别和规格很繁杂，但产品质量各异，标准化的质量保证体系和认证制度又不甚严格。

（2）各品种材料的运输、保管，尚缺乏规范化的制度。

（3）市场混乱，伪劣产品充斥市场。

（4）检测的手段和方法较为落后，难以准确地检查各品种材料的性能和它们的可靠性、耐久性。

防水工程实际就是防水材料的合理组合的二次加工。材料品质是关键，是保证防水质量的前提条件。防水材料应有产品合格证书和性能检测报告，材料的品种、规格、性能应符合现行国家产品标准和设计要求。不合格的材料不得在工程中使用。

第二节　屋面防水工程中的质量缺陷与处理

屋面防水工程包括卷材防水屋面、刚性防水屋面、涂膜防水屋面、瓦屋面、隔热屋面五个子分部工程。

瓦屋面子分部工程包括平瓦、油毡瓦、金属板材屋面、细部构造四个分项工程。

隔热屋面子分部工程包括架空屋面、蓄水屋面、种植屋面三个分项工程。

20世纪90年代，建筑新材料、新技术的推广和运用，屋面防水工程采用了"防排结合，刚柔并用，整体密封"的技术措施，使屋面的防水主体与屋面的细部构造（天沟、檐沟、泛水、水落口、檐口、变形缝、伸出屋面管道等部位）组成了一个完整的密封防水系统，使屋面防水工程质量整体水平有所提高。

在渗漏的屋面工程中，70%以上是节点渗漏。节点部位大都属于细部构造。细部构造保证了防水质量［《屋面工程质量验收规范》（GB 50207—2002）规定"应全部进行检查"］，从而保证了屋面防水工程的质量。

一、卷材防水工程

卷材防水屋面的施工方法，主要靠手工作业和传统积累的经验，检测手段单一。新型卷材的使用虽然逐步得到了推广，但与其相应的技术、工艺、质量保证措施，常常不能同步，相对滞后。

卷材防水屋面工程质量通病，往往与屋面找平层、屋面保温层、卷材防水层有直接或间接的因果关系。如："屋面（含天沟、檐沟）找平层的排水坡度必须符合设计要求。"否则，容易造成积水，防水层长期被水浸泡，易加速损坏。如保温层保温材料的干湿程度与导热系数关系成负相关，限制保温材料的含水率是保证防水质量的重要环节。

卷材防水屋面防水常见的质量通病：卷材开裂、起鼓、流淌和渗漏。前三种通病是引发最终渗漏的隐患；后一种通病，往往是细部构造做防水处理时，施工工艺不当，造成节点渗漏水，表现为直接性。

1. 卷材开裂

卷材开裂的主要原因为防水材料选用不当；紧前工序失控，质量不合格；卷材防水施工工艺不当等。

（1）防水材料选用不当。设计忽视了屋面防水等级和设防要求。如重要的建筑和高层建筑，防水层合理的使用年限为 15 年，就应选用高聚物改性沥青防水卷材或合成高分子防水卷材。而且忽视了建筑物的使用功能和建筑物所在地的气候环境。如南方夏日高温，季节性雨水多，选择材料极限性就应以所在地最高温度为依据。

（2）找平层不符合规范要求。目前大多数建筑物均以钢筋混凝土结构为主，其基层具有较好的结构整体性和刚度。因此一般采用水泥砂浆、细石混凝土找平层或沥青砂浆找平层作为防水层的基层。

一些施工单位对找平层质量不够重视，主要表现为以下几个方面：

1）水泥砂浆找平层，水泥与砂体积比随意性大。

2）水泥强度等级低于 32.5 级；细石混凝土找平层强度等级低于 C20。

3）找平层留设分格缝不当。

4）找平层表面出现酥松、起砂、起鼓和裂缝。

（3）保温（隔热）层施工质量不好。保温层的厚度决定屋面的保温效果。保温层过薄，达不到设计的效果，其物理性能难以保证，使结构会产生更大的胀缩，拉裂防水层。

（4）卷材铺设操作不当。选用的沥青码碲脂没有按配合比严格配料；沥青码碲脂加热温度控制不严，温度超过 240℃，加速码碲脂老化，降低其柔韧性。加热温度低于 190℃，粘度增加，均匀涂布困难。温度过高或过低，都会影响卷材的粘结强度。

除了材料的品质原因外，卷材铺贴的搭接宽度的长短、接头处压实与否、密封是否严密，都会导致卷材开裂、翘边。

分析卷材开裂，主要考虑三个方面：

1）有规律的裂缝一般是温度变形引起的，无规则的裂缝一般是由结构不均匀沉降、找平层、卷材铺贴不当或材料的质量不符合要求引起的；

2）裂缝出现在施工后不久，一般是因找平层开裂和卷材铺贴质量不好引起的。施工后半年或一年以后出现裂缝，而且是在冬季，由温度变形造成的；

3）屋面板不裂，找平层开裂引起卷材开裂，一般是由找平层收缩变形引起的，屋面板开裂发生在板缝或板端支座处，一般是由温度变形或不均匀沉降引起的。

2. 卷材起鼓

引起卷材起鼓的原因为材质问题、基层潮湿、粘结不牢。

（1）材质问题。当前卷材品种繁多，性能各异，在规定选用的基层处理剂、接缝胶粘剂，密封材料等与铺贴的卷材材性不相容。

（2）基层潮湿。基层潮湿包括有两方面：一方面指找平层不干燥，即基层的含水率大于当地湿度的平衡含水率，影响卷材与基层的粘结；另一方面指保温层含水率过大（保温材料大于在当地自然风干状态下的平衡含水率），两者的湿气滞留在基层与卷材之间的空隙内，湿气受热源膨胀，引起卷材起鼓。

（3）粘结不牢。粘结不牢是一个泛指的大概念。基层潮湿是造成粘结不牢的原因之一，主要是突出湿气的破坏作用。

这里指的粘结不牢，排除基层品质外，主要是指铺贴操作不当。

1）采用冷粘法，涂布不均匀，或漏涂；胶粘剂涂布与卷材铺贴间隔时间过长或过短；

没有考虑气温、湿度、风力等因素的影响。

2) 铺贴卷材时用力过小，压粘不实，降低了粘结强度。

3. 屋面流淌

流淌，是指卷材顺着坡度向下滑动。滑动造成卷材皱折、拉开。

流淌的主要原因有以下几方面：

(1) 码碲脂耐热度低，错用软化点较低的焦油沥青，码碲脂粘结层厚度超过 2mm。

(2) 在坡度大的屋面平行于屋脊铺贴沥青防水卷材，因沥青软化点低，防水层较厚，就容易出现流淌。垂直铺贴时，在半坡上做短边搭接（一般不允许），短边搭接处没有做固定处理。

(3) 错选用深色豆石保护，且豆石撒布不均匀，粘结不牢固。豆石受阳光照射吸热，增加了屋面温度，加速流淌发生。

4. 屋面漏水

屋面漏水，这里专指的是节点漏水。节点漏水一般发生在细部构造部位，细部构造是渗漏最容易发生的部位。

细部构造渗漏水的原因有：

(1) 防水构造设计方面

1) 节点防水设防不能满足基层变形的需要；

2) 节点防水没有采用柔性密封、防排结合、材料防水与构造防水结合的方法。

(2) 细部构造防水施工方面

1) 女儿墙与屋面接触处渗漏。砌筑墙体时，女儿墙内侧墙面没有预留压卷材的泛水槽口；卷材固定铺设到位，但受气温影响卷材端头与墙面局部脱开，雨水通过开口流入（如图 7-1、图 7-2 所示）。

2) 屋面与墙面的阴角处渗漏。阴角处找平层没有抹成弧形坡，卷材在阴角处形成空悬，雨水通过空悬（卷材老化龟裂）破口流进墙体（如图 7-3 所示）。

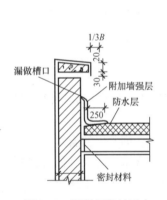

图 7-1　漏做压卷材泛水槽口示意图

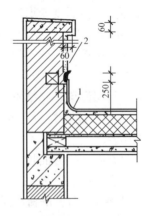

图 7-2　卷材端头与墙面脱开示意图
1—防水卷材；2—卷材收头处

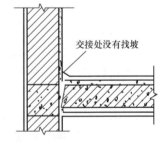

图 7-3　屋面与墙面交接处形成空悬

3) 水落口处渗漏。落水口安装不牢，填缝不实，周围未做泛水卷材铺贴，水落口杯周围 500mm 范围内，坡度小于 5%。高层建筑考虑外装饰效果，一般采用内排式雨水口。如采用外排式，容易忽视雨水因落差所产生的冲击力，又没有采取减缓或其他防冲击措施，导致裙楼屋面受雨水冲击处易损坏渗漏（如图7-4、图7-5所示）。

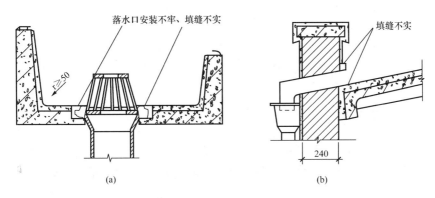

图7-4 水落口安装不牢，填缝不实示意图

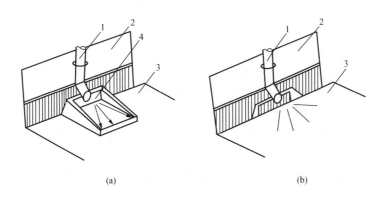

图7-5 雨水落差冲击示意图
（a）采取了缓冲保护措施；（b）没有采取缓冲保护措施
1—高层排水管；2—高层墙体；3—低层屋面；4—缓冲保护措施

【实例7-1】

工程概况：

某屋面防水工程，卷材铺设正逢夏季（气温30～32℃），卷材铺设5天后，发现局部卷材被拉裂。经检验：找平层采用体积比1∶2.5（水泥∶砂）水泥砂浆，二次抹压成活，找平层厚度符合规范要求，设置的分格缝缝距为10m。

原因分析：

（1）分格缝纵横缝距太大（不宜大于6m），找平层干缩裂缝很难集中于分格缝中，分格缝钢筋未断开，局部裂缝拉裂卷材。

（2）施工日志记载：找平层抹完2天后，即开始铺贴卷材。铺贴时间过早，水泥砂浆硬化初期收缩量大，未待稳定。养护时间太短，砂浆早期失水，加速水泥砂浆找平层开裂。

【实例7-2】

工程概况：

某单层单跨（跨距18m）装配车间，屋面结构为1.5m×6m预应力大型屋面板。按设计要求：屋面板上设120mm厚沥青膨胀珍珠岩保温层，20mm厚水泥砂浆找平层，二毡三油一砂卷材防水层。保温层、找平层分别于8月中旬、下旬完成施工，9月中旬开始铺贴第一层卷材。第一层卷材铺贴 2 天后，发现 20％卷材起鼓，找平层也出现不同程度鼓裂。起泡直径大小不一，起泡高度最高达 60mm，起泡直径最大达 4.5m。

原因分析：

根据当时气象记录记载，白天气温平均为 35℃，屋面表测温度为 48℃（下午 2 时）。通过剥离检查，发现气泡 85％以上出现在基层与卷材之间，鼓泡潮湿、有小水珠，鼓泡处码碲脂少数表面发亮。

（1）卷材与基层粘结不牢，空隙处存有水分和气体、受到炎热太阳光照射，气体急骤膨胀形成鼓泡。

（2）保温层施工用料没有采取机械搅拌，有沥青团，现浇时遇雨又没有采取防雨措施，保温层材料含水率较高，又是采用封闭式现浇保温层，气体水分受到热源膨胀，造成找平层不同程度鼓裂。

（3）铺贴卷材贴压不实，粘结不牢，使卷材与基材之间出现少量鼓泡。

【实例 7-3】

工程概况：

某厂单层金属材料仓库，建筑面积 3000m²，平屋顶。内檐沟组织排水。使用一年后，遇大暴雨，室内地面积水 40mm，雨水沿内墙面流入。维修工人上屋面检查发现落水口全被粉煤灰和豆石堵死。将雨水口疏通后，檐沟仍有积水不能排净。

原因分析：

（1）设计方面。该仓库毗邻为锅炉房，大量粉煤灰落在屋面上，平时被雨水冲刷积存在檐沟内；落水口间距太大。

（2）施工方面。在防水屋面施工时，尽管进行了找坡处理，檐沟的纵向找坡仍小于 1％；绿豆石加热温度不够，撒布后对浮石没有清除。檐沟垂直面的豆石全部脱落，与粉煤灰相裹，堵死落水口。

【实例 7-4】

工程概况：

某南方住宅小区，平顶屋面防水设计时，考虑为了减少环境污染，改善劳动条件，施工简便，选择了耐候性（当地温差大）、耐老化，对基层伸缩或开裂适应性强的卷材，决定选用高分子防水卷材（三元乙丙橡胶防水卷材）。完工后，发现屋面有积水和渗漏。施工单位为了总结使用新型防水卷材的施工经验，从施工作业准备和施工操作工艺进行调查。

原因分析：

（1）屋面积水。找平层采用材料找坡排水坡度小于 2％，并有少数凹坑。

（2）屋面渗漏。

1）基层面、细部构造原因：

a. 基层面有少量鼓泡。

b. 基层含水率大于 9％。

c. 基层表尘土杂物清扫不彻底。

d. 女儿墙、变形缝、通气孔等突起物与屋面相连接的阴角没有抹成弧形，檐口、排水口与屋面连接处出现棱角。

2）施工工艺不当。

a. 涂布基层处理剂涂布量随意性太大（应以 0.15～0.2kg/m² 为宜），涂刷底胶后，干燥时间小于 4h。

b. 涂布基层胶粘剂不均匀，涂胶后与卷材铺贴间隔时间不一（一般为 10～20min），在局部反复多次涂刷，咬起底胶。

c. 卷材接缝，搭接宽度小于 100mm，在卷材重选的接头部位，填充密封材料不实。铺贴完卷材后，没有即时将表面尘土杂物除清，着色涂料涂布卷材没有完全封闭，发生脱皮。

d. 细部构造加强防水处理马虎，忽视了最易造成节点渗漏的部位。

二、刚性防水工程

刚性防水屋面是在基层铺设细石混凝土防水层。细石混凝土防水层，包括普通细石混凝土防水层和补偿收缩混凝土防水层。刚性防水屋面主要依靠混凝土自身的密实性达到防水目的。

刚性防水屋面一般由结构层、找平隔离层、防水层组成。细石混凝土防水层，取材方便，施工简单，造价低廉，耐穿刺能力强，耐久性能好，在防水等级Ⅲ级屋面中推广应用较为普遍。其不足处，刚性防水材料的表观密度大、抗拉强度低，常因混凝土干缩、温差变形及结构变形产生裂缝。

刚性防水屋面发生渗漏很普遍。刚性防水屋面渗漏往往是综合因素造成的。从质量缺陷表面观察：一是开裂，二是起砂起皮，三是嵌填分格缝有空隙。

细石混凝土防水层渗漏的主要原因为防水层裂缝，结构层裂缝。

1. 防水层裂缝的原因

（1）没有选用强度等级为 C32.5 级普通硅酸盐水泥或硅酸盐水泥，这两种水泥早期强度高，干缩性小，性能较稳定，碳化速度慢。如采用干缩率大的火山灰质水泥，又没有采取泌水性措施，就容易干缩开裂。

（2）粗细骨料的含泥量过大，粗骨料的粒径大于 15mm，容易导致产生裂纹。

（3）水灰比大于 0.55。水灰比影响混凝土密实度，水灰比越大，混凝土的密实性越低，微小孔隙越多，孔隙相通，成为渗漏通道。

（4）细石混凝土防水层的厚度小于 40mm，混凝土失水很快，水泥水化不充分。另外由于厚度过薄，石子粒径太大，就有可能上部砂浆收缩，造成上部位裂缝。厚薄不均，突变处收缩率不一，容易产生裂缝。

（5）在高温烈日下现浇细石混凝土，又没有采取必要的措施，过早失去水分引起开裂。

（6）格缝内的混凝土不是一次摊铺完成，人为的留有施工缝，为产生裂缝留下隐患；抹压时，有的为了尽快收浆，撒干水泥或加水泥浆，造成混凝土硬化后，内部与表面强度不一，干缩不一，引起面层干缩龟裂。

2. 结构层裂缝原因

（1）没有在结构层有规律的裂缝处或容易产生裂缝处设置分格缝。

（2）混凝土结构层受温差、干缩及荷载作用下挠曲，引起的角变位，都能导致混凝土构件的板端处出现裂缝。如在屋面板支端处，屋面转折处、防水层与突出屋面结构的交接处等部位，没有设置分格缝，或设置的分格缝间距大于 6m。

注意：结构层裂缝对刚性防水层有直接的影响，结构层裂缝会引发防水层开裂。

【实例 7-5】

工程概况：

某南方住宅小区，砌体结构、六层，共 18 幢。屋面防水设计时，从综合效益考虑，采用刚性防水屋面，隔离层采用水泥砂浆找平层铺卷材。

做法为：用 1∶3 水泥砂浆在结构层上找平、压实抹光，找平层干燥后，铺一层厚 4mm 干细石滑动层，在其上铺设一层卷材，搭接缝用热码碲脂粘结。

防水层施工完全符合施工规范。一年以后，有两栋住六楼的用户反映，屋面漏水。检查发现，防水层多处出现无规律裂缝。

原因分析：

（1）裂缝位置无规律性，是结构层温度变形引起的。

（2）对出现屋面渗漏的两栋住宅，为赶工期，隔离层完工后没有对其进行保护，混凝土运输直接在其上进行，绑扎钢筋网片时，隔离层表面多处被刺破。

（3）为使结构层和防水层的变形相互不受约束，设置了隔离层，以减小防水层产生拉应力，避免开裂。该两栋住宅，局部隔离层已失去作用。

【实例 7-6】

工程概况：

某单层仓库，建筑面积 1200m²，无保温层的装配式钢筋混凝土屋盖，刚性防水屋面。使用半年后，发现屋面有少许渗漏后，决定把该仓库改为金属加工车间，渗漏加剧。检查发现，防水层多处出现有规则或无规则裂缝。

原因分析：

（1）渗漏加剧。该建筑原为仓库，改用为生产车间，又装有 4 台振动机械设备，对刚性防水屋面极为不利。

（2）分格缝留置错误。结构屋面板的支承端部分漏留分格缝，纵横分格缝大于 6m。分格缝面积大于 36m²。

（3）防水层温差、混凝土干缩、徐变、振动等因素，造成防水层开裂。

三、涂膜防水屋面

防水涂料是以高分子合成材料为主在常温下呈无定型的液体，涂布于结构表面形成坚韧密封的防水膜。防水涂料常用于钢筋混凝土装配式结构无保温层的防水，或用于板面找平层和保温层面的防水。

涂膜防水层用于Ⅲ、Ⅳ级防水屋面时，均可单独采用一道设防。也可用于Ⅰ、Ⅱ级屋面多道防水设防中的一道防水层。二道以上设防，防水涂料与防水卷材应具有相容性。

1. 防水涂料的分类

按涂料类型分为溶剂性、水乳性和反应性。

按涂料成膜物质的主要成分分为合成树脂类、橡胶类、橡胶沥青类、沥青类和水泥基。

按涂料的厚度分为厚质、薄质涂料。

适用于涂膜防水层的涂料可分为高聚物改性沥青防水涂料、合成高分子防水涂料。

防水涂料一般具有耐候性、弹性、粘结性、防水性的品质，又具有较强的抗老化性能。故应用越来越广，是防水材料的发展方向。

2. 材料品质

（1）固体含量。它是防水涂料的主要成膜物质，固体含量过低，涂膜的质量难以保证。

（2）耐热度。涂料的耐热度小于 80℃，耐热保持不了 5h，会产生流淌、起泡和滑动。

（3）柔性。柔性太低，涂料就不具备对施工温度一定的适应性，引起开裂。

（4）不透水性。防水涂料达不到规定的承受压力和承受一定压力的持续时间，完工后的防水层就会产生直接渗漏。

（5）延伸。防水涂料低于规定的延伸性要求，就不具备适应基层变形的能力。

3. 涂膜防水屋面产生缺陷的原因

防水涂料的质量指标，根据屋面防水工程要求，其物理性能达不到要求，引起渗漏是必然的。

涂膜防水屋面施工，如对材料的物理性能和适用条件不了解，或施工方法不当，引起的质量缺陷为开裂、鼓泡、粘结不牢、保护层脱落、破损。

（1）开裂。基层刚度小，结构板安装不牢固；找平层出现裂缝；找平层没有按规定留置分格缝，或留置了分格缝，但没有用油膏嵌实；涂料过厚。

（2）鼓泡。基层表面粗糙，刷压玻璃布用力不均，铺贴不紧。玻璃布下未能排净的小气泡在高温作用下形成鼓泡；当找平层下有保温层又没有留置必要的排气孔道，潮气无法排出，也是形成鼓泡的原因。

（3）粘结不牢。使用了变质失效的材料，配合比随意性大；基层表面不平整、不光滑、不清洁，或基层起砂、起壳、爆皮；基层含水率大于规定的要求；基层与突出屋面结构连接处、基层转角处没有做成钝角或圆弧。

（4）保护层脱落、涂膜破损。没有按设计规定或涂料使用规定的要求，选择保护层材料。如薄质涂料宜使用蛭石、云母粉；厚质涂料没有选用黄砂、石英砂、石屑粉等；在涂布最后一道涂层，没有及时撒布或撒布保护材料不均匀，粘结不牢。成品保护不好，人为破坏防水层。

【实例 7 - 7】

工程概况：

某单位新建的办公大楼，砖砌体结构、六层。屋面采用涂膜防水，屋面为现浇钢筋混凝土板，六楼为会议厅。考虑夏日炎热，分别设置了保温层（隔热层）、找平层、涂膜防水层。竣工交付使用不久，晴天吊顶潮湿，遇雨更为严重。一年后，外墙面抹灰层脱落。检查发现屋面略有积水，防水层无渗漏。

原因分析：

（1）屋面积水是找平层不平所致，材料找坡，坡度小于 2%。

（2）搅拌保温材料时，拌制不符合配合比要求，加大了用水量；保温层完工后，没有采取防雨措施，又没有及时做找平层。找平层做好后，保温层积水不易挥发，渗漏系保温层内存水受压所致。

（3）保温层内部积水的原因。女儿墙根部，冬季被积水冻胀，产生外根部裂缝，抹灰脱落，遇雨时由外向室内渗漏。

四、瓦屋面防水

瓦屋面子分部工程包括的分项工程有平瓦屋面、油毡瓦屋面、金属板屋面、细部构造等。

1. 平瓦屋面

平瓦屋面是指传统的粘土机制平瓦和混凝土平瓦。主要适用于防水等级为Ⅱ、Ⅲ级以及坡度不小于 20% 的屋面。

平瓦屋面引起渗漏的主要原因有以下几方面：

（1）脊瓦在两坡面瓦上搭盖宽度，每边小于 40mm。

（2）瓦伸入天沟、檐沟的长度小于 50mm（应在 50～70mm 之间）；天沟、檐沟的防水层伸入瓦内宽度小于 150mm。

（3）瓦头桃出封檐板的长度小于 50mm（应在 50～70mm 之间）。

（4）突出屋面的墙或烟囱的侧面瓦伸入泛水宽度小于 50mm；尺寸偏小，降低了封闭的严密性。

（5）屋面与立墙及突出屋面结构等交接处部位，没有做好泛水处理。

（6）天沟、檐沟的防水层采用的防水卷材质量低劣。

2. 油毡瓦屋面

油毡瓦为薄而轻的片状材料，适用于防水等级为Ⅱ、Ⅲ级以及坡度不小于 20％的屋面。油毡瓦屋面引起渗漏的主要原因有以下几方面：

（1）油毡瓦质量不符合规定要求。如表面有孔洞、厚薄不均、楞伤、裂纹、起泡等缺陷。

（2）搭盖的有关尺寸偏小。

1）脊瓦与两坡面油毡瓦搭盖宽度每边小于 100mm。

2）脊瓦与脊瓦的压盖面小于脊瓦面积的 1/2。

3）在屋面与突出屋面结构的交接部位，油毡瓦的铺设高度小于 250mm。

（3）油毡瓦的基层不平整，造成瓦面不平，檐口不顺直。

（4）油毡瓦屋面与立墙及突出屋面结构交接部位，没有做好泛水处理，细部构造处，没有做好防水加强处理。

3. 金属板材屋面

金属板材屋面适用于防水等级为Ⅰ～Ⅲ级的屋面。其具有使用寿命长，质量相对较轻，施工方便，防水效果好，板面形式多样，色彩丰富等特点，被广泛采用于大型公共建筑、厂房、住宅等建筑物屋面。

金属板材按材质分为锌板、镀铝锌板、铝合金板、铝镁合金板；钛合金板、钢板、不锈钢板等。

目前，国内使用量最大的为压型钢板。

金属板材屋面渗漏的主要原因有以下几方面：

连接和密封不符合设计要求。以压型钢板为例进行说明。

（1）连接不符合设计要求。板的横向搭接小于一个波；纵向搭接长度小于 200mm；板挑出墙面的长度小于 200mm；板伸入檐沟的长度小于 150mm；板与泛水搭接宽度小于 200mm；屋面的泛水板与突出屋面墙体搭接高度小于 300mm，如图 7-6、图 7-7 所示。

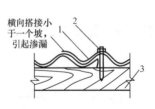

图 7-6　渗漏示意图

1—波瓦；2—螺钉；3—檩条

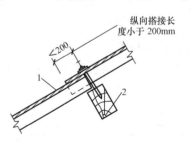

图 7-7　引起渗漏示意图

1—金属板材；2—檩条

（2）板相邻的两块没有沿最大频率风向搭接。

（3）板的安装没有使用单向螺栓或拉铆钉连接固定，钢板与固定支架固定不牢。

（4）两板间放置的通长密封条没有压紧，搭接口处密封不严，外露的螺栓没有进行密封保护性处理。

五、隔热屋面

隔热屋面工程子分部包括架空屋面、蓄水屋面、种植屋面三个分项工程。

隔热仅是从功能上去理解，隔热屋面真正的作用还是要确保防水。

隔热屋面的渗漏，其产生的原因，应根据其屋面的隔热特点进行分析。

1. 架空屋面

架空是为保证通风效果，达到隔热的目的。从防水这个角度分析，架空层可以当作防水层的保护层。隔热制品的质量和施工是否符合规范要求，直接影响防水层的防水效果。如相邻两块隔热制品的高差大于 3mm，存有积水就是隐患。

2. 蓄水屋面

蓄水屋面多用于我国南方地区，一般为开敞式。防水层的坚固性、耐腐蚀性差，会造成渗漏；蓄水区每边长大于 10m，蓄水屋面长度超过 40m，又没有设横向伸缩缝，累计变形过大，会使防水层被拉裂。

3. 种植屋面

种植屋面除具有隔热作用，还可以美化人们的生活工作环境，称之为空中花园。

种植屋面渗漏主要原因：保护层上面覆盖介质及植物腐烂或根系穿过保护层深入到防水层，种植屋面使用的材料不能阻止对防水层损坏的这一特殊要求。

以上对屋面防水常见的质量缺陷进行了分析。无论采用何种屋面防水，造成渗漏的主要原因，都是没有形成一个完整封闭的防水系统。从外观的表观形式来看，主要是裂缝和破损等。抓住分析的重点，也就抓住了防水的关键。

第三节　地下防水工程中的质量缺陷与处理

根据《地下防水工程质量验收规范》（GB 50208—2002）的规定，地下防水工程是工程建设的一个子分部工程。与建筑工程关系紧密的地下建筑防水工程有防水混凝土、水泥砂浆防水层、卷材防水层、涂料防水层、塑料板防水层、金属板防水层、细部构造等分项。

地下建筑防水工程质量，直接影响工程的使用寿命和生产设备的正常使用。

地下建筑防水工程的质量缺陷就是渗漏。

地下建筑防水工程，按不同的防水等级采用刚性混凝土结构自防水，或与卷材或与涂料等柔性防水相结合，进行多道设防。对于"十缝九漏"的沉降缝、变形缝、施工缝、穿墙管等容易渗漏的薄弱部位，因地制宜采取刚性、柔性或刚柔结合防水措施，使这一渗漏顽症得到了控制。

一、防水混凝土结构

防水混凝土结构是以其具有一定的防水能力的整体式混凝土或钢筋混凝土结构。其防水功能，主要靠自身厚度的密实性。它除防水外，还兼有承重、围护的功能。防水混凝土工程，取材方便，工序相对简单，工期较短，造价较低。在地下整体式混凝土主体结构设防中，防水混凝土是一道重要防线，也是做好地下建筑防水工程的基础。在1～3级地下防水工程中，以其独具的优越性，得到广泛应用。

混凝土防水工程渗漏的主要原因如下：

（1）水泥品种没有按设计要求选用，强度等级低于32.5级，或使用过期水泥或受潮结块水泥。前者降低抗渗性和抗压强度；后者由于不能充分水化，也影响混凝土的抗渗性和强度。

（2）粗骨料（碎石或卵石）的粒径没有控制在5～40mm之间，碎石或卵石、中砂的含泥量及泥块含量分别大于规定的要求，影响了混凝土的抗渗性。如含有粘土块，其干燥收缩、潮湿膨胀，会起较大的破坏作用。

（3）用水含有害物质，对混凝土产生侵蚀破坏作用。

（4）外加剂的选用或掺用量不当。在防水混凝土中适量加入外加剂，可以改善混凝土内部组织结构，以增加密实性，提高混凝土的抗渗性。如UEA膨胀剂的质量标准，分为合格品、一等品两个档次，两者的限制膨胀率不同，掺入量不同，如果错用就会使混凝土达不到预期的效果。

（5）水灰比、水泥用量、砂率、灰砂比、坍落度不符合规定。

1）水灰比。在水泥用量一定的前提下，没有用调整用水量控制好水灰比。水灰比过大，混凝土内部形成孔隙和毛细管通道；水灰比过小，和易性差，混凝土内部也会形成空隙。水灰比过大或过小，都会降低混凝土的抗渗性。水灰比大于0.6，影响混凝土耐久性。

2）水泥用量。水灰比确定之后，水泥用量过少或过多，都会降低混凝土的密实度，降低混凝土的抗渗性。

3）砂率、灰砂比。防水混凝土的砂率没有控制在35％～40％之间，灰砂比过大或过小，都会降低抗渗性。

4）坍落度。拌和物坍落度没有控制在允许值的范围内。过大过小，对拌和物施工性及硬化后混凝土的抗渗性和强度都会产生不利影响。

（6）混凝土搅拌、运输、浇筑和振捣不符合规定。

1）混凝土应采用机械搅拌。搅拌时间少于120s，难以保证混凝土良好的均质性。混凝土运输过程中，没有采取有效技术措施，防止离析和含水量的损失，或运输（常温下）距离太长，运输时间长于30min等。

2）浇筑和振捣。浇筑的自落高度没有控制在1.5m以内，或超过此高度，又没有采用溜槽等技术措施；浇筑没有分层或分层高度超过30～40cm；相邻两层浇筑时间间隔过长。振捣漏振、欠振、多振等。

（7）防水混凝土养护不符合规定。

养护对防水混凝土抗渗性影响极大。浇水湿润养护少于14天，或错误的采用"干热养护"，在特殊地区及特殊情况下，不得不采用蒸汽养护时，对混凝土表面的冷凝水处理、升温降温没有采取必要可行的措施等。

（8）工程技术环境不符合规定。

1）在雨天、下雪天和五级风以上气象环境下作业。

2）施工环境气温不在5～35℃之间。

3）地下防水工程施工期间，没有采取必要的降水措施，地下水位没有稳定保持在基地

0.5m 以下。

（9）细部构造防水不符合规定。

地下建筑防水工程，主体采用防水混凝土结构自防水的效果尚好。细部构造的防水处理略有疏忽，渗漏就容易发生。

细部构造防水施工，使用的防水材料、多道设防的处理略有不当，都会导致渗漏。

1）变形缝渗漏。

a. 止水带材质的物理性能和宽度不符合设计要求，接缝不平整、不牢固，没有采用热接，产生脱胶、裂口。

b. 预留凹槽内表面不平整，过于干燥，铺垫的素灰层过薄，使止水带的下面留有气泡或空隙。

c. 铺贴止水带（片）与混凝土覆盖层施工间隔时间过长，素灰层干缩开裂，混凝土两侧产生的裂缝，成为渗漏通道。

d. 变形缝处增设的卷材或涂料防水层，没有按设计要求施工。

2）施工缝渗漏。

a. 混凝土浇筑前，没有清除施工缝表面的浮浆和杂物，对混凝土界面没有进行处理（漏铺水泥砂浆或漏涂处理剂等），浇捣不及时，产生孔隙或裂缝。

b. 施工缝采用遇水膨胀橡胶腻子止水条或采用中埋止水带时安装不牢固，留有空隙。

3）后浇带与先浇混凝土交接面处渗漏。

a. 后浇带浇筑时间，如少于两侧混凝土龄期 42 天，两侧混凝土温差、干缩变形、交接处形成裂缝，如图 7-8 所示。

b. 后浇带没有采用补偿收缩混凝土，后浇带硬化产生收缩裂缝。

c. 后浇带混凝土养护时间少于 28 天，强度等级低于两侧混凝土。

4）穿墙管道部位渗漏。

a. 管道周围混凝土浇捣不实，出现蜂窝、孔洞（大直径管道底部更容易出现此缺陷），或套管内表面不洁，造成两管间填充料不实，如图 7-9 所示。

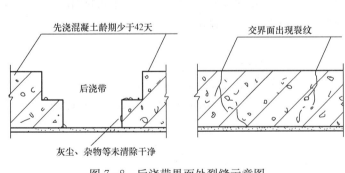

图 7-8　后浇带界面处裂缝示意图

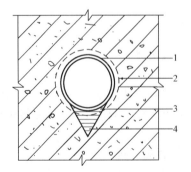

图 7-9　管道底部蜂窝、孔洞示意图
1—止水环；2—预埋大管径管套；
3—蜂窝、孔洞；4—难以振
实的三角处

b. 用密封材料封闭填缝不符合规定要求。

c. 穿墙套管没有采取防水措施（加焊止水环），穿墙管外侧防水层铺设不严密，增铺附加层没有按设计要求施工，如图 7 - 10、图 7 - 11、图 7 - 12 所示。

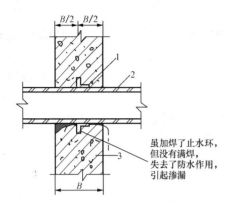

图 7 - 10　管道部位渗漏示意图

1—止水环；2—预埋套管；3—钢筋
混凝土防水结构

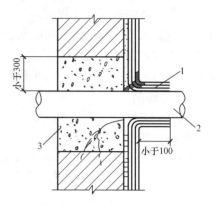

图 7 - 11　管道外侧渗漏示意图

1—防水卷材；2—管道；3—混凝土

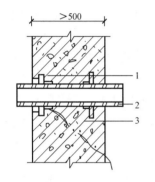

图 7 - 12　双止水环套管示意图

1—止水环；2—预埋套管；
3—钢筋混凝土防水结构
（右侧保护层太薄、止
水环蚀、引起渗漏）

【实例 7 - 8】

工程概况：

上海地铁一号线车站，自防水钢筋混凝土结构，顶板还设置了柔性附加防水层。在设计和施工中特别注重混凝土强度等级。车站投入运营后，发现顶板多处出现无规律微细裂缝，在顶板和侧墙交界处多有 45°斜裂缝，严重渗漏。

原因分析：

（1）该地下建筑是利用混凝土自身的密实性防水的。混凝土是非匀质性多孔的建筑材料，其内部存在大小不同的微细孔隙，具有透水性。

（2）单位水泥用量较大，加大了混凝土内部的水化热，产生温差收缩裂缝。

（3）将自防水混凝土结构作为主要防水屏障的同时，没有辅之以柔性材料作为防水的增强设防。

【实例 7 - 9】

工程概况：

河南郑州某大厦主楼高 283.18m，地上 63 层，地下室 3 层，基础埋深 21m，底板厚 4m，掺用 UFA 外加剂。外墙采用涂料防水层。检查发现：在 -3 层地下室四周及距墙 6.4m 范围内底板上，出现高水压慢渗水、点漏、底板裂缝漏水。

原因分析：

（1）对混凝土这一非匀质材料认识不足。

（2）没有从材料和施工方面采取有效措施，以提高混凝土的密实性，减少空隙和改变孔隙特征，阻断渗水通道。

二、水泥砂浆防水层

水泥砂浆防水层经过几十年的推广应用，在地下防水工程中形成了比较完整的防水技术。适用于承受一定静水压力的地下混凝土、钢筋混凝土或砌体结构基层的防水。

水泥砂浆防水层，是通过利用均匀抹压、密实，交替施工构成封闭的整体，以达到阻止压力水渗透的目的。

水泥砂浆防水层的质量缺陷是渗漏。渗漏表现为局部表面渗漏、阴阳角渗漏、空鼓开裂渗漏、细部构造渗漏等。

水泥砂浆防水层渗漏的原因如下：

（1）基层的品质。水泥砂浆防水层能否防水，基层的质量品质是关键。基层表面不平整、不坚实、有孔洞缝隙，或对存在这些缺陷又不作处理或处理不当，会影响水泥砂浆防水层的均匀性及与基层的粘结。基层的强度低于设计值的 80%，也会使水泥砂浆防水层失去防水作用。

（2）材料的品质。防水砂浆所用的材料没有达到规定的质量标准，会直接影响砂浆的技术性能指标。

1）水泥的品种没有按设计要求选用，强度低于 32.5 级。

2）没有选用中砂，或选用中砂的粒径大于 3mm，含泥量、硫化物和硫酸盐含量均大于 1%。

3）砂浆用水有害物质超标；使用聚合物乳液有颗粒、异物、凝固物。

4）外加剂的技术性能不符合质量要求。

（3）局部表面渗漏：分层操作厚薄不均，用力不均。

（4）施工缝渗漏：施工缝与阴阳角距离小于 200mm，甩槎和操作困难，或不按规定留槎，或留槎层次不清，甩槎长度不够，造成抹压不密实，缝隙漏水。

（5）阴阳角渗漏：抹压不密实，对阴阳角部位水泥砂浆容易产生塑性变形开裂和干缩裂缝，没有采取必要的技术措施。阴阳角没有做成圆弧形。

（6）空鼓、开裂渗漏。

1）基层干燥，水泥砂浆防水层早期失水，产生干缩裂缝，防水层与基层粘结不牢，产生空鼓；

2）基层不平，使防水层厚薄不均，收缩变形产生裂缝；

3）基层表面光滑或不洁，防水层产生空鼓；

4）养护不好，或温差大，引起干缩或温差裂缝。

【实例 7-10】

工程概况：

某建筑工程考虑结构刚度强，埋深不大，对抗渗要求相对较低，决定采用水泥砂浆防水层。施工完毕后，经观察和用小锤轻击检查，发现水泥砂浆防水层各层之间结合不牢固，有空鼓现象。

原因分析：

（1）材料品质。水泥的品种虽然选用了普通硅酸盐水泥，但强度等级低于 32.5 级。混凝土的聚合物为氯丁胶乳，虽方便施工，抗折、抗压、抗震，但收缩性大，加之施工工艺不当，加剧了收缩。

（2）基层质量。基层表面有积水，产生的孔洞和缝隙虽然作了填补处理，却没有使用同质地水泥砂浆。

（3）施工工艺不当。施工人员对多层抹灰的作用不甚了解。第一层刮抹素灰层时，只是片面知道以增加防水层的粘结力，刮抹仅是两遍，用力不均，基层表面的孔隙没有被完全填实，留下了局部透水隐患。素灰层与砂浆层的施工，前后间隔时间太长。素灰层干燥，水泥得不到充分水化。造成防水层之间、防水层与基层之间粘结不牢固，产生空鼓。

三、卷材防水层

卷材防水层是用防水卷材和沥青胶结材料胶合组成的防水层。高聚物改性沥青防水卷材，合成高分子防水卷材具有延伸率较大，对基层伸缩或开裂变形适应性较强的特点，常被用于受侵蚀性介质或受振动作用的地下建筑防水工程。卷材防水层适用于混凝土结构或砌体结构的基层表面迎水面铺贴。

防水卷材采用外防外贴和外防内贴两种施工方法。前者防水效果优于后者。在施工场地和条件不受限制时宜选用外防外贴。

卷材防水层整体的密封性，是防水的关键。凡出现渗漏，就可以判定是密封性遭到了不同程度的破坏。

【实例 7 - 11】

工程概况：

某城镇兴建一栋住宅楼，地下室为砖体结构。考虑降低成本，防水层采用纸胎防水卷材。交付使用半年后，多处发现渗漏。

原因分析：

地下建筑工程防水层按规范要求，严禁使用纸胎防水卷材。胎基吸油率小，难以被沥青浸透。长期被水浸泡，容易膨胀、腐烂，失去防水作用。加之强度低，延伸率小，地下结构不均匀沉降，温差变形，容易开裂。

【实例 7 - 12】

工程概况：

某购物广场，框架结构，四层，地下一层，建筑面积 5 万 m^2，地下工程采用卷材防水层。因地下水位较高，在进行地下工程防水施工时，注意了排水和降低地下水位的工作，地下水位一直保持在地下室底部最低部高程以下 0.5m。整个防水工程完成后，经检验无渗漏。当主体结构临近封顶时，发现防水卷材大面积鼓胀，鼓泡破裂处，有渗漏水。

原因分析：

该工程在进行地下防水施工期间，采取了降低地下水位的措施。当主体施工时，认为降水已不重要，没有继续进行，时值又连续下了几场大雨，地下水回升到垫层以上。防水卷材受到向上顶压力，产生鼓胀。降水工作没有坚持做到主体结构施工完成是主要原因。

四、涂料防水层

防水涂料在常温下为液态。涂刷于结构表面形成坚韧防水膜层。其防水作用，是经过常温交联固化形成具有弹性的结膜。

以合成树脂及合成橡胶为主的新型防水材料，在国外已形成系列产品。该系列产品最大的特点，具有延伸性和耐候性，在防水工程中得到了大量应用。

我国研究成功的橡胶沥青类、合成橡胶类、合成树脂类三大系列产品，使地下建筑防水工程以自防水混凝土为主并与柔性防水相结合的应用技术得到了推广。

涂料防水层一般采用外防内涂或外防外涂两种施工方法。

涂料防水层，在施工中容易出现的质量缺陷，尽管外观形态各异，但最终的后果都导致渗漏。

【实例 7 - 13】

工程概况：

某商场地下室仓库，用涂料作防水层。采用外防内涂施工方法。选用的是水乳型丁苯橡胶改性沥青防水涂料（该种涂料具有涂膜弹性好，延伸率高，容易形成厚涂膜，价格便宜，施工方便等特点）。一年后，就发生局部渗漏。

原因分析：

该防水工程为 3 道设防，涂布厚度仅为 1mm，没有达到设计要求下限的 80％（按规范规定厚度一般不能小于 2mm），局部部位没有采取多遍涂刷，两涂层施工间隔时间太短，涂料发生流淌，搭接缝宽度随意性太大，有的大于 100mm，有的小于 100mm，涂布前甩搓表面也没有处理干净。

第四节　厕、浴、厨防水工程中的质量缺陷与处理

厕、浴、厨房等有水房间设备多、管道多、阴阳转角多、施工面积小，长期处于潮湿状态，各种防水工程缺陷引起的渗漏时有发生。建筑部位的渗漏水与城市建设的高速发展，高层建筑的日益增多，人们生活工作环境的不断改善，相互之间的矛盾越显突出。如何防治渗漏，是建筑业要解决的课题。

一、卫生间防水

卫生间的防水工程，国家还没有颁布统一的施工规范。虽然，有些地区在设计和施工方法上有所革新，取得较为满意的防水效果。但大多数施工单位应沿循传统的施工方法。监控力度不够，管理水平参差不齐，加之工序的衔接、工种的配合、协调难度大。卫生间管道多，操作面狭小，施工难度大，这些因素都非常容易造成卫生间渗漏水。

卫生间渗漏的主要原因如下：

1. 楼地板渗漏

卫生间一般都是采用现浇钢筋混凝土板，也有采用预制钢筋混凝土板的。混凝土强度等级低于 C20，板厚小于 80mm。浇捣不密实，不是一次性浇捣完成，养护不好，重要的防水层不起防水作用，如图 7 - 13 所示。

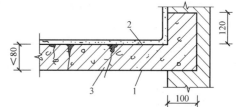

图 7 - 13　现浇钢筋混凝土板渗漏示意图
1—钢筋混凝土；2—面层；3—施工缝处裂缝

2. 贯穿管道周围渗漏

（1）楼板施工时，管洞的位置预留不准确。安装管道时凿大洞口，为以后的堵洞增加施工难度，留下隐患。管道一旦安装固定，没有及时堵洞；堵洞时没有将周围杂物清除干净，没有进行湿润；堵塞材料不合格，堵塞不密，有空洞或孔隙，如图 7 - 14 所示。

（2）管道与套管间没有进行密封处理，套管低于地面，管与管之间存在空隙，如图 7 - 15 所示。

3. 地面倒泛水渗漏

（1）地漏高出地面，周围积水，失去排水作用。

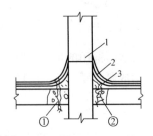

图 7-14　管道周围渗漏示意图

1—铅丝或麻绳绑扎；2—面层；3—防水卷材

①—凿大洞口，堵洞困难，引起渗漏；②—洞内

有杂物，堵塞不密，引起渗漏

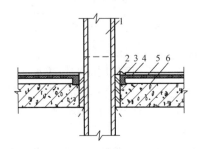

图 7-15　管道与管套之间渗漏示意图

1—管道；2—套管；3—密封材料；4—止水

环；5—涂料防水层；6—结构层

（2）卫生间楼面与室内地面相平，积水外流。

（3）做找平层时，没有向地漏找坡。

4．楼地面与墙面交接处渗漏

（1）楼地面与立墙交接处，砌筑立墙时，铺砂浆不密实，或饰面块材勾缝不密实，孔隙成为渗漏水通道。

（2）楼地面坡度没有找好或不规则，交接处积水。

（3）交接处沿立墙面防水层铺设高度不够。

二、外墙面渗漏

外墙面的渗漏水表现为向室内渗透。高层建筑的日益增多几乎与外墙渗漏的多发性成正比。引发这一质量缺陷的原因很多，要引起重视。

1．门窗渗漏

门窗渗漏是当前的高频率通病。引发的原因绝大多数来自门窗的品质和安装不符合规定要求。

（1）门窗品质。采用的型材的物理性能、化学成分和表面氧化膜不符合标准规定，其强度、气密性、水密性、开启力等不符合规定要求。

（2）设计简单。当前住宅工程和装饰工程的施工图，设计简单，对用料规格、节点大样、性能和质量要求很少作出详细的标注。施工单位制作安装无依据。

（3）安装质量。

1）窗扇与窗框安装不严密，缝隙不均匀；窗框下槽排水孔不起排水作用。

2）玻璃的尺寸不符合规定要求，玻璃嵌条、硅胶固定不牢固，留有空隙。

3）窗框与墙体间缝隙过大或过小，造成填实不严密或无法填实，填嵌的水密性密封材料不符合规定的质量要求。

4）窗框安装不平整、不垂直，不牢固，受振动产生裂缝。

5）窗眉、窗台没有做滴水槽和流水坡度，或做了滴水槽深度不够，或做了流水坡，但坡度不够。

2．变形缝部位渗漏

变形缝部位的渗漏，表现为内外墙面发黑发霉，会致使内墙面基层酥松脱落，影响使用功能和美观。

（1）变形缝的结构不符合规范要求，变形缝不具有适应变形的性能，应力的作用使墙体被拉裂，形成外墙面渗漏水通道。

（2）变形缝内嵌填的材料水密性差，或封闭不严密。封闭的盖板构造不符合变形缝变形的要求，被拉开甚至脱落。

3. 阳台、雨篷渗漏

（1）阳台、雨篷的排水管道被堵塞，积水沿着阳台、雨篷根部流向不密实的外墙面，或流向根部与墙面交接处的裂缝。

（2）有的建筑为增加墙面的立体感，采用横条状饰面，上部没有找坡，下面未做滴水槽，致使雨天横条积水渗入内墙，形成墙面"挂黑"。

4. 女儿墙渗漏

女儿墙根部产生裂缝是渗漏水的原因所在。排除设计和温差变形的原因外，施工方面的主要原因如下：

（1）女儿墙砌筑质量差，砂浆不饱满，砌体强度达不到设计要求，抗剪强度小。当有外因作用时，极易产生水平裂缝。

（2）支撑模板施工圈梁时，横木架在墙体上留下贯穿孔洞，堵塞不严密。圈梁与砌体间粘结不密实，留下外墙面的通缝。

5. 外墙质量缺陷引起的渗漏

（1）砌体质量。砌筑砂浆和易性差，不密实，强度低，雨水沿灰缝渗入墙体；外加剂的用量控制不严，砌体湿水措施不当，影响砂浆和砖的粘结。砌筑方法没有按施工规范操作，立缝砂浆饱满度不够，形成渗漏水通道。

（2）底层施工。外墙底层打底的水泥砂浆，没有控制好配合比，打底砂浆掺入外加剂用量不准，砂浆含砂率高，不密实，降低了强度。打底厚度没有控制在规定范围之内。当底层灰度大于 20mm，没有分层施工，造成砂浆自坠裂缝。忽视接搓部位抹压顺序，外高内低的接缝留下渗漏隐患。

（3）框架结构与填充墙交接处的处理。交接处材质的密度不一样，温差收缩开裂。抹灰前没有采取必要的防裂措施。

（4）外墙架孔的堵塞。穿墙的脚手架孔，堵塞马虎，采取的措施不当。

（5）面层施工的质量。面层施工前，没有对基层的空鼓、裂缝进行修补。铺贴面砖、水泥浆不饱满，出现空鼓，勾缝不密实。外墙涂料，防水功能差。

如何处理各部位的渗漏水，要先分析清楚产生渗漏的原因，然后采取封堵。具体措施有填缝法、贴缝法、地面填补法等。这里就不介绍了。

【实例 7 - 14】

工程概况：

某安居工程，砖砌体结构，六层，共计 18 幢。交付使用不久，用户普遍反映卫生间漏水。施工单位立即派人返修。

原因分析：

（1）积水沿管道壁向下渗漏。现浇楼板预留洞口位置准确，但洞口与穿板主管外壁间距太小，无法用混凝土灌实，存在空隙的情况下直接找平。管道周围虽然做二油一布附加层防水，粘贴高度不够，接口处密封不严密开裂。

（2）卫生间地面与立墙交接部位积水做找平层时，没有冲地筋向地漏找坡，墙角处没有抹成圆弧，浇水养护不好。

（3）防水层渗漏。

防水层做完后，没有进行 24h 的蓄水试水。在防水层存在渗漏的情况下，做了水泥砂浆保护层。

（4）外墙面洇湿。

1）该卫生间楼板为现浇钢筋混凝土，楼板嵌固墙体内，四边支撑处负弯矩较大，支座钢筋的摆放位置不当，造成支座处板面产生裂缝。

2）浇筑时模板刚度不够，拆模过早，楼板不均匀沉陷，出现裂缝。

【实例 7 - 15】

工程概况：

某地一建筑，框架剪力墙结构，裙楼三层，主楼 22 层。填充为轻质墙，外墙饰面选用涂料。工程投入使用不到两年，室内发霉，局部渗漏。

原因分析：

（1）外墙抹灰装饰前，施工人员对框架结构与填充墙之间的缝隙进行填充处理，并在部分交接处加上了一层宽度为 300mm 的点焊网。钢筋混凝土结构与填充墙温差收缩率不一致，使漏加点焊网部位出现了开裂。

（2）外墙打底砂浆，局部厚度大于 20mm，却进行一遍成活，引起干缩开裂。

（3）外墙面分格缝采用分格条是木制的，取出后，缝内嵌实柔性防水材料不密实，导致渗漏。

（4）拆架时，部分连墙杆截留在墙体内未取出，浇筑外剪力墙，固定模板用螺杆孔堵塞马虎，导致渗水。

【实例 7 - 16】

工程概况：

某高校综合楼。框架结构，八层。工程被列为新型墙体应用技术推广示范工程。填充墙使用的陶粒混凝土空心砌块。陶粒混凝土空心砌块，干密度小，保温隔热性能好，与抹灰层粘结牢固。该工程竣工还没有正式验收前，发现内外墙面多处出现裂缝，引起渗漏。

原因分析：

（1）内墙有规则裂缝均出现在两种不同材料的结合处，是陶粒混凝土空心砌块强度低，收缩性大引起的。

（2）外墙面无规则裂缝的产生，是由于墙体材料、基层、面层、外墙面砖等材料，均属脆性材料，彼此线膨胀系数、弹性模量不同。在相同的温度和外力作用下，变形不同，产生裂缝渗漏。

渗漏现象时有发生，用户意见很大。要对渗漏的原因进行认真分析，总结经验，吸取教训，在今后的工作中加以注意，避免质量缺陷事故的发生。

复 习 思 考 题

1. 为什么说我国建筑工程中渗漏问题至今仍是通病，它究竟与哪些因素有关？其中主要因素是什么？

2. 卷材、刚性、涂膜屋面有哪些质量缺陷？有何共同的通病特征及产生原因？

3. 防水工程中码碴脂粘结层做法有哪些质量要求？油膏嵌缝做法有哪些质量要求？

4. 混凝土防水工程对材料品质有哪些要求？如何施工？

5. 厕、浴、厨房等有卫生设备的房间会发生哪些渗漏问题？如何处理？

6. 地下建筑防水工程常见的质量通病有哪些？从本质上分析产生的共同原因。

7. 外墙面渗漏有哪些主要原因？

8. 简述涂料防水层渗漏的原因。

9. 简述细部构造防水的做法。

10. 简述地下构筑物变形缝的防水措施。

第八章　装饰工程中的质量缺陷与处理

建筑装饰装修是为保护建筑物的主体结构、完善建筑物的使用功能和美化建筑物，采用装饰装修材料或饰物，对建筑物内外表面及空间进行的各种处理过程。

装饰工程的特点：

同一施工部位的装饰项目繁多，各工种各道工序的搭接严密，施工周期长。

施工时大多是手工操作，工作量大，机械化程度低，质量要求高，对使用效能影响明显，用户反映敏感，容易产生质量问题。

随着科学技术的发展和人民生活水平的提高，装饰的标准越来越高，所占工程造价的比例也越来越大。

装饰工程中的质量缺陷，轻则影响建筑房屋的使用和卫生条件，并使其外观、造型和艺术形象受到损害；重则使建筑饰面和建筑结构受到侵蚀和污染，危及建筑物的耐久性，缩短使用寿命。

下面分别就抹灰工程、饰面工程、涂饰工程和裱糊工程的质量缺陷及处理进行介绍。

第一节　抹灰工程中的质量缺陷与处理

抹灰工程分为一般抹灰和装饰抹灰。

一般抹灰工程又分为普通抹灰和高级抹灰。

一、一般抹灰

一般抹灰常见的质量缺陷：面层脱落、空鼓、爆灰和裂缝。这些质量缺陷往往又是并发性的，其原因分析如下：

（1）抹灰工程选用的砂浆品种不符合设计要求。

1）温度较大的室内抹灰，没有采用水泥砂浆或水泥混合砂浆。

2）基层为混凝土的底层抹灰，没有采用水泥混合砂浆、水泥砂浆或聚合物水泥砂浆。

3）轻集料混凝土小型空心砌块的基层抹灰，没有采用水泥混合砂浆。

4）水泥砂浆抹在石灰砂浆层上，罩面石膏灰抹在水泥砂浆层上。

（2）一般抹灰的主控项目失控。

1）抹灰前，没有把基层表面尘土、污垢等清除干净，也没有进行洒水润湿。

2）一般抹灰所用的材料品种和性能、砂浆配合比，不符合设计要求。

3）抹灰工程没有进行分层刮抹，没有达到多遍成活。当抹灰厚度大于 35mm 时，没有采取加强措施。

4）在不同材料基体交接处表面的抹灰，没有采取防止开裂措施，或采用了加强时，加强网与各基体的搭接宽度小于 100mm。

1. 室内抹灰质量缺陷分析

（1）墙面与门窗框交接处空鼓、裂缝、脱落。

1）抹灰时没有对门窗框与墙的交接缝，进行分层嵌实，一次用砂浆塞满，干缩开裂。

2）基层处理不当，如没有浇水润湿。

3）窗框安装不牢固、松动。

（2）墙面抹灰空鼓、裂缝、脱落。

1）基层处理不好，清扫不干净，没有浇水湿润。

2）墙面平整度差，局部一次抹灰太厚，干缩开裂、脱落。

3）抹灰工程没有分底层、中层、面层多次成活，每遍厚度过大，极容易出现干缩开裂。

4）抹灰砂浆和易性差；各层抹灰层配合比相差太大。

（3）墙裙、踢脚线水泥砂浆抹面空鼓、脱落。

1）墙裙的上部往往洒水湿润不足，抹灰后出现干缩裂缝。

2）打底与面层罩灰时间间隔太短，打底的砂浆层还未干固，即抹面层，厚度增加，收缩率大，引起干缩开裂。

3）水泥砂浆墙裙抹灰，抹在石灰砂浆面上引起空鼓、脱落。

4）抹石灰砂浆时抹过了墙面线而没有清除或清除不干净。

5）压光时间掌握不好。过早压光，水泥砂浆还未收水，收缩出现裂缝；太迟压光，砂浆硬化，抹压不平。用铁抹子来回用力抹，搓动底层砂浆，使砂粒与水泥胶体分离，产生脱落。

（4）轻质隔墙抹灰层空鼓、裂缝。轻质隔墙抹灰后，在沿板缝处容易出现纵向裂缝；条板与顶板之间容易产生横向裂缝，墙面容易产生不规则裂缝和空鼓。

1）对不同的轻质隔墙，没有根据其不同的材料特性采取不同的抹灰方法。

2）基层处理不好，洒水湿润不透。

3）结合层水泥浆没有调制好，粘结强度不够。

4）底层砂浆强度太高，收缩出现拉裂。

5）条板上口板头不平，与顶板粘结不严。

6）条板安装时粘结砂浆不饱满。

（5）抹灰面不平、阴阳角不垂直、不方正。

1）抹灰前挂线、做灰饼和冲筋不认真。或冲筋太软，抹灰破坏冲筋；或冲筋太硬，高出抹灰面，导致抹灰面不平。

2）操作人员使用的角抹子本身就不方正，或规格不统一，或不用角抹子。

（6）混凝土顶板抹灰面空鼓、裂缝、脱落。混凝土顶板有预制和现浇两种。

在预制顶板抹灰，抹灰层常常产生沿板缝通长纵向裂缝；在现浇顶板上抹灰，往往容易在顶板四角产生不规则裂缝。其原因为以下几方面：

1）基层处理不干净，浇水湿润不够，降低与砂浆的粘结力，若抹灰层的自重大于灰浆和顶板的粘结力，即会掉落。

2）预制顶板安装不牢，灌缝不实，抹灰厚薄不均，干缩产生空鼓、裂缝。

3）现浇顶板底凸出平面处，没有凿平，凹陷处没有事先用水泥砂浆嵌平嵌实。抹灰层过薄失水快，容易引起开裂；抹灰层过厚，干缩变形大也容易开裂、空鼓。

2. 室外抹灰质量缺陷分析

室外抹灰质量缺陷指的是外墙抹灰一般常容易发生的，主要有空鼓、裂缝，抹纹、色泽不均，阳台、雨篷、窗台抹灰面水平和垂直方向偏差，外墙抹灰后雨水向室内渗漏等。

（1）外墙抹灰层空鼓、裂缝。

1）基层没有处理好，浮尘等杂物没有清扫干净，洒水润湿不够，降低了基层与砂浆层的粘结力。

2）基层凸出部分没有剔平，墙上留有的孔洞没有进行填补或填补不实。

3）抹灰没有分遍分层，一次抹灰太厚；对结构偏差太大，需加厚抹灰层厚度的部位，没有进行加强处理。

4）大面积抹灰未设分格缝，砂浆收缩开裂。

5）夏季高温条件下施工，抹灰层失水太快。

6）结构沉降引起抹灰层开裂。

（2）外墙抹灰层明显抹纹、色泽不均。

1）抹面层时没有把接槎留在分格条处、阴阳角处或水落管处。

2）配料不统一，砂浆原材料不是同一品种。

3）底层润湿不均，面层没有槎成毛面，使用木抹子轻重不一，引起色泽深浅不一。

（3）阳台、雨篷、窗台等抹灰面水平、垂直方向偏差。

1）结构施工时，没有上下吊垂直线及水平拉通线，造成偏差过大，抹灰面难以纠正。

2）抹灰前没有在阳台、雨篷、窗台等处垂直和水平方向找直找平，抹灰时控制不严。

（4）外墙抹灰后渗漏。

1）基层未处理好，漏抹底层砂浆。

2）中层、面层灰度过薄，抹压不实。

3）分格缝未勾缝，或勾缝不实，有孔隙。

【实例 8 - 1】

工程概况：

某教学楼，砖砌体结构。为了不影响秋季开学，进入室内抹灰工程施工阶段，赶工期导致面层多处开裂、空鼓，水泥砂浆抹面的踢脚线也脱壳。

原因分析：

（1）门窗框位置安装偏移，与墙体连接不牢的情况下，没有进行纠偏和加固处理，缝隙一次嵌灰过厚，砂浆用量大，干缩，抹灰层开裂。

（2）基层平整度差，局部一次抹灰厚度大于 10mm，干缩开裂、脱层。

（3）砖墙敷设管线剔槽太浅，抹灰层厚度偏薄，造成空鼓、开裂。

（4）踢脚线施工后于墙面纸筋灰罩面，在墙面与踢脚线交接处的纸筋面层没有被清除，用水泥砂浆直接抹除踢脚线，两种材料干缩比不同，强度各异，导致踢脚线空鼓。

【实例 8 - 2】

工程概况：

某住宅楼内墙采用轻集料混凝土小砌块。投入使用不久，内墙抹灰层出现多处裂缝。住户意见很大，投诉开发商。

原因分析：

（1）该地区年平均相对湿度为 50％～75％，为中等湿度，混凝土砌块砌筑前被雨水淋湿，相对含水率超标。小砌块上墙后，墙体内部收缩力使面层产生裂缝。

（2）在浇筑混凝土柱时，预留伸入墙体拉结筋长度小于500mm，填充墙与梁柱交接部位，虽然钉挂了金属网，但搭接宽度小于100mm。

（3）没有选用M10砌筑水泥砂浆。对空鼓和开裂处进行剥离返工时，发现墙体与现浇混凝土梁之间，填充不密实。

二、装饰抹灰

装饰抹灰工程，一般指水刷石、干粘石、斩假石、假面砖等工程。

装饰抹灰工程要达到装饰效果，因而对表面质量要求更加严格。

1. 水刷石

水刷石容易出现的质量缺陷为：表面混浊、石粒不清晰、石粒分布不均、色泽不均、掉粒和接槎痕迹。

（1）表面混浊、石粒不清晰。

1）石粒使用前没有清洗过筛。

2）喷水过迟，凝固的水泥浆不能被洗掉；连接槎部位洗刷，使带浆的水飞溅到已经洗好的墙面，造成污染。

3）冲洗速度没有掌握好。过快使水泥浆冲洗不干净；过慢使水泥浆产生滴坠。

（2）掉粒。

1）底层干燥，抹压不实，或面层未达到一定硬化，喷水过早，石子被冲掉。

2）底层不平整，凸处抹压石子浆太薄，干缩引起石子脱落。

（3）石粒分布不均。

1）分格条粘贴操作不当，粘贴分格条素水泥浆角度大于45°，石子难以嵌进，分格条两侧缺石粒。

2）底层干燥，吸收石子浆水分，抹压不均匀，产生假凝，冲洗后石尖外露，显得稀疏不均。

3）洗阴阳角时，冲水的角度没有掌握好，或清洗速度太快，石子被冲刷，露出黑边。

（4）接槎痕迹。接槎留有痕迹的原因类似外墙一般抹灰产生的接槎痕迹。主要是没有设置分格缝，或设置了分格缝，没有在分格缝甩槎，留槎部位没有甩在阴阳角、水落管处。

（5）色泽不均。

1）选用的石粒、水泥不是统一品种或统一规格。

2）石子浆拌和不均匀，冲洗操作不当，成为"花脸"。

（6）阴阳角不顺直。

1）抹阳角时，没有将石子浆稍抹过转角，抹另一面时，没有使交界处石子相互交错。

2）抹阴角时，没有先弹线找规矩，两侧面一次成活；或转角处没有理顺直处理。

2. 干粘石

干粘石容易出现的质量缺陷为：色泽不均，露浆、漏粘，石粒粘结不牢固、分布不均匀，阳角黑边。

（1）色泽不均。

1）石粒干枯前，没有筛尽石粉、尘土等杂物、石粒大小粒径差异太大，没有用水冲洗致使饰面浑浊。

2）石粒（彩色）拌和时，没有按比例掺和均匀。

3）于粘石施工完后（待粘结牢固），没有用水冲洗干粘石，进行清洁处理。

（2）阳角黑边。

1）棱角两侧，没有先粘大面再粘小面石粒。

2）粘石时，已发现阳角处形成无石黑边，没有及时补粘小石粒消除黑边。

（3）露浆、漏粘。

1）粘结层砂浆厚度与石粒大小不匹配。

2）底层不平，产生滑坠；局部打拍过分，产生翻浆。

（4）棱角不通顺。

1）对粘石面没有预先找直找平找方，或没有边粘石边找边。

2）起分格条时，用力过大，将格条两侧石子带起，形成缺棱掉角。

（5）接槎痕迹。

1）接槎处灰太干，或新灰粘在接槎处。

2）面层抹灰完成后，没有及时粘石，面层干固，降低了粘结力。

3）在分格内没有连续粘石，不是一次完成。

4）分格不合理，不便于粘石，留下接槎。

3. 斩假石

斩假石一般容易出现的质量缺陷为：剁纹不均匀、不顺直，深浅不一、颜色不一致。

（1）剁纹不均匀、不顺直。

1）斩剁前没有在饰面弹出剁线（一般剁线间距 10mm），也未弹顺线，斩无顺序，剁纹倾斜。

2）剁斧不锋利，用力轻重不一。

3）剁斧工具选用不当，剁斧方法不对。如边缘部位没有用小斧轻剁。

（2）深浅不一，颜色不一致。

1）斩剁顺序没有掌握好，中间剁垂直纹一遍完成，容易造成纹理深浅不一。

2）颜料、水泥不是同一品种、同一批号，不是一次拌好、配足。

3）剁下的尘屑不是用钢丝刷刷净，蘸水刷洗。

4. 假面砖

假面砖容易出现的质量缺陷为：面层脱皮、起砂，颜色不均，积尘污染。

（1）面层脱皮、起砂。

1）饰面砂浆配合比不当、失水过早。

2）未待面层收水，画纹过早，画纹过深。

（2）颜色不均。

1）中间垫层干湿不一，湿度大的部位色深，干的部位色浅。

2）饰面砂浆掺用颜料量前后不一，或颜料没有拌和均匀，原材料不是来自同一品种、同一批次。

【实例 8-3】

工程概况：

某学校综合楼，外墙为水刷石饰面。两个作业班同时施工，一个班负责施工南面和东面，另一个班负责北面和西面。墙面施工完成后，整个墙面显得混浊。西面和北面墙面污染严重，南面与东面良好。

原因分析：

（1）最后刷洗墙面时，没有用草酸稀释液清洗，致使整个墙面混浊。

（2）西、北两面污染严重。施工时正值刮西北风，应停止施工，但担心施工进度落后于另一作业班组，施工时又没有采取防风措施，造成灰尘污染。

【实例8-4】

工程概况：

南方某建筑，正立面为斩假石饰面，施工完成后，局部出现小面积空鼓。颜色深浅也不均匀。

原因分析：

（1）混凝土基层面太光滑，残留在表面隔离剂没有彻底清除干净，使底层砂浆产生空鼓。

（2）中层砂浆强度高于底层砂浆强度，中层砂浆产生较大的干缩应力，拉起底层砂浆，加速底层空鼓。

（3）拌和面层石子浆时，白色石粒大小不一，漏掺石屑，石子浆层虽然分两次抹平，拍打次数过多，局部出现泛浆。

（4）分格缝设置太大，局部分格缝区内分两次抹完、留有接槎痕迹。

（5）剁斩前，没有用软刷蘸水把表面水泥浆刷掉，致使石粒显露不均匀；剁石用力不一致，剁纹深浅不一致。

第二节　饰面工程的质量缺陷与处理

通常所说的饰面工程是指把快材面料镶贴在基体上的一种施工工艺。人们逐渐注重建筑的装饰效果，因而饰面板（砖）被广泛应用于建筑物的内外装饰。

常采用的饰面材料有大理石、花岗石、面砖、瓷砖以及金属饰面板、水磨石等。

饰面工程质量，一般指饰面板安装、饰面砖粘贴的质量。饰面工程的质量，首先取决于材料的品质。因此对材料及其性能指标必须达到规定的质量标准。

一、必须进行复验的项目

（1）室内用花岗石的放射性。

（2）粘贴用水泥的凝结时间、安定性和抗压强度。

（3）外墙陶瓷面砖的吸水率。

（4）寒冷地区外墙陶瓷面砖的抗冻性。

《建筑装饰装修工程质量验收规范》（GB 50210—2001）对饰面板（砖）工程质量的主控项目和一般项目都作出了明确的规定。所以分析饰面板（砖）容易出现的质量缺陷，要抓住主控项目和一般项目的质量要求。

二、饰面板工程

石材面板饰面，容易出现的质量缺陷为：接缝不平，开裂，破损，污染、腐蚀、空鼓、脱落等。

1.大理石饰面

（1）接缝不平。

1）基层没有足够的稳定性和刚度。

2）镶贴前没有对基层的垂直平整度进行检查，对基层的凸凹处超过规定偏差，没有进行凿平或填补处理。

3）没有按设计尺寸进行试拼，套方磨边，校正尺寸，使尺寸大小符合要求。

4）对于大规格板材（边长大于400mm）没有采用安装方法。

5）大的板材采用铜丝或不锈钢丝与锚固件绑扎不牢固。

6）安装时，没有用板材在两头找平，拉上横线，安装其他板材时，没有用托线板靠平靠直，木楔固定不牢。

7）用石膏浆固定板面竖横接缝处，间距太大。

8）没有进行分层用水泥砂浆灌注，或分层灌注，一次灌注太高，使石板受挤压外移。

9）灌浆时使石板受振，产生位移。

（2）开裂。

1）在镶贴前，没有对大理石进行认真检查，对存在的裂缝、暗痕等缺陷没有清除。

2）结构沉降还未稳定时进行镶贴，大理石受压缩变形，应力集中导致大理石开裂。

3）外墙镶贴大理石，接缝不实，灌浆不实，雨水渗入空隙处，尤在冬季渗入水结冰，体积膨胀，使板材开裂。

4）石板间留有孔隙，在长期受到侵蚀气体或湿气的作用下，使金属网、金属挂角锈蚀，膨胀产生的外推力，使大理石板开裂。

5）在承重构造基层上镶贴大理石，镶贴底部和顶部大理石时，没有留有适当缝隙。

（3）破损。

1）大理石质地较软，在搬运、堆放中因方法不当，使大理石缺棱掉角。

2）大理石安装完成后，没有认真做好成品保护。尤其对饰面的阳角部位，如柱面、门面等缺乏保护措施。

（4）污染、腐蚀。

大理石颗粒间隙大，又具染色能力，遇到有色液体，会渗透吸收，造成板面污染。

1）在运输过程中用草绳捆扎，又没有采取防雨措施，草绳遇水渗出黄褐色液体渗入大理石板内。

2）灌浆时，接缝处没有采取有效堵浆措施，被渗出的灰浆污染。

3）镶贴汉白玉等白色大理石，用于固定的石膏浆没有掺适量的白水泥。

4）没有防止酸碱类化学溶剂对大理石的腐蚀。

（5）纹理不顺，色泽不均匀。

1）在基层面弹好线后，没有进行试拼。对板与板之间的纹理、走向、结晶、色彩深浅，没有充分理顺，没有按镶贴的上下左右顺序编号。

2）试拼编号时，对各镶贴部位选材不严，没有把颜色、纹理最美的大理石用于主要显眼部位，或出现编号错误。

（6）空鼓、脱落。

1）湿作业时，灌浆未分层，灌浆振捣不实。

2）采用胶粘剂粘贴薄型大理石板材，选用胶粘剂不当或贴粘方法不当。

薄型板材一般采用胶粘剂粘贴，对采用新工艺中出现的质量问题，要及时总结经验和教训。

2. 花岗石饰面

花岗石同大理石一样，都属于装饰材料，品质优良的花岗石，结晶颗粒细，又分布均匀，用于室外，装饰效果很好。花岗石比大理石抗风化、耐酸，使用年限长。抗压强度远远高于大理石。

用于饰面花岗石面板，按加工方法的不同，可分为剁斧板材、机刨板材、粗磨板材、磨光板材四类。

由于花岗石板材的安装方法同大理石板材安装方法基本相同，因此常见的质量缺陷以及产生的原因也基本相同，可以参考。

花岗石板材饰面接缝宽度的质量要求略低于大理石板材的接缝要求。

3. 人造大理石饰面

人造大理石饰面板，比天然大理石色彩丰富鲜艳，强度高，耐污染，质量轻，给安装带来了方便。

人造大理石根据采用材料和制作工艺的不同，可分为水泥型、树脂型、复合型、烧结型等几种。常用的为树脂型人造大理石板材。

人造大理石饰面容易出现的质量缺陷为以下几种：

（1）粘贴不牢。

1）基层不平整，洒水润湿不够。

2）打底层没有划毛、找平。

3）板缝和阴阳角部位没有用密封胶嵌填紧密。

（2）翘曲。

1）板材选用不当。

2）板材选用的尺寸偏大，大于 $400mm \times 400mm$ 的板材容易出现翘曲。

（3）龟裂。

1）选用水泥型板材，特别是采用硅酸盐或铝酸盐水泥为胶结材料的，因收缩率较大，易出龟裂。

2）耐腐蚀性能较差，在使用过程中出现龟裂。

（4）失去光泽。

1）使用在污染较重的环境。

2）树脂型人造大理石板材，在空气中易老化失去光泽。

【实例 8 - 5】

工程概况：

某营业厅内墙采用大理石板饰面，石材面积不大，使用粘贴方法安装。粘贴按设计要求预先在基层上进行了弹线、分格，并进行选板、试拼。施工完成后，发现正厅面上部出现空鼓。

原因分析：

（1）因基层平整，中层抹灰用木抹搓平后，没有用靠尺检查平整度，表面平整偏差大于 $\pm2mm$ 以上，为空鼓留下了隐患。

（2）在选材、试拼时，仅注意了纹理协调、通顺，忽视了石板有厚度不一的情况。按事先的编号顺序粘贴，无法先粘贴较厚的板材，为了使饰面平整，只有靠粘结剂涂刷厚度进行调整。

（3）采用的自行配制的环氧树脂粘结剂。从掺量的配合比分析，没有问题。但忽视了施工温度的要求和粘结剂的使用时间，该粘结剂应在15℃以上环境使用，当时气温在5℃左右，粘结剂应该在1h内用完，贴上部板材时，已远远超过时间要求，因此大大降低了粘结强度。

三、饰面砖工程

室内外饰面砖属于传统工艺。其具有保护功能，能延长建筑物的使用寿命，又具装饰效果。

饰面砖常用的陶瓷制品有瓷砖、面砖、陶瓷马赛克等。

饰面砖的品种、规格、图案、颜色和性能应符合设计要求。

饰面砖粘贴必须牢固。

表面应平整、清洁、色泽一致、无裂痕和缺陷。

饰面砖接缝应平直、光滑，填嵌应连续、密实，宽度和深度应符合设计要求。

有排水要求的部位应做滴水槽。滴水槽应顺直，流向坡向应正确，坡度应符合设计要求。

饰面砖常用于内外墙饰面，外墙一般采用满贴法施工。常见的质量缺陷为：空鼓、脱落，开裂，变色、污染，墙面不平整，接缝不平不直、缝宽不均匀等。

（1）空鼓、脱落。

1）基层清理不干净，表面不平整，基层没有洒水润湿。

2）饰面砖面层质量大，容易使底层与基层之间产生剪应力，各层受温度影响，热胀冷缩不一致，都会使面砖产生空鼓、脱落。

3）砂浆配合比不当，如果在同一面层上，采用不同的配合比、干缩率不一致，会引起空鼓。

4）面砖在使用前，没有进行清洗，在水中浸泡时间少于2h，粘贴上很快吸收砂浆中的水分，影响硬化强度。

5）面砖粘贴的砂浆厚度过厚或过薄（宜在7~10mm）均易引起空鼓。粘贴面砖砂浆不饱满，产生空鼓。

6）贴面砖不是一次成活，上下多次移动纠偏，引起空鼓。

7）面砖勾缝不严密、连续，形成渗漏通道，冬季受冻结冰膨胀，导致空鼓、脱落。

（2）开裂。

1）选用的面砖材质不密实，吸水率大于18%，粘贴前没有用水浸透，粘结用砂浆和易性差，粘贴时，敲击砖面用力过大。

2）使用时没有剔除有隐伤的面砖，基层干湿不一，砂浆稠度不一、厚薄不均，干缩裂缝造成面砖开裂。

3）面砖吸水率大，内部空隙率大，减小了面砖密实的断面面积，抗拉、抗折强度降低，抗冻性差。

4）面砖吸水率大，湿膨胀大，应力增大，也容易导致面砖开裂。

（3）变色、污染。

1）粘贴时没有做到清洁饰面砖，或面砖粘有水泥浆、砂浆没有进行洗刷。

2）浸泡面砖没有坚持使用干净水。

3）有色液体容易被面砖吸收，先向坯体渗透再渗入到表面。

4）面砖釉层太薄，乳足度不足，遮盖力差。

（4）分格缝不均、墙面不平整。

1）施工前没有根据设计图纸尺寸，核对结构实际偏差，没有对面砖铺贴厚度和排砖模数画出施工大样图。

2）对不符合要求偏差大的部位，没有进行修整，使这些偏差大的部位产生分格缝不均匀。

3）各部位放线贴灰饼间距太大，减少了控制点。

4）粘贴面砖时，没有保持面砖上口平直。

5）对使用的面砖没有进行选择，没有把外形歪斜、翘曲、缺棱掉角的剔除；不同规格、不同品种、不同大小的面砖混用。

（5）接缝不顺直、缝宽不均匀。

1）粘贴前没有在基层用水平尺找正，没有定出水平标准，没有划出皮数杆。

2）粘贴第一层时，水平不准，后续粘贴错位。

3）对粘贴时产生偏差，没有及时进行横平竖直校正。

【实例8-6】

工程概况：

某市临街新建一栋医药大楼，框架结构，12层。外墙面全部采用绿色釉面砖。竣工交付使用不到半年釉面砖大面积开花、爆裂，一年后，墙面全部泛黑，影响市容。最后，不得不返工重修，改用玻璃幕墙。

原因分析：

（1）釉面砖为陶质砖。具有表明光滑、易清洗、防潮耐碱的特点，装饰效果较好，但仅适宜用于室内装修。釉面砖热稳定性较差，坯和釉层结合不牢，室外自然温度变化大，温差造成釉面砖大面积爆裂。

（2）釉面砖爆裂，坯体外露，许多四处聚集污染灰尘，污尘与水混合成为黑色液体，渗入坯体。

【实例8-7】

工程概况：

某办公楼外墙饰面为面砖。面砖饰面完工一个星期，遇大雨。发现室内转角处，腰线窗台处渗漏。业主与施工单位共同组织检查，发现质量问题均是施工不按规范操作造成的。

原因分析：

（1）室内转角处渗漏。外墙转角处全部采用大面压小面粘贴，窄缝内无砂浆，加之面砖底部浆太厚，砖底周围存在空隙。雨水通过窄缝渗入通道，流进墙体。

（2）勾缝不密实，不连续。

（3）腰线、窗台处、对滴水线的处理不符合要求，底面砖未留流水坡度。

四、金属外墙饰面工程

金属外墙饰面，一般悬挂在外墙面。金属饰面坚固、质轻、典雅庄重，质感丰富，又具有耐火、易拆卸等特点，应用范围广泛。

金属饰面按材质分为：铝合金装饰板、彩色涂层钢板、彩色压型钢板、复合墙板等。

金属饰面工程多系预制装配，节点构造复杂，精度要求高，使用工具多，在安装工程中如技术不熟练，或没有严格按规范操作，常容易发生质量缺陷。

外墙金属饰面工程，常见的质量缺陷为：饰面不平直、安装不牢固、表面划痕、弯曲、渗漏等。

1. 饰面不平直

（1）支承骨架安装位置不准确，没有对墙面尺寸进行校核，发现误差没有进行修正，使基层的平整度、垂直度不能满足骨架安装的要求。

（2）板与板之间的相邻间隙处不平。

（3）安装时没有随时进行平直度检查。

（4）板面翘曲。

2. 安装不牢固

（1）骨架安装不牢，骨架表面又没有做防锈、防腐处理，连接处焊缝不牢，焊缝处没有涂刷防锈漆。骨架安装不牢，导致饰面安装不牢。

（2）在安装前没有做好细部构造，如沉降缝、变形缝的处理，位移造成安装不牢。

（3）在安装时，没有考虑到金属板面的线膨胀，在安装时没有根据其线膨胀系数，留足排缝，热膨胀致使板面外鼓。

3. 表面划痕

（1）安装时没有进行覆盖保护，容易被划伤。

（2）在安装过程中，钻眼拧螺钉时被划伤。

【实例 8 - 8】

工程概况：

某写字楼，正立面多处外鼓，外墙面用铝合金板饰面。安装完毕，发现局部色泽不一致，墙面下端收口处渗漏。

原因分析：

（1）采用的铝合金板不是来自同一产品，在阳光照射下，因反射能力不一，造成色泽差异。采用收口连接板与外墙饰板颜色不一致。

（2）墙面下端收口处，虽然安装了坡水板，但坡水板长度不够，没有把墙面下端封住，而且没有进行密封处理。

第三节　涂饰工程的质量缺陷与处理

涂饰工程是将涂饰材料图刷在木材、金属以及混凝土建筑的表面上，对建筑物或部件起到装饰和保护作用的一种装饰工程。

一、水性涂料涂饰工程

水性涂料，一般都存在着粘结力不强、掉粉、变色、耐久性差等缺陷。但其具有材料来源广、成本低、施工比较简单、维修方便的优势，能保护建筑物的基体，并起一定的装饰作用。

水性涂料涂饰的质量，取决于材料的选用、基层的性能及处理、涂饰工具的选择和使用、操作工艺等因素。常见的质量缺陷有：腻子粘结不牢、掉粉、孔眼、起皮、流坠、反碱等。

1. 腻子粘结不牢

腻子粘结不牢，是指用腻子批刮基层表面后，出现翘皮、鱼鳞状皱结、裂纹，以及脱落等现象。

（1）基层表面有尘灰、油污、杂物，形成了隔离层，或基层本身就有隔离剂未被清除。

（2）使用的腻子稠度较大，胶性又小。

（3）对基层存在较大的孔洞、凹陷处，一次嵌填腻子过多、造成干燥裂缝。

（4）一次批刮腻子太厚，或在同一部位反复多次来回批刮，致使腻子起皮翻起。

2. 孔眼

在基层，尤其是混凝土表面，施涂浆料后出现针眼。

（1）基层表面存在细孔，细孔内存有空气，批刮腻子用力不均，批刮不实，使腻子难以进入孔内。

（2）打磨腻子不平整光滑，对粉末又没有清除干净，施涂后容易产生孔眼。

3. 起皮

（1）已批刮的腻子与基层附着力不强，施涂的浆料胶性太大，施涂膜层过厚，干缩卷起腻子。

（2）浆料胶性大小，粘结力差，也容易产生卷皮。

4. 流坠

涂料施涂基层表面后，因浆料自重下流，形成流痕。

（1）基层表面过于光滑，或基层表面过于潮湿。

（2）基层表面不平整，凹陷处太多，涂液滞留聚集过厚，自重下流。

（3）涂料稠度小，如使用喷涂，喷嘴移动速度、喷距不一，容易造成流坠。

5. 透底

膜层不能完全覆盖基层，施涂后仍显出基层本色。

（1）基层表面过于光滑，或沾有油污，膜层难以在其表面结固。

（2）涂料含颜料太少，降低了遮盖力。

（3）施涂遍数不足，涂层厚薄不均，或漏涂漏喷，没有达到一定的涂层厚度。

（4）施涂浅色涂料难以遮盖深色涂料，或涂料不具相容性。

6. 咬色

涂料本来具有的色相，施涂后被改变颜色。

（1）基层表面沾有油性污物，膜层被底色反渗，改变了本来的颜色。

（2）基层的金属件（预埋件）表面没有作任何隔离处理（涂刷防锈漆等），锈蚀反渗到涂层表面。

【实例 8 - 9】

工程概况：

北京市某公司大楼外墙采用奶黄色涂料涂饰，采用弹涂工艺。竣工验收时，发现大楼正立面两侧墙面均出现色点、起粉、变色、析白现象。

原因分析：

（1）基层太干燥，色浆很快被基层吸收，致使色浆中的主要基料水泥水化缺水，降低了色浆与基层的粘结强度。

（2）掺入的颜料太多，颜料颗粒又细，不能全部被水泥浆包裹，降低了色浆强度，起粉、掉色。

（3）涂层未干燥，用稀释的甲基硅酸钠罩面，将湿气封闭，诱发色浆中的水泥水化分泌出氢氧化钙，即析白。析白不规则出现，造成涂层局部变色发白。

【实例 8 - 10】

工程概况：

某市某教学楼，按设计要求室外檐口、窗套、腰线采用聚合物水泥浆涂刷。主要基料采用C32.5 等级白色硅酸盐水泥，并按规定的配合比进行自行配制。刷涂前作了如下工序交底：基层处理→填补缝隙→局部嵌批腻子→第一遍刷涂→第二遍刷涂。施工完成后，发现表面粗糙、有疙瘩，颜色不一致。

原因分析：

（1）工序中少了一道打磨工序，对嵌批腻子的不平处遗漏打磨，留下不平整缺陷。

（2）使用的工具没有清理干净，在刷涂过程中不时有杂物掉入涂液中。

（3）设计要求颜色偏暖，第一次掺入了 5％的普通硅酸盐水泥，达到色相要求。因工程所需涂料不是一次备齐。在以后涂料中没有控制好普通硅酸盐水泥的掺量，造成颜色不一致。

二、溶剂型涂料涂饰工程

溶剂型涂料涂饰工程容易出现的质量缺陷，有些与一般水性涂料涂饰工程类似，产生的原因也是基本相同。下面就不同处进行分析。

1. 流坠

（1）涂料的粘结强度低，涂刷时摊油不好，一次涂饰太厚。

（2）温度与涂料结固时间相差太大。如气温高，涂料干燥时间慢，容易使涂料在成膜过程中因自重下流，产生留痕。

2. 刷痕

（1）涂料流平性差。主要是涂料中含颜（填）料太多，或填料吸油性大，或涂料稠度太高，没有进行稀释调整稠度。

（2）基层面吸收能力过强，涂饰发涩，蘸油多，理油不顺，留下刷纹。

（3）使用的油刷过小，或刷毛过硬。

（4）在木质基层上没有顺木纹刷涂。

3. 起粒

（1）基层表面清理不干净，存在砂粒、灰粒。

（2）涂料内颜（填）料用量过多或颗粒太粗，或砂粒等杂物混入涂料中。

（3）涂料内存有气泡。

（4）两种不同特性涂料被掺混使用。

4. 皱纹

（1）涂料掺入溶剂过多，溶剂挥发过快，未待涂料流平，面层已开始固结。

（2）涂饰时或涂饰完，遇高温或烈日暴晒，使涂膜内外干燥不一，表层结膜在先，形成皱纹。

5. 起泡

膜层出现大小不同的气泡，具有弹性。

（1）基层潮湿，水分蒸发，使膜层产生气泡；木质基层含有芳香油、松脂，其挥发过程中也会使膜层产生气泡。

（2）涂饰黑金属表面未作基层处理，铁锈、基层表面凹陷处潮气，降低了涂料粘结力，产生气泡。

（3）涂料稠度大，刷涂时被油刷带进空气。

（4）底层涂层没有完全干燥或表面有水没有除净，即刷涂面层涂料。

（5）喷涂时，空气压缩机中的水蒸气被带进涂料，形成气泡。

6. 咬底

底层涂膜被面层涂料软化、咬起。

（1）底层涂料与面层涂料不具相容性。

（2）底层涂料还没有完全干燥，就涂饰面层涂料。

（3）涂饰面层涂料时，在同一部位反复涂刷多次。

7. 失光或倒光

涂料涂饰后，光泽饱满膜层逐渐失光。

（1）涂饰时，空气湿度过大，涂料中又未掺入防潮剂。

（2）涂饰时，水分被带进涂料。

（3）木质基层含有吸水的碱性植物胶，又未作封闭处理。金属表面油污未被清除干净。

8. 变色或发花

涂饰涂料时，涂料分层离析，颜色产生差异。

（1）涂料中的各种混合颜料，比重差异大，粉粒大小不同，重的下沉，轻的上浮。用时，未调和均匀。

（2）颜料的润湿性不好，含有空气。

（3）涂饰含有颜料比重大的涂料，没有选用软毛刷。涂饰时，没有进行反复多次搅拌。

9. 橘皮

涂膜表面出现半圆形突起类似桔皮纹状。

（1）在涂料中掺入稀释剂没有注意中、高、低沸点的搭配。如在涂料中掺入低沸点的溶剂太多，挥发速度太快，未待流平、表面已产生橘皮状。

（2）涂饰时温度过高或过低，或涂料中混有水分。

（3）涂料粘度过大。

（4）喷涂时，选用喷嘴口径太小，喷涂压力太大，喷嘴与基层表面距离控制不当。

【实例 8 - 11】

工程概况：

某砖混结构的办公楼。为了获得艺术装饰效果，外墙拟采用光泽高溶剂型外墙涂料。涂饰前发现墙面平整度差，担心在阳光照射下，暴露出明显缺陷，影响美观。后改用无光外墙乳液型涂料涂饰。验收前发现，成膜不良，多处出现不规则裂缝，且有发展趋势。决定对裂缝严重部位作返工处理。

原因分析：

（1）成膜不良。涂饰施工时，正值冬季，平均气温低于 5℃。

（2）基层抹灰层过厚，干缩变形，造成膜层出现裂缝。

（3）涂料的渗透性差，对微细裂缝也不能弥合。

（4）抹灰层裂缝尚在发展，涂饰施工过早。

三、美术涂饰工程

在涂饰工程中，为取得更好的艺术效果，采用特殊工艺进行涂饰。美术涂饰质量的基本要求与一般涂饰基本相同。

美术涂饰工程常见的质量缺陷及产生原因如下：

1. 仿木纹

仿木纹，一般适用于室内水泥墙裙，踢脚板以及原木材纹理有缺陷的木质面。通过特殊的工艺，仿制出各种树木的纹理，达到装饰效果。

（1）断纹。

1）刷纹、揎纹时，用力不均。

2）绘刮木纹线条，中途停顿。

（2）叠纹。

1）绘制的仿木纹颜色过稠，干燥太快。

2）纹理之间间距太小。

（3）纹形不清晰。

1）底层涂料未干，即绘木纹致使颜色流淌太快。

2）手势过重或过轻。

（4）分块颜色不一致。

1）没有一次配足料。

2）涂料发生沉淀，使用时没有经常搅动，上稀下稠。

2. 仿石纹

大理石、花岗石饰面板应用很广泛，但成本较高。仿大理石和花岗石，可以降低成本，也可以取得类似的装饰效果。

纹理模糊。

1）点、刷石纹没有采用遮盖力较好的溶剂型涂料。

2）底层涂膜未干燥。

3）点、刷纹理时用力过重或过轻。

3. 拉毛涂饰

在涂饰的墙面上拉毛，可以减少噪声和提高装饰效果。适用于影剧院、会堂。

（1）毛头不均匀。拍拉腻子的角度和拍拉用力不均。

（2）接槎明显。

1）同一面上分几次施工。

2）前后施工用料不一等。

【实例 8 - 12】

工程概况：

某住宅小区按设计要求，每单元客厅室内墙顶处画色线。考虑画线是较细致的工艺，要求先做出样板房。画线的工艺顺序都作了明确交底。画好色线后，发现色线不平直，有轻微流坠。

原因分析：

（1）实测表明色线平直，之所以感觉不平直，是人们视觉习惯造成的。墙顶线的高度应以顶棚高度为准，而实际是按地面高度确定的，造成视觉上的误差。

（2）画线用力不一，画线中途停顿太多，加之涂料稠度不适当，因而交接线处产生流坠。

第四节　裱糊工程的质量缺陷与处理

裱糊工程是将壁纸、玻璃纤维墙布，用胶粘剂裱糊在内强面的一种装饰工程。施工方便，效果较好。

对于裱糊工程的质量缺陷产生的原因，主要是来自基层处理不好，胶粘剂使用不当和由粘贴引起的三个方面。如含碱的基层表面没有进行封闭，会造成壁纸污染，变色；如木质基层的染色剂没有作隔离处理，被胶粘剂溶解，也会造成壁纸被沾污。如胶粘剂渗透壁纸太快，壁纸同样会被污染。

裱糊工程常见的质量缺陷：

1. 裱糊不垂直

裱糊不垂直是指相邻壁纸不平行，壁纸上的花饰与壁纸边不平行，阴阳角处壁纸不垂直。

（1）基层表面阴阳角垂直偏差大，又没有进行纠偏处理，造成壁纸的接缝和花色不垂直。

（2）裱糊前，没有吊垂直线，裱糊失去基准线，容易造成不平行，第一幅不平行，使后续裱糊的壁纸不平行。

（3）对花饰与壁纸边不平行的壁纸，没有进行处理，直接裱糊上墙。

（4）搭缝裱糊的花饰壁纸，对花不准确。

2. 表面不平整

（1）基层不平整，对凸凹部位没有进行批刮腻子，或嵌批腻子后没有进行打磨。

（2）基层沾有杂物。

（3）粘贴壁纸漏刷胶，或涂胶厚薄不均，铺压不密实，出现曲纹，使壁纸失去平整。

3. 离缝或亏纸

相邻壁纸间的连接缝隙超过允许范围称为离缝；壁纸的上口与挂镜线（无挂镜线时，以弹的水平线），下口与踢脚线连接不严，显露基底称为亏纸。

（1）裁割尺寸偏小，裱糊后不是上亏就是下亏，或上、下都亏。

（2）搭接缝裁割壁纸，不是一刀裁割到底，裁割时多次改变刀刃方向，或钢尺偏移，造成间缝间距偏差超过允许范围。

（3）裱糊后续壁纸与前一张壁纸拼缝时连接不准，就进行赶压，用力过大使壁纸伸张，干燥后回缩，产生离缝或亏纸。

4. 花色不对称

（1）在同一张壁纸上印有正花与反花、阴花与阳花，裱糊前未仔细区别，盲目裱糊，使相邻壁纸花饰不对称。

（2）裱糊前，对裱糊墙面没有进行事先对称规划，忽视了门窗口两边、对称柱子、对称的墙面，采取连续裱糊。

5. 翘边

（1）基层不洁，或表面粗糙、或太干或潮湿，使胶粘剂与基层连接不牢。

（2）胶粘剂粘结力小，特别是阴角处，第二张壁纸粘贴在第一张壁纸面上，容易翘边。

（3）阳角处包角的壁纸的宽度小于 20mm，阴角搭接宽度没有控制在 2～3mm，粘结强度小于壁纸表面张力，容易翘边。

6. 死褶

壁纸裱糊后，表面上出现皱纹。

（1）壁纸质量不好或壁纸较薄，或壁纸厚薄不均。

（2）裱糊壁纸时，没有将壁纸铺平，就进行赶压，容易产生皱纹。

7. 空鼓

（1）基层潮湿，含水率超过规范要求；或基层表面不干净。

（2）基层强度低、存在空鼓、孔洞，凹陷处，又未用腻子嵌实补平。

（3）石膏板基层的表面纸基起泡或脱落。

（4）基层或壁纸底面，涂刷粘结胶厚薄不均或漏刷。

（5）裱糊壁纸时，反复挤压胶液次数过多，使胶液干结失去粘结力；或赶压用力太小，没有能把多余的胶液赶出，存集在壁纸下部，形成胶泡。

8. 起光

（1）裱糊壁纸时，胶液沾粘到壁纸面上，又没有进行清洁处理，胶膜出现反光。

（2）凹凸花饰壁纸，被用力赶压，造成局部被压平，失去质感，光滑反光。

9. 变色

（1）壁纸受基层碱性侵蚀，造成壁纸印色脱色或变色。

（2）基层潮湿，或环境湿度大，胶粘剂干燥缓慢，促使霉菌生长，引起变色。

（3）壁纸暴露在强烈的阳光下，被照射变色。

（4）壁纸储存期间被污染。

【实例 8 - 13】

工程概况：

某装饰公司承接一小区几户家庭装修业务，在裱糊施工时，出现如下质量缺陷：

甲户：原墙面已涂饰了有光涂料，在裱糊前为了增加胶粘剂附着力，作了消光处理。裱糊完工后，出现起泡。

乙户：原墙面已裱糊纸面壁纸，因使用了三年，略显陈旧变色，故未作处理，直接在纸面壁纸上裱糊乙烯基壁纸，裱糊完工后，出现卷起。

丙户：铲除旧饰面，基层进行了处理后，裱糊壁纸过程中，就出现起泡、卷边。

原因分析：

甲户：基层表面涂饰了有光涂料，裱糊壁纸，因未粘贴衬纸，胶粘剂干燥缓慢，使壁纸浸泡时间过长，延伸膨胀出现起泡。

乙户：乙烯基壁纸的强度比纸面壁纸大，乙烯基壁纸干燥收缩将纸面壁纸拉起。

丙户：壁纸刷胶后放置时间不够，使壁纸张力不均，平整壁纸难度大，产生起泡、卷边。

对壁纸空鼓现象的处理一般采用鼓包注胶法，即对由于基体含有潮气或空气造成的空鼓先用刀子割开壁纸，将潮气或空气排净，待基体完全干燥后，再用医用注射器将胶液打入鼓包内压实，使之粘贴牢固。

复 习 思 考 题

1. 装饰工程中的事故会给建筑物带来哪些危害？

2. 抹灰工程中常见的质量缺陷有哪几种？

3. 空鼓裂缝常发生在建筑物抹灰的哪些部位？

4. 引起空鼓裂缝的主要原因是什么？如何处理抹灰工程中的空鼓与裂缝？

5. 基层品质不好会给饰面工程带来哪些质量缺陷？

6. 涂料饰面的起鼓是如何形成的？

7. 金属板饰面安装工程中，产生安装不牢固的原因有哪些？

8. 如何处理涂料饰面的老化？

9. 裱糊壁纸时的空鼓现象是什么原因引起的？如何处理？

10. 引起裱糊不垂直事故的主要原因有哪些？基层的质量不好会使裱糊工程产生哪些质量缺陷？

参 考 文 献

[1] 姚继涛，马永欣，董振平，雷怡生. 建筑物可靠性鉴定和加固. 北京：科学出版社，2003.

[2] 江见鲸，龚晓南，王元清，崔京浩. 建筑工程事故分析与处理. 北京：中国建筑工业出版社，1998.

[3] 罗福午. 建筑工程质量缺陷事故分析及处理. 武汉：武汉理工大学出版社，2003.

[4] 王赫，金玉琬，贺玉仙. 建筑工程质量事故分析. 北京：中国建筑工业出版社，1992.

[5] 罗福午，江见鲸，陈希哲，王元清，建筑结构的事故分析及其防治. 北京：清华大学出版社，1996.

[6] 湖南大学等. 建筑结构试验. 北京：中国建筑工业出版社，1982.

[7] 钱瑞芳. 建筑结构质量检验与控制. 北京：中国建筑工业出版社，1993.

[8] 何肇弘，胡士耀. 既有建筑质量检验与可靠性评定. 北京：中国铁道出版社，1992.

[9] 吴慧敏. 结构混凝土现场检测技术. 长沙：湖南大学出版社，1988.

[10] 邸小坛，周燕. 旧建筑物的检测加固与维护. 北京：地震出版社，1991.

[11] 侯宝隆，蒋之峰. 混凝土的非破损检测. 北京：地震出版社，1992.

[12] 四川省建设委员会. 民用建筑可靠性鉴定标准（GB 50292—1999）. 北京：中国建筑工业出版社. 1999.

[13] 中华人民共和国建设部. 《回弹法检测混凝土抗压强度技术规程》（JGJ/T 23—2001）. 北京：中国建筑工业出版社，2001.

[14] 藤智明，罗福午，施岚青. 钢筋混凝土基本构件（第二版）. 北京：清华大学出版社，1987.

[15] 王传志，藤智明. 钢筋混凝土结构理论. 北京：中国建筑工业出版社，1985.

[16] 罗福午，郑金床，叶知满. 混合结构设计（第二版）. 北京：中国建筑工业出版社，1991.

[17] 中国建筑业联合会质量委员会选编. 建筑工程倒塌实例分析. 北京：中国建筑工业出版社，1988.

[18] 王赫. 建筑工程事故处理手册. 北京：中国建筑工业出版社，1994.

[19] 范锡盛，王跃. 建筑工程事故分析及处理实例应用手册. 北京：中国建筑工业出版社，1994.

[20] 王元清. 某厂四楼接层钢结构屋架倒塌事故分析. 工程力学，1999，3（a03）.

[21] 尹德钰，赵红华. 网架质量事故实例及原因分析. 建筑结构学报，1998，19（1）.

[22] 刘善维. 太原某通信楼工程网架塌落事故分析. 建筑结构，1998. 06.

[23] 莫鲁，符萍芳. 混凝土结构工程施工及验收手册. 北京：地震出版社，1994.

[24] 清华大学建工系. 房屋设计与施工质量问题实例. [出版者不详]，1977.

[25] 王寿华，黄荣源，穆金虎. 建筑工程质量症害分析及处理. 北京：中国建筑工业出版社，1986.

[26] 王赫. 建筑工程质量事故分析与防治. 南京：江苏科学技术出版社，1990.

[27] 吴松勤等. 建筑安装工程质量检验评定标准讲座（第二版）. 北京：中国建筑工业出版社，1993.

[28] 蔡君馥等. 唐山市多层砖房震害分析. 北京：清华大学出版社，1984.

[29] 蒋元驹，韩素芳. 混凝土工程病害与修补加固. 北京：海洋出版社，1996.

[30] 王元清. 钢结构在低温下脆性破坏研究概述. 钢结构，1994，（3）.

[31] 卓尚木，季直仓，卓昌志. 钢筋混凝土结构事故分析与加固. 北京：中国建筑工业出版社，1997.

[32] 冯玉珠. 工业建筑钢结构事故分析、加固与改建. 冶金工业部建筑部研究总院钢结构研究所，1986.

[33] 王光煜. 钢结构缺陷及其处理. 上海：同济大学出版社，1988.

[34] 王恒在等. 23 榀大跨度轻钢屋架坍落事故. 工业建筑，1990.

[35] 陈希哲. 地基事故与预防. 北京：清华大学出版社，1994.

[36] 地基处理手册编写委员会. 地基处理手册. 北京：中国建筑工业出版社，1988.

［37］钱鸿缙. 湿陷性黄土地基. 北京：中国建筑工业出版社，1985.

［38］陈孚华. 膨胀土上的基础. 北京：中国建筑工业出版社，1979.

［39］徐攸在等. 盐渍土地基. 北京：中国建筑工业出版社，1993.

［40］童长江，管枫年. 土的冻胀与建筑物冻害防治. 北京：水利电力出版社，1985.

［41］周云亮. 建筑物沉降整治与设防. 北京：中国建材工业出版社，1993.

［42］建筑事故防范与处理课题组. 建筑事故防范与处理实用全书（上）. 北京：中国建材工业出版社，1998.

［43］刘景政等. 地基处理与实例分析. 北京：中国建筑工业出版社，1998.

［44］叶书麟，韩杰，叶观宝. 地基处理与托换技术. 北京：中国建筑工业出版社，1994.

［45］鲜光清. 软弱地基房屋倾斜纠正的岩土工程实录. 全国岩土工程实录交流会，1988.

［46］曾国熙，卢肇钧等. 地基处理手册. 北京：中国建筑工业出版社，1988.

［47］韩苏芬，吕忆农，钱春香，唐明述. 我国的碱活性集料与碱—集料反应. 南京：南京化工学院硅酸盐研究室，1990.

［48］傅沛兴. 北京地区混凝土骨料碱活性问题概述. 混凝土，1994.

［49］彭圣浩. 建筑工程质量通病防治手册. 北京：中国建筑工业出版社，1990.

［50］孙瑞虎等. 房屋建筑修缮工程. 北京：中国铁道出版社，1988.

［51］董吉土等. 房屋维修加固手册. 北京：中国建筑工业出版社，1988.

［52］王朝彬，东方. 建筑工程常见病多发病防治. 郑州：河南科学技术出版社，1995.

［53］尹辉. 民用建筑房屋防渗漏技术措施. 北京：中国建筑工业出版社，1996.

［54］金孝权等. 建筑防水. 南京：东南大学出版社，1998.

［55］张廷荣. 建筑防水工程技术问答. 北京：中国建筑工业出版社，1996.

［56］沙志国. 房屋结构的加固技术. 中国建筑工程总公司科学技术协会，1993.